职业院校机电设备安装与维修专业系列教材

PLC应用程序设计

主　编　陈　巍

副主编　于淑华　廉法威　张一锴

参　编　王震宇　王福生　陈　鹏

　　　　孙　瑜　张凤璐

主　审　李德信

机 械 工 业 出 版 社

本书采用任务驱动模式编写，根据企业生产实际共设置了16个学习任务，包括：自动配料系统中信号灯控制程序设计、自动配料系统中给料装置控制程序设计、自动配料系统中传送机控制程序设计、交通灯数字显示牌控制程序设计、交通灯自动变换程序设计、密码锁控制程序设计、恒压变频供水系统控制程序设计、液位检测系统控制程序设计、机械手控制程序设计、全自动电镀生产线控制程序设计、数控钻床控制程序流程设计、物料分拣系统控制程序设计、交通灯双位数码管计时控制程序设计、货物自动存储系统控制程序设计、电梯内呼程序设计、数控机床操作面板应用程序设计。

本书主要用作职业院校机电设备安装与维修专业教材，也可用作电气自动化、计算机控制技术等电类相关专业教材，又可供从事PLC相关工作的工程技术人员参考。

图书在版编目（CIP）数据

PLC应用程序设计/陈巍主编．—北京：机械工业出版社，2015.7（2024.7重印）

职业院校机电设备安装与维修专业系列教材

ISBN 978-7-111-50442-9

Ⅰ.①P…　Ⅱ.①陈…　Ⅲ.①PLC技术—高等职业教育—教材　Ⅳ.①TM571.6

中国版本图书馆CIP数据核字（2015）第120245号

机械工业出版社（北京市百万庄大街22号　邮政编码100037）

策划编辑：陈玉芝　责任编辑：陈玉芝　王华庆

责任校对：张　征　版式设计：赵颖喆

封面设计：张　静　责任印制：刘　媛

涿州市般润文化传播有限公司印刷

2024年7月第1版第4次印刷

184mm×260mm · 13.5印张 · 328千字

标准书号：ISBN 978-7-111-50442-9

定价：45.00元

电话服务　　网络服务

客服电话：010-88361066　　机　工　官　网：www.cmpbook.com

010-88379833　　机　工　官　网：weibo.com/cmp1952

010-68326294　　机　工　官　博：www.golden-book.com

封底无防伪标均为盗版　　机工教育服务网：www.cmpedu.com

职业院校机电设备安装与维修专业系列教材

编 审 委 员 会

前　言

为了更好地适应一体化教学改革，推进职业教育建设，坚持以就业为导向的职业教育办学方针，加强各类高素质、高技能人才的培养，我们编写了“职业院校机电设备安装与维修专业系列教材”。《PLC 应用程序设计》是这套教材中的一种。

本书采用任务驱动模式编写，突破了以往教材的编写结构，通过典型工作任务分析，并以具体工作任务为学习载体，按照工作过程，使学生能够轻松、方便地自主学习，易于激发学生的学习兴趣。本书根据企业生产实际共设置了 16 个学习任务，每一个学习任务均按照“明确工作任务”“学习相关知识”“制订工作计划”“任务实施”和“总结评价”五个环节进行系统讲解，让学生能够围绕“引导问题”主动思考，多动脑、勤动手，实现理论知识与操作实践的零对接。在本书的编写工程中，通过长期对企业现场的实际考察、调研，针对实际工作需求，尽可能多地充实新知识、新技术、新设备等方面的内容，并且引用大量生产一线的实践内容，使每个学习任务都紧贴生产实际，每个引导问题都紧扣理论知识和技能知识重点。本书主要用作职业院校机电设备安装与维修专业教材，也可用作电气自动化、计算机控制技术等电类相关专业教材，又可供从事 PLC 相关工作的工程技术人员参考。

本书由陈巍任主编，于淑华、廉法威、张一锴任副主编，王震宇、王福生、陈鹏、孙瑜、张凤璐参加编写，李德信对全书进行了仔细的审阅。

在本书的编写过程中，参阅了相关文献资料，在此向这些文献资料的作者表示衷心的感谢！

由于编者水平有限，书中难免存在缺点和不足之处，恳请广大读者批评指正！

编　者

目　录

任 务 一

自动配料系统中信号灯控制程序设计

学习目标：

1. 能连接输入继电器的外围电路。
2. 能连接输出继电器的外围电路并掌握控制负载的方法。
3. 掌握三菱 FX_{2N} 系列 PLC 的使用特点。
4. 能设计电路并掌握焊接电路时的注意事项。

情境描述：

自动配料系统是一个针对各种不同类型的物料（固体或液体）进行输送、配比、加热、混合以及成品包装等操作的自动化生产线。带式输送机由料斗、传送带、检测系统和装车系统组成。

在自动配料系统中，有相应的指示灯指示当前执行到了什么位置、什么环节，以便于监控和维护。

学习活动一　明确工作任务

有一套化肥自动配料系统（见图 1-1）需要设计并安装，控制要求为：用 PLC 来实现自

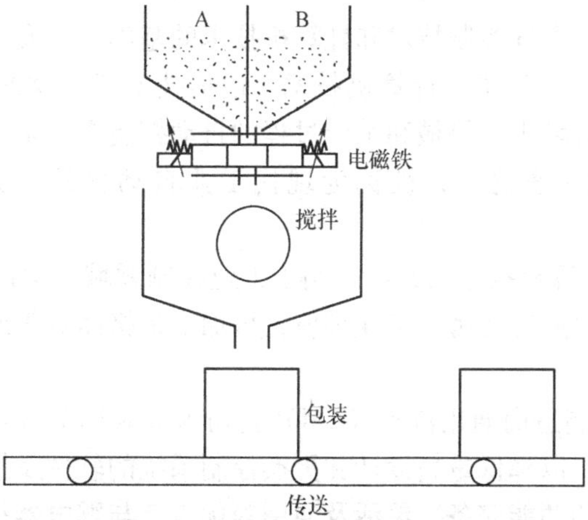

图 1-1　化肥自动配料系统示意图

动控制；有A、B两种化肥原料，分别装在A、B两个料斗里，按下起动按钮后，传送装置起动，把包装袋送到出料口，系统起动，A、B料斗同时打开，两种化肥原料同时进入搅拌机进行搅拌，同时搅拌机出口打开开始装料；当化肥装到50kg时，搅拌机出口自动关闭，A、B两个料斗也关闭，传送装置起动，把装好的化肥送到指定的位置。其中，A、B料斗里的化肥原料在系统起动时较少，当处于最低位时A、B两侧的传送装置会自动送料，当化肥原料装到一定位置时，传送装置自动停止送料。

学习活动二　学习相关知识

◆ 引导问题：

1. 请简述什么是PLC，并举出三个例子说明哪些自动化设备是用PLC来控制的。
2. 使用PLC进行自动化控制时需要完成哪些步骤？
3. PLC的外部结构由哪些部件组成？
4. 有哪些器件可以控制PLC的输入继电器？自动配料系统中的指示灯分别需要什么元器件进行起动？这些元器件是如何与PLC进行接线的？
5. 自动配料系统中的指示灯是如何通过PLC进行控制的？如何实现PLC与指示灯的接线？
6. PLC的内部结构由哪些部件组成？请分别用一句话来概括各个部件的作用。
7. 请简述PLC正常工作时，它的工作环境要满足哪些条件。
8. 怎样通过GX Developer软件中编辑常开开关X0控制输出继电器Y0的得电与失电？请叙述每一个操作环节。
9. 如何在软件中对已编辑完成的梯形图程序进行监控？

◆ 咨询资料：

一、三菱可编程序控制器

可编程序控制器是在电气控制技术和计算机技术的基础上开发出来的，并逐渐发展成以微处理器为核心，集自动化技术、计算机技术、通信技术于一体的新型工业控制装置。目前，它已被广泛应用于各种生产机械和生产过程的自动控制中，是一种最重要、最普及、应用场合最多的工业控制装置之一，被称为现代工业自动化的三大支柱（PLC、机器人、CAD/CAM）之一。

20世纪60年代，计算机技术已开始应用于工业控制领域。但由于计算机技术本身的复杂性，编程难度大，难以适应恶劣的工业环境，再加上价格昂贵等原因，未能在工业控制领域中广泛应用。

1968年，美国汽车制造商通用汽车（GM）公司为适应汽车型号的不断更新，试图寻找一种新型的工业控制器，以降低重新设计和更换控制系统的软件及接线的经济成本和时间成本，由此设想把计算机的功能完备、灵活及通用等优点，与继电器控制系统的简单易懂、操作方便及价格便宜等优点结合起来，研制一种适合于工业环境的通用控制装置，并把计算机的编程方法和程序输入方式加以简化，用面向控制过程、面向对象的“自然语言”进行编程，使不熟悉计算机的人也能方便地使用的设备。1969 年，美国数字设备公司研制出了第一台可编程序逻辑控制器 PDP—14，在美国通用汽车公司的生产线上试用成功，首次将程序化的手段应用于电气控制。这是第一代可编程序逻辑控制器，称为 Programmable Logic Controller，简称 PLC，是世界上公认的第一台 PLC。

可编程序控制器的英文全称为 Programmable Logic Controller，简称为 PC，但为了与个人计算机的简称 PC 相区别，用 PLC 表示。PLC 是在传统的顺序控制器的基础上引入了微电子技术、计算机技术、自动控制技术和通信技术而形成的新型工业控制装置。其目的是取代继电器，执行逻辑、计时、计数等顺序控制功能，建立柔性的程控系统。它采用可编程序的存储器，用来在其内部存储执行逻辑运算、顺序控制、定时、计数和算术运算等操作的指令，并通过数字或模拟的输入和输出，控制各种类型的机械或生产过程。PLC 及其有关设备，都应按易于与工业控制系统形成一个整体，易于扩充其功能的原则设计。

目前，PLC 已广泛应用于钢铁、石油、化工、电力、建材、机械制造、汽车、轻纺、交通运输、环保及文化娱乐等行业。其使用情况主要分为以下几类：

1. 开关量逻辑控制

取代传统的继电器电路，实现逻辑控制、顺序控制，既可用于单台设备的控制，也可用于多机群控及自动化流水线，如注塑机、印刷机、订书机械、组合机床、磨床、包装生产线、电镀流水线等。

2. 工业过程控制

在工业生产过程当中，存在一些如温度、压力、流量、液位和速度等连续变化的量（即模拟量）。PLC 采用相应的 A/D 和 D/A 转换模块及各种各样的控制算法程序来处理模拟量，完成闭环控制。PID 调节是一般闭环控制系统中用得较多的一种调节方法。过程控制在冶金、化工、热处理、锅炉控制等场合有非常广泛的应用。

3. 运动控制

PLC 可以用于圆周运动或直线运动的控制。一般使用专用的运动控制模块，如可驱动步进电动机或伺服电动机的单轴或多轴位置控制模块，广泛用于各种机械、机床、机器人、电梯等场合。

4. 数据处理

PLC 具有数学运算（含矩阵运算、函数运算、逻辑运算）、数据传送、数据转换、排序、查表、位操作等功能，可以完成数据的采集、分析及处理。数据处理一般用于造纸、冶金、食品工业中的一些大型控制系统。

5. 通信及联网

PLC 通信含 PLC 间的通信及 PLC 与其他智能设备间的通信。随着工厂自动化网络的发展，现在的 PLC 都具有通信接口，通信非常方便。

PLC 具有通用性强、使用方便、适应面广、可靠性高、抗干扰能力强、编程简单等特点。可以预料，在工业控制领域中，PLC 控制技术的应用必将形成世界潮流。

二、PLC 的外部结构

PLC 的控制面板可分为四部分，分别是输入接线端、输出接线端、操作面板、状态指示栏。三菱 FX_{2N}系列 PLC 的外部结构如图 1-2 所示。

（1）输入接线端　PLC 输入接线端可分为电源输入端、输入公共端和输入接线端，三菱 PLC 输入接线端如图 1-3 所示。

1）电源输入端：接线端子 L 接电源的相线，N 接电源的中性线，PE 接地。电源电压一般是交流，单相，50Hz，100～240V。

2）输入接线端和公共端子 COM：在 PLC 控制系统中，各种按钮、行程开关和传感器等主令电器直接接到 PLC 输入接线端子和公共端子 COM 之间，因为在每个输入接线端子的内部都对应一个电子电路，即输入接口电路。

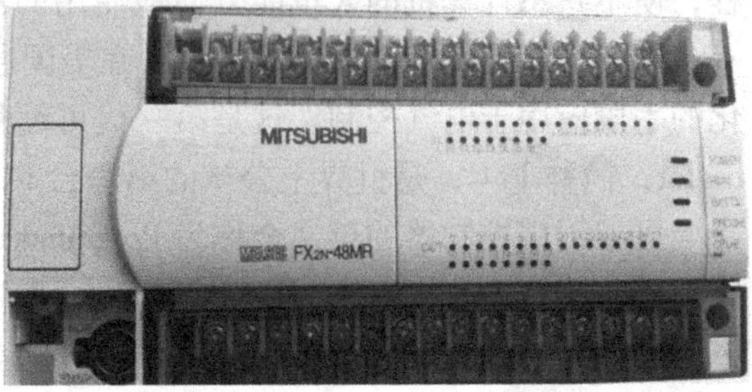

图 1-2　三菱 FX_{2N}系列 PLC 的外部结构

（2）输出接线端　PLC 输出接线端可分为公共端和输出接线端两部分。三菱 PLC 输出接线端如图 1-4 所示。三菱 PLC 的输出端用符号 Y 表示，采用八进制编号方法，公共端用符号 COM 表示。在 PLC 内部，几个输出 COM 端之间没有关系。PLC 每个输出端子在内部都对应有一个完整的输出接口电路。

图 1-3　三菱 PLC 输入接线端

图 1-4　三菱 PLC 输出接线端

（3）操作面板　操作面板包括 PLC 工作方式选择开关、RS-422 通信接口、选件连接用插口等部分。

1）PLC 工作方式选择开关有 RUN 和 STOP 两档（见图 1-5）。

2）RS-422 通信接口用于 PLC 和计算机的通信。

3）选件连接用插口用于连接存储盒、机能扩展板等。

图 1-5　三菱 PLC 工作方式选择开关

（4）状态指示栏　状态指示栏分为输入状态指示、输出状态指示和运行状态指示三部分。

1）输入状态指示：当输入端子有信号输入时，对应的指示灯亮。

2）输出状态指示：当输出端子有信号输出时，对应的指示灯亮。

3）运行状态指示（见图 1-6）

① POWER 指示灯亮：表示可编程序控制器已接通电源。

② RUN 指示灯亮：表示可编程序控制器处于运行状态。

③ BATT. V 指示灯亮：表示 PLC 电源锂电池欠电压。

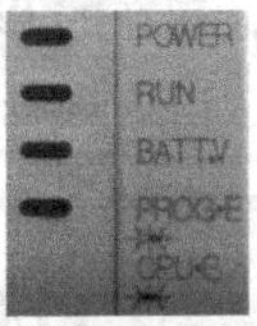

图 1-6　三菱 PLC 运行状态指示栏

④ PROG. E/CPU. E 指示灯亮：表示可编程序控制器程序出现错误。

三、PLC 的内部结构

PLC 是一种专门用于工业控制的计算机，主要由 CPU、存储器、I/O 接口电路、外设接口电路、编程装置和电源等组成。其内部结构示意图如图 1-7 所示。

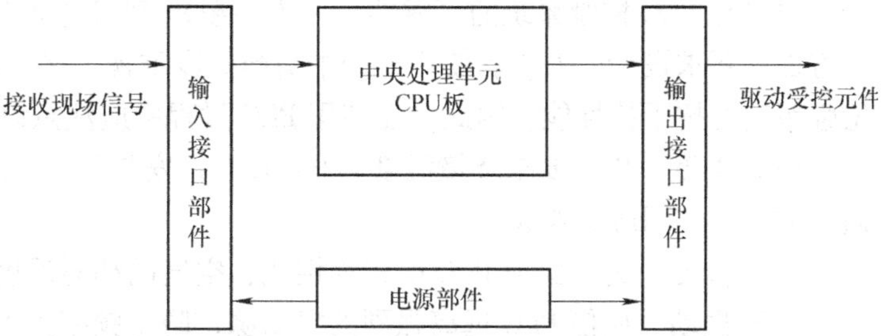

图 1-7　PLC 内部结构示意图

（1）CPU　PLC 中的 CPU 是 PLC 的核心，起神经中枢的作用。每台 PLC 至少有一个 CPU，它按 PLC 的系统程序赋予的功能接收并存储用户程序和数据，用扫描的方式采集由现场输入装置送来的状态或数据，并存入规定的寄存器中。同时，诊断电源和 PLC 内部电路的工作状态和编程过程中的语法错误等。CPU 运行后，从用户程序存储器中逐条读取指令，经分析后再按指令规定的任务产生相应的控制信号，指挥有关的控制电路。

与通用计算机一样，PLC 的 CPU 主要由运算器、控制器、寄存器及实现它们之间联系的数据、控制及状态总线构成，还有外围芯片、总线接口及有关电路。它确定了进行控制的规模、工作速度、内存容量等。内存主要用于存储程序及数据，是 PLC 不可缺少的组成单元。

（2）存储器　可编程序控制器的存储器由只读存储器 ROM、随机存储器 RAM 和电可擦可编程序存储器 EEPROM 三大部分构成，主要用于存放系统程序、用户程序及工作数据。

（3）I/O 接口电路　I/O 接口电路是 PLC 与被控对象间传递输入和输出信号的接口部件。

（4）外设接口电路　PLC 的输出接口电路将 CPU 产生的信号放大后输出，驱动电磁阀、接触器等负载工作。PLC 的输出接口电路可以分为三种，即继电器输出、晶体管输出和晶闸管输出。继电器输出接口电路既可以驱动交流负载，又可以驱动直流负载，晶体管输出接口电路只可以驱动直流负载；晶闸管输出接口电路只可以驱动交流负载。

（5）电源　通过 PLC 内部配备的专用开关式稳压电源，可将 PLC 外部连接的电源电压转化为 PLC 内部电路需要的工作电压，并为外部输入元器件提供 24V 直流电压。注意，PLC 负载的电源是由用户另外提供的。

四、PLC 的外围设计

动力线、控制线以及 PLC 的电源线和 I/O 线应分别配线，隔离变压器与 PLC 和 I/O 之间应采用双绞线连接。最好将 PLC 的 I/O 线和大功率线分开走线，如果必须在同一线槽内，建议分开捆扎交流线、直流线。若条件允许，分槽走线最好，这不仅能使其有尽可能大的空间距离，并能将干扰降到最低限度。

1. 工作环境

PLC 的输出负载可能会产生干扰，因此要采取措施加以控制，如直流输出的续流管保护，交流输出的阻容吸收电路，晶体管及双向晶闸管输出的旁路电阻保护。

PLC 是一种用于工业生产自动化控制的设备，一般不需要采取措施，就可以直接在工业环境中使用。然而，尽管 PLC 有上述的可靠性较高、抗干扰能力较强等优点，但当生产环境过于恶劣，电磁干扰特别强烈，或安装使用不当时，就可能造成程序错误或运算错误，从而产生误输入并引起误输出，这将会造成设备的失控和误动作，从而不能保证 PLC 正常运行。要提高 PLC 控制系统的可靠性，一方面要求 PLC 生产厂家提高设备的抗干扰能力；另一方面，要求设计、安装和使用维护中引起高度重视，多方配合才能完善解决问题，有效地增强系统的抗干扰性能。因此，在使用 PLC 过程中应注意以下问题：

（1）温度　PLC 要求环境温度为 0 ~ 55℃，安装时不能放在发热量大的元件下面，四周通风散热的空间应足够大。

（2）湿度　为了保证 PLC 的绝缘性能，空气的相对湿度应小于 85%（无凝露）。

（3）振动　应使 PLC 远离强烈的振动源，防止频率为 10 ~ 55Hz 的频繁或连续振动。当使用环境不可避免振动时，必须采取减振措施，如采用减振胶等。

（4）空气　避免有腐蚀性和易燃的气体，如氯化氢、硫化氢等。对于空气中有较多粉尘或腐蚀性气体的环境，可将 PLC 安装在封闭性较好的控制室或控制柜中。

（5）电源　PLC 对电源线带来的干扰具有一定的抵抗能力。在可靠性要求很高或电源干扰特别严重的环境中，可以安装一台带屏蔽层的隔离变压器，以减少设备与地之间的干扰。一般 PLC 都有直流 24V 输出提供给输入端，当输入端使用外接直流电源时，应选用直流稳压电源。因为普通的整流滤波电源受纹波的影响，容易使 PLC 接收到错误的信息。

PLC 应远离强干扰源（如电焊机、大功率硅整流装置和大型动力设备），不能与高压电器安装在同一个开关柜内，在柜内 PLC 应远离动力线（两者之间距离应大于 200mm）。与 PLC 装在同一个柜内的电感性负载（如功率较大的继电器、接触器的线圈），应并联 RC 消弧电路。

PLC 的输入与输出最好分开走线，开关量信号线与模拟量信号线也要分开敷设。模拟量信号的传送应采用屏蔽线，屏蔽层应一端或两端接地，接地电阻应小于屏蔽层电阻的 1/10。

交流输出线和直流输出线不要用同一根电缆，输出线应尽量远离高压线和动力线，避免并行。

2. PLC 的安装

PLC 适用于大多数工业现场，但它对使用场合、环境温度等还是有一定的要求的。控制 PLC 的工作环境，可以有效地提高其工作效率和使用寿命。在安装 PLC 时，要避开下列场所：

1）环境温度超过 0 ~ 50℃。

2）相对湿度超过 85% 或者存在露水凝聚（由温度突变或其他因素所引起的）。

3）太阳光直接照射。

4）有腐蚀和易燃的气体，如氯化氢、硫化氢等。

5）有大量铁屑及灰尘。

6）频繁或连续的振动，振动频率为 10 ~ 55Hz，幅度为 0.5mm（峰-峰值）。

7）超过 10*g*（重力加速度）的冲击力。

3. PLC 的安装固定

三菱 PLC 安装固定区如图 1-8 所示。小型 PLC 外壳的四个角上均有安装孔。PLC 有两种安装方法：一种是用螺钉固定，不同的单元有不同的安装尺寸；另一种是 DIN（德国标准）导轨（见图 1-9）固定。DIN 导轨配套使用的安装夹板，左右各一对。在导轨上，先装好左右夹板，再装上 PLC，然后拧紧螺钉。为了使控制系统工作可靠，通常把 PLC 安装在有保护外壳的控制柜中，以防止灰尘、油污、水溅。为了保证 PLC 在工作状态下的温度保持在规定环境温度范围内，安装 PLC 的机器应有足够的通风空间，基本单元和扩展单元之间要有 30mm 以上的间距。如果周围环境超过 55℃，要安装电风扇，强迫通风。

图 1-8　三菱 PLC 安装固定区

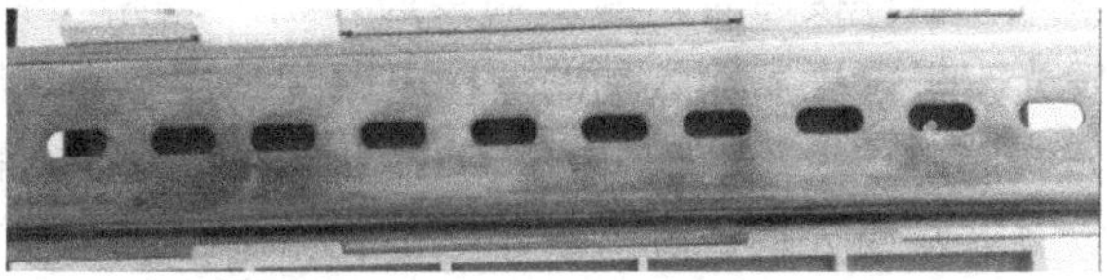

图 1-9　DIN 导轨

为了避免其他外围设备的电干扰，应使 PLC 尽可能远离高压电源线和高压设备，PLC 与高压设备和电源线之间至少留出 200mm 的距离。

当 PLC 垂直安装时，要严防导线头、铁屑等从通风窗掉入 PLC 内部，造成印制电路板短路，使其不能正常工作甚至永久损坏。PLC 的安装固定设备表见表 1-1。三菱 PLC 安装固定示意图如图 1-10 所示。

表 1-1　PLC 的安装固定设备表

名　　称	型号或规格	数　　量
三菱 PLC	FX_{2N}	1 台
电工工具	螺钉旋具、万用表、剥线钳等	1 套
导线	2.5mm^2	若干
DIN 导轨	35mm	1 支
固定螺钉	1.5cm	2 个

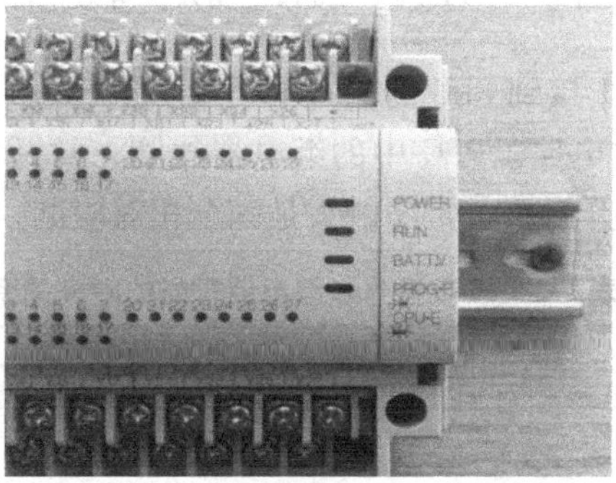

图 1-10　三菱 PLC 安装固定示意图

4. PLC 的外部接线

（1）电源接线端　PLC 供电电源为 50Hz，220(1±10%)V 的交流电。PLC 的输入接线端中有三根电源线，分别是 L、N、PE 三个接线端子，为 PLC 提供电源，如图 1-11 所示。L 端子接电源的相线，N 端子接电源的中性线，PE 端子接地线。

图 1-11　PLC 电源输入接线端

（2）输入端接线　PLC 一般接受行程开关、限位开关等输入的开关量信号。输入接线端是 PLC 与外部传感器负载转换信号的端口。输入接线一般是指外部传感器与输入端口的接线。

输入元器件可以是任何无源的触点或集电极开路的 NPN 管。当输入元器件接通时，输入端接通，输入线路闭合，同时输入指示的发光二极管亮。输入端的一次电路与二次电路之间采用光耦合器隔离。二次电路带 RC 滤波器，以防止由于输入触点抖动或从输入线路串入的电噪声引起 PLC 误动作。

若在输入触点电路串联二极管，则串联二极管上的电压应小于 4V。若使用带发光二极管的舌簧开关，则串联二极管的数量不能超过两只。

三菱系列 PLC 的输入继电器用文字符号 X 表示，并采用八进制编号方法。FX_{2N}—48MR 型 PLC 的输入继电器共有 24 个，即 X0～X7、X10～X17 和 X20～X27，所有的外接输入继电器共用 1 个输入公共端子，24 个输入继电器与输入公共端子都可以形成回路。

在 PLC 的每个输入接线端都有一个输入接口电路，如图 1-12a 所示。

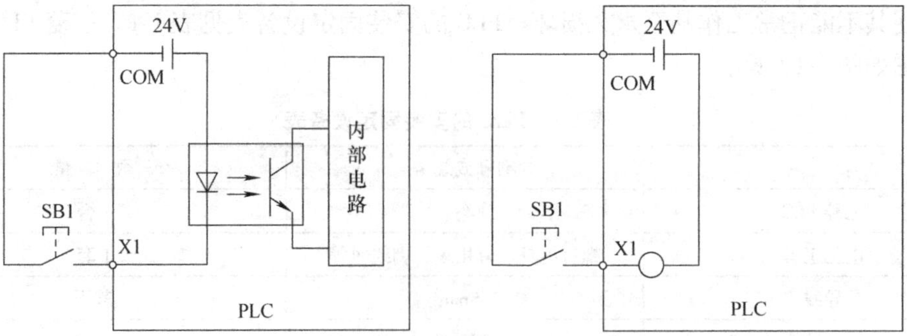

a) PLC输入接口电路　　b) PLC输入接口电路的等效电路

图 1-12　PLC 输入接口电路及其等效电路

在图 1-12a 中，按钮 SB1 接到 PLC 的输入端子 X1 和公共端子 COM 之间。图 1-12b 所示为 PLC 输入接口电路的等效电路。PLC 中的继电器线圈、常开触点、常闭触点与继电器控制盘系统的继电器线圈、常开触头、常闭触头是完全相对应的，见表 1-2。

表 1-2　PLC 符号和继电器符号的对应关系

名　称	线　圈	常开触点	常闭触点
PLC 符号	—(Y1)—	—| |—	—|/|—
继电器符号	—□—	—/—	—ᖷ—

如图 1-12a 所示，在按下 SB1 后，输入接口电路工作，产生一个电信号，输入到映像寄存器，再通过数据总线送给 CPU 处理。这个工程可以等效成继电器的工作过程。如图 1-12b 所示，当按下按钮 SB1 后，输入接口电路部分形成一个闭合回路，通过 PLC 内部的 24V 直流电源，X1 的线圈得电，在 PLC 的内部输入继电器 X1 常开触点闭合、常闭触点断开。

注意：输入继电器只能由外部信号来驱动，而不能由内部指令来驱动。

另外，对于输入接线还应特别注意以下几点：

1）输入接线一般不要超过 30m。但如果环境干扰较小，电压降不大，则输入接线可适当长一些。

2）输入、输出线不能用同一根电缆，要分开。

3）PLC 所能接受的脉冲信号的宽度，应大于扫描周期的时间。

（3）输出端接线　输出端接线分为独立输出和公共输出。在不同组中，可采用不同类型和电压等级的输出电压，但在同一组中的输出只能用同一类型、同一电压等级的电源。

由于 PLC 的输出元件被封装在印制电路板上，并且连接至端子板，若连接输出元器件的负载短路，将烧毁印制电路板。

采用继电器输出时，所承受的电感性负载的大小会影响继电器的使用寿命，因此，使用电感性负载时应合理选择或加隔离继电器。

输出端的接线原理：三菱 PLC 的输出端用文字符号 Y 表示，也采用八进制编号方法，输出公共端用 COM 表示。FX_{2N}—48MR 型 PLC 的输出继电器共有 24 个，即 Y0 ~ Y7、Y10 ~ Y17 和 Y20 ~ Y27。

PLC 每一个输出端子在内部都对应有一个完整的电路，如图 1-13a 所示。习惯上将该电路称为输出继电器，如 PLC 输出端子 Y1 内部的电路称为输出继电器 Y1。在图 1-13b 所示的输出接口电路的等效回路中，在本任务中外部负载是小灯 LED1，它和 24V 直流电源串联后，接在 PLC 的输出端子 Y0 和公共端子 COM1 之间。

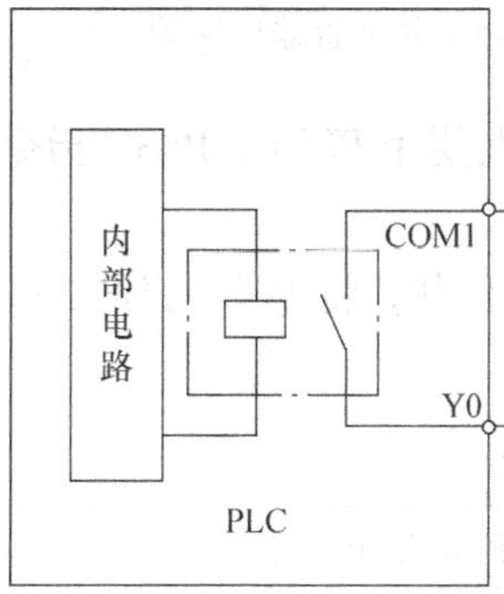

a) 输出接口电路

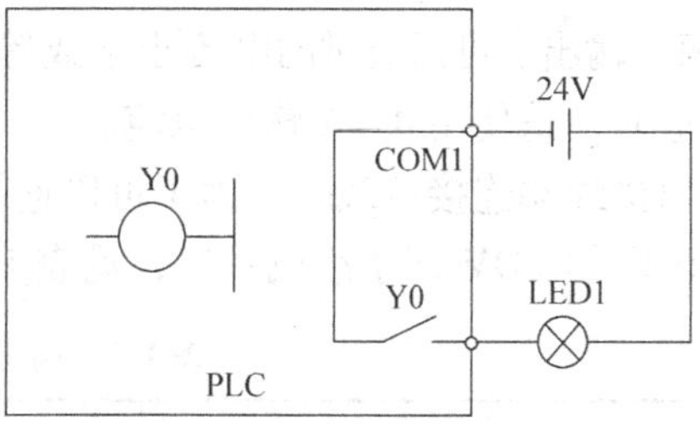

b) 输出接口电路的等效电路

图 1-13　输出接口电路及其等效电路

PLC 的 CPU 运算程序后，通过数据总线，将执行程序后的运算结果送到映像寄存器，该结果对应的信号通过输出接口电路放大，驱动接在 PLC 输出端子 Y0 上的负载工作，这个过程可以看成输出继电器 Y0 线圈得电，Y0 的常开触点闭合，小灯 LED1 和 24V 直流电源形成回路，小灯 LED1 得电。

注意：输出继电器必须由 PLC 控制程序执行的结果驱动。

另外，对于输出接线，还应特别注意以下几点：

1）PLC 有继电器输出、晶闸管输出、晶体管输出三种形式。

2）输出端接线分为独立输出和公共输出。当 PLC 的输出继电器或晶闸管动作时，同一号码的两个输出端接通。在不同组中，可采用不同类型和电压等级的输出电压，但在同一组中的输出只能用同一类型、同一电压等级的电源。

3）由于 PLC 的输出元件被封装在印制电路板上，并且连接至端子板，若将连接输出元件的负载短路，将烧毁印制电路板，因此，应当使用熔丝保护输出元件。

4）采用继电器输出时，其所承受的电感性负载大小将影响继电器的工作寿命，因此要求继电器工作寿命长。

5）PLC 的输出负载可能产生噪声干扰，因此要采取措施加以控制。

此外，对于会对用户造成伤害的危险负载，除了在控制程序中加以考虑之外，还应设计外部紧急停机电路，使得 PLC 发生故障时，能将引起伤害的负载电源切断。

交流输出线和直流输出线不要用同一根电缆，输出线应尽量远离高压线和动力线，避免并行。

三菱 FX_{2N} 系列 PLC 所有的输出继电器只可以接单项负载，并且不是所有的负载都可以连接，其中 Y0 和 Y1 两个端子为晶体管输出，所以应选用 DC 5～30V 的平滑电源作为 Y0 和 Y1 两个端子所接负载的驱动电源，如图 1-14 所示。另外，在常温下要保证 Y0 和 Y1 每个输出点可以通过的电流小于或等于 0.3A。若要考虑温度上升的限制，则要保证 Y0 和 Y1 每个输出点可以通过的电流小于或等于 0.2A。但是，在使用 PLSY、PLSR 指令且需要高速响应时，请使用 0.1A 输出电流。

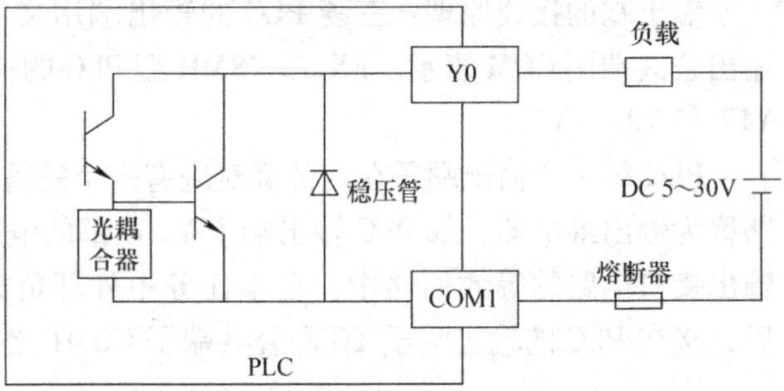

图 1-14　晶体管输出原理

输出接线端连接负载时，为了可以连接多种电压等级的负载，将 PLC 内部的 24 个端子分别与不同的 COM 端子组成一组，见表 1-3 和图 1-15。

表 1-3　输出端子与公共端子组合

	公共端子	输出端子
第一组	COM1	Y0、Y1、Y2、Y3
第二组	COM2	Y4、Y5、Y6、Y7
第三组	COM3	Y10、Y11、Y12、Y13
第四组	COM4	Y14、Y15、Y16、Y17
第五组	COM5	Y20、Y21、Y22、Y23、Y24、Y25、Y26、Y27

由图 1-15 可见，COM1 与 Y0、Y1、Y2、Y3 在内部并联。这四个输出继电器所连接的负载通常采用同一个电压等级，因为一个公共端子一般只能提供一个电压等级，不同电压等级的负载不可以接在同一个公共端子上，如图 1-16 所示。所以，PLC 有 5 个公共端子，而且每个公共端子都是独立的，与其他公共端子并无连线，故三菱 FX_{2N}—48MR 型 PLC 至少可以为负载提供 5 个电压等级。如果想提供更多的电压等级，就要看读者对电路的理解程度了。

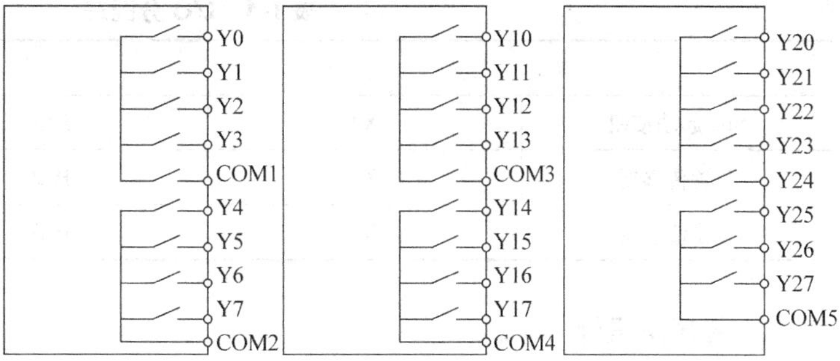

图 1-15　输出继电器与输出公共端子模拟内部电路

(4) 概念电流　在查阅与 PLC 相关的资料中，经常会遇到 Power Flow 这一名词。它是在梯形图中触点和线圈形成的通路中流动的“概念电流”。可以想象在梯形图左右两侧的垂直母线之间有一个左正右负的直流电源，当控制线圈的触点电路接通时，有电流流过线圈。

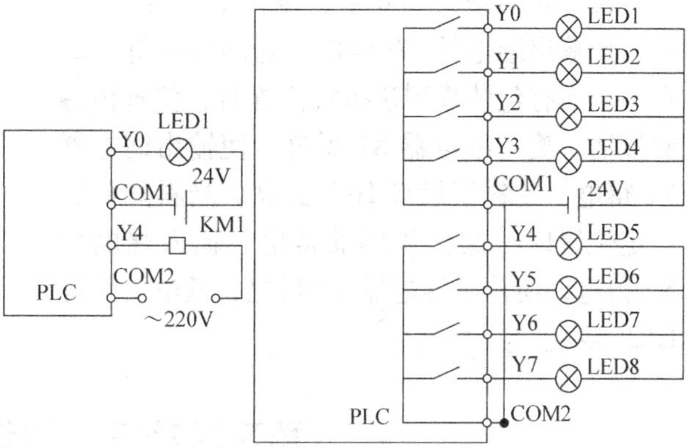

图 1-16　PLC 与 LED 外部接线

但是应注意梯形图是 PLC 的一种图形化的程序，属于软件的范畴，能流只是想象中的电流。因为梯形图来源于继电器电路图，通过能流这一概念，就可以使用继电器电路的分析方法和术语，如“触点闭合”和“线圈通电”等。梯形图中程序执行的方向是从上到下，从左到右，能流的方向实际上就是程序执行的方向。

以图 1-17 所示梯形图为例，当 X0 触点断开时，Y0 输出继电器没有从左母线得电。当 X0 触点闭合时，电流会从左母线流出通过 X0 触点、导线和 Y0 输出继电器经右母线形成回路，简称 Y0 得电。此时，左母线模仿直流电源的正极，右母线模仿直流电源的负极。但要注意的是，流过的电流是假的，实际上根本不存在，只是为了方便解释而想象出来的假想电流。

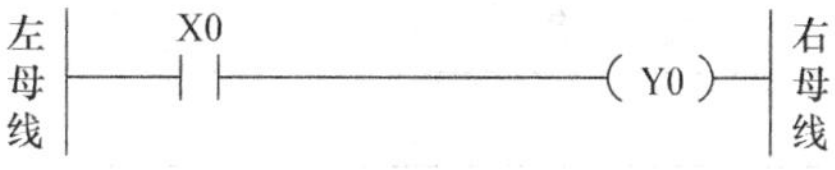

图 1-17　梯形图

五、任务分析

在自动配料系统中，按下起动按钮，起动提示灯 HL1 持续点亮；当包装袋到达指定的装料位时，指示灯 HL2 持续点亮；当 A、B 料桶里的原料少于最低位时，指示灯 HL3 会持续点亮。

1. 根据任务要求分配 I/O

I/O 分配表见表 1-4。

表1-4 I/O分配表

输入		输出	
SB0 起动按钮	X0	HL1	Y0
位置传感器	X1	HL2	Y1
低位传感器	X2	HL3	Y2

2. 梯形图设计

自动配料系统中信号灯控制程序梯形图如图1-18所示。

按下起动按钮SB0后，输入继电器X0得电，使输出继电器Y0得电，起动指示灯HL1点亮。当有包装袋到达指定位置时，位置传感器接通，输入继电器X1得电，使输出继电器Y1得电，装料指示灯HL2点亮。当料降低到一定位置时，低位传感器得电，输入继电器X2得电，使输出继电器Y2得电，低位指示灯HL3点亮。

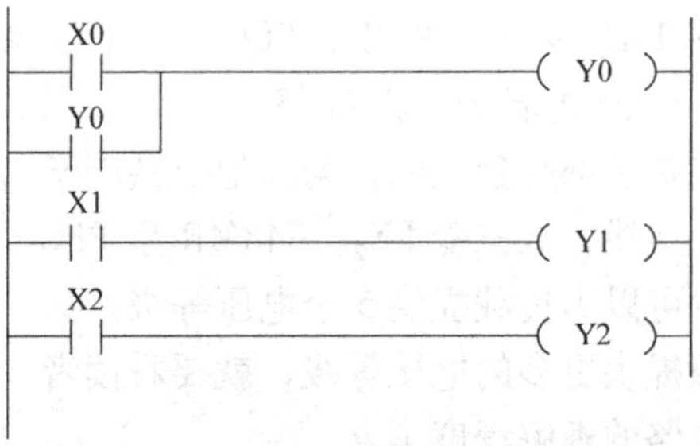

图1-18 自动配料系统中信号灯控制程序梯形图

学习活动三 制订工作计划

根据工作任务要求及情景描述中的相关资料制订工作前、工作中、工作后计划。

一、人员分工

1. 小组负责人：
2. 小组成员及分工

姓名	分工

二、工具及材料清单

序号	工具或材料名称	单位	数量	备注

三、工序及工期安排

序　号	工作内容	完成时间	备　注

学习活动四　任务实施

1. 工艺要求

1）应能满足机械生产的工艺要求，能按照工艺顺序准确而可靠地工作。

2）电路结构力求简单，尽量选用常用的且经过实际考验的电路。

3）操作调整和检修方便。

4）具有各种必要的保护装置，确保在误操作时不会发生重大事故。

5）工作稳定，安全可靠，符合使用环境条件。

2. 技术规范

1）依据I/O分配表，完成PLC外部的接线。

2）检查插头、插座的簧片有无松动、断裂、掉线等情况。

3）接地极和接地系统施工完毕后，接地电阻测试合格。

4）在控制室内搬运机柜、操作台等设备时，应预先铺胶皮地板，防止水平运输时损坏室内设施。搬运时，设备倾斜角度不得超过允许值。

5）应做好防潮、防火、防震等措施，存放条件应符合产品说明书要求。

3. 安全要求

1）运行中的电气设备，必须按操作规程操作，如分断电源时应先断开负荷开关；后断开隔离开关；接通电源时，应先合隔离开关，后合负荷开关。

2）严格遵守停送电制度，切实做好各项应急的安全措施。

3）对现场电气设备及线路不熟悉者，不得拆卸或安装电气设备和零件。

4）在靠近带电体进行电工操作时，人与带电体应保持一定的安全距离（电压在400V以下时安全距离在0.3m以上，电压为6～10kV时安全距离在0.7m以上）。

5）不可用湿手触摸开关及带电设备，禁止用湿布擦拭运行中的电气设备。

6）任何带电设备，未经验明无电时，一律视为有电，不准用手触及。

7）必须在低压配电设备上操作时，要经老师批准，并有专人监护。

4. 评分标准

以小组为单位，展示本组制订的工作计划，然后在老师点评基础上将工作计划修改完善，并根据以下评分标准进行评分。

◆ 评分表

评价内容	分值	评分			
		自我评价	小组评价	老师评价	平均分
计划制订得是否合理、完善	20				
任务要求是否明确	20				
工具清单是否正确、完善	20				
材料清单是否正确、完整	20				
人员分工是否合理、团结协作	20				
合计					

学习活动五 总结评价

◆ 综合评价表

评价项目	评价内容	评价标准	评价主体		
			自我	同学	老师
职业素养	安全意识 责任意识	A. 作风严谨，自觉遵守纪律，出色地完成任务 B. 能够遵守规章制度，较好地完成工作任务 C. 遵守规章制度，没完成工作任务 D. 不遵守规章制度，没完成工作任务			
	学习态度	A. 积极参与学习活动，全勤 B. 缺勤达到任务总学时的 10% C. 缺勤达到任务总学时的 20% D. 缺勤达到任务总学时的 30%			
	团队合作	A. 与同学协作融洽，团队合作意识强 B. 与同学能沟通，协同工作能力较强 C. 与同学能沟通，协同工作能力一般 D. 与同学沟通困难，协同工作能力较差			
专业能力	明确工作任务	A. 学习活动评价成绩为 90～100 分 B. 学习活动评价成绩为 75～89 分 C. 学习活动评价成绩为 60～74 分 D. 学习活动评价成绩为 0～59 分			
	学习相关知识	A. 学习活动评价成绩为 90～100 分 B. 学习活动评价成绩为 75～89 分 C. 学习活动评价成绩为 60～74 分 D. 学习活动评价成绩为 0～59 分			
	制订工作计划	A. 学习活动评价成绩为 90～100 分 B. 学习活动评价成绩为 75～89 分 C. 学习活动评价成绩为 60～74 分 D. 学习活动评价成绩为 0～59 分			

（续）

评价项目	评价内容	评价标准	评价主体		
			自我	同学	老师
专业能力	任务实施	A. 学习活动评价成绩为 90 ~ 100 分 B. 学习活动评价成绩为 75 ~ 89 分 C. 学习活动评价成绩为 60 ~ 74 分 D. 学习活动评价成绩为 0 ~ 59 分			
创新能力	学习过程中提出具有创新性、可行性的建议		加分		
班级		姓名		综合评价等级	

课后思考

1. PLC 的内部结构可以分为哪些部分？
2. PLC 的输出接口电路可以分为哪三种？
3. 电源输入端接线端子 L 接电源的（　　　　），N 接电源的（　　　　），PE 接（　　　　）。
4. 应该怎样设计自动配料系统的传送装置？

任 务 二

自动配料系统中给料装置控制程序设计

学习目标：

1. 能熟练使用 GX Developer 软件编写梯形图。
2. 能用 PLC 编辑简单控制电路。
3. 能使用各种开关通过 PLC 控制外围设备。
4. 能通过 PLC 实现对不同负载的控制。
5. 能通过 PLC 进行点动、自锁电路的控制。

情境描述：

给料装置是自动配料系统非常重要的组成部分，当料斗里的料不足时能够自动给料，避免出现系统停止运行和搅拌系统空转的现象。试设计自动给料装置，使整个系统安全、稳定运行。

学习活动一　明确工作任务

在自动配料系统中，有 A、B 两种化肥原料，分别装在 A、B 两个料斗中。当包装袋到达指定的装料位时，指示灯 HL2 持续点亮。这时，A、B 两个料斗打开，开始进料，同时，搅拌机开始搅拌，并且搅拌机开始漏料，进行装料。

学习活动二　学习相关知识

◆ **引导问题：**

1. 如何应用 GX 软件正确画出一个常开触点 X0？
2. 如何应用 GX 软件正确画出一个线圈 Y0？
3. 当完成梯形图后，需要将其写入 PLC 中，应如何正确操作？

4. 根据工作任务中的控制要求，如何设计 A、B 两个料斗？内部需要安装什么设备才能安全可靠地实现自动化控制？

5. 搅拌系统应该如何设计？用什么设备实现对原料的搅拌？

6. 列出 I/O 分配表。

◆ 咨询资料：

一、软件应用

梯形图是从继电器控制电路图变化而来的，因此梯形图形式上与继电器控制很相似，读图方法和习惯也相同。

1. 软件运行

若要运行软件，请依照下列步骤操作：

（1）打开软件　单击图标，打开软件。

（2）创建新工程　如图 2-1 所示。

（3）选择 PLC 系列　如图 2-2 所示。

图 2-1　创建新工程

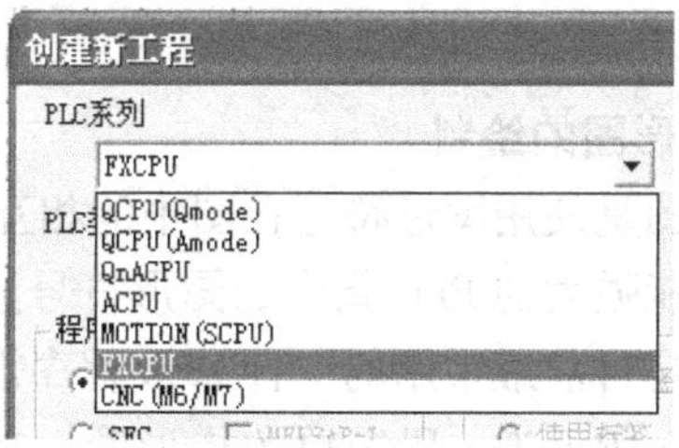

图 2-2　选择 PLC 系列

（4）选择 PLC 型号　如图 2-3 所示。

（5）完成新工程的创建　新工程创建完成后，单击“确定”按钮。新工程创建完成界面如图 2-4 所示。

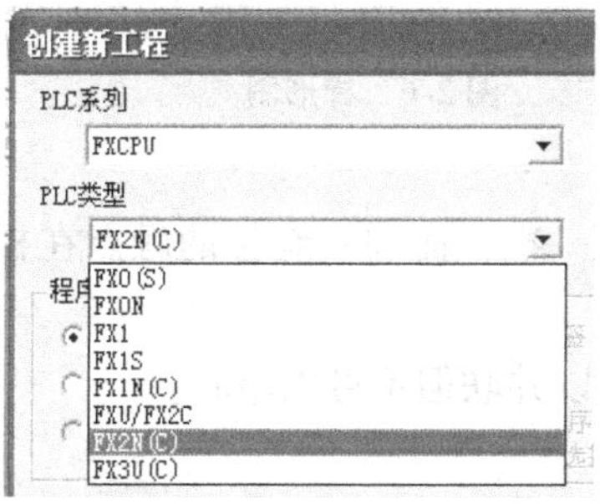

图 2-3　选择 PLC 型号

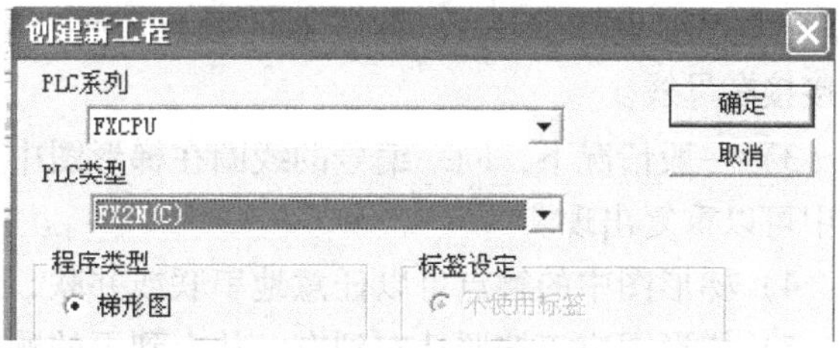

图 2-4　新工程创建完成界面

2. 编辑界面

编辑界面如图 2-5 所示。

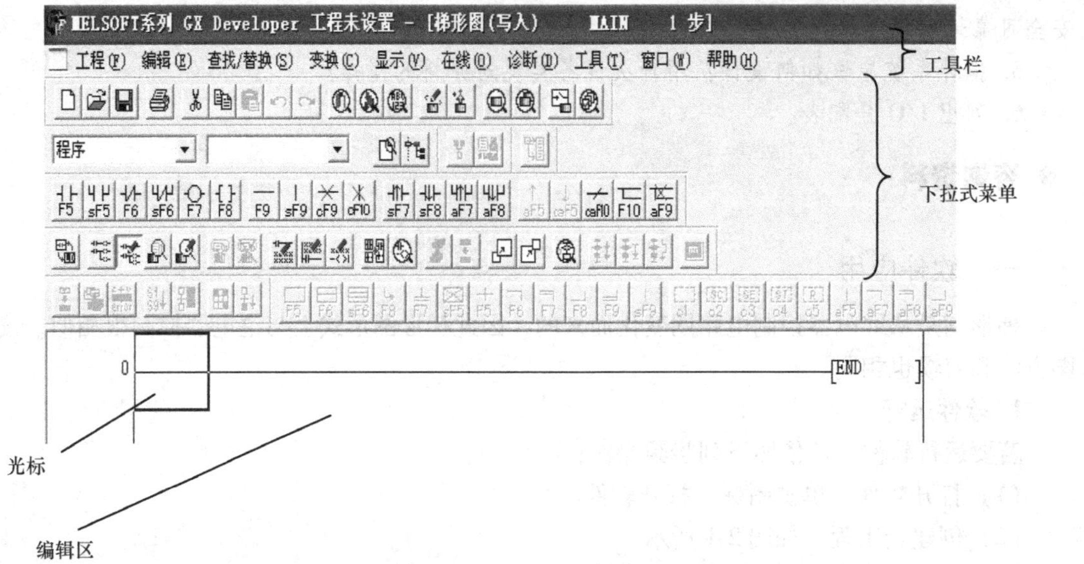

图 2-5　编辑界面

3. 梯形图的绘制

梯形图是使用图形符号在图中的相互关系表示控制逻辑的编程语言。梯形图通过连线，将许多功能强大的 PLC 指令的图形符号连接在一起，以表达所调用的 PLC 指令及其前后顺序关系，是目前最常用的一种 PLC 程序设计语言。

图 2-6 所示为一段简单的梯形图。在所有梯形图中，都有左母线、右母线和逻辑行，逻辑行由各种等效继电器的触点串并联后和线圈组成。画梯形图时必须遵守以下原则：

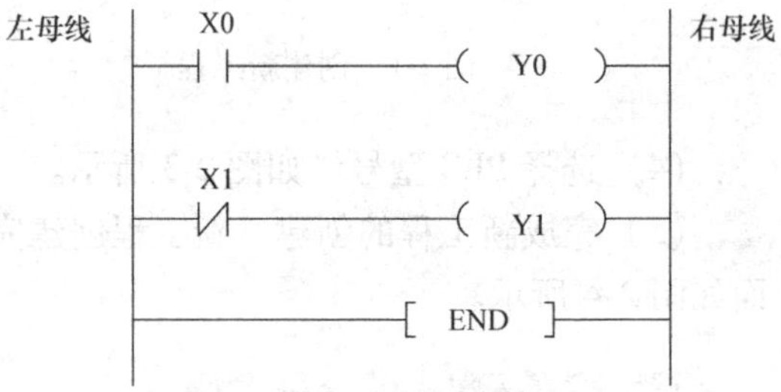

图 2-6　梯形图

1）左母线只能直接接各类继电器的触点，继电器线圈不能直接接左母线。

2）右母线只能直接接各类继电器线圈（不含输入继电器线圈），继电器的触点不能直接接右母线。

3）一般情况下，同一编号的线圈在梯形图中只能出现一次，而同一编号的触点在梯形图中可以重复出现。

4）梯形图中的触点可以任意地串联或并联，而线圈可以并联但不可以串联。

5）梯形图应该按照从左到右、从上到下的顺序画。

6）程序结束后应有结束指令，图 2-6 中的 END 就是结束指令。

若在编程软件中绘制图形并将图形写入 PLC，则需按以下步骤操作：

1）运行软件。

2）当蓝色光标在图 2-7 所示位置时，单击圆圈标注处，并输入名称“X0”，然后单击“确定”按钮，这时就会有一个常开触点 X0 写入梯形图中。

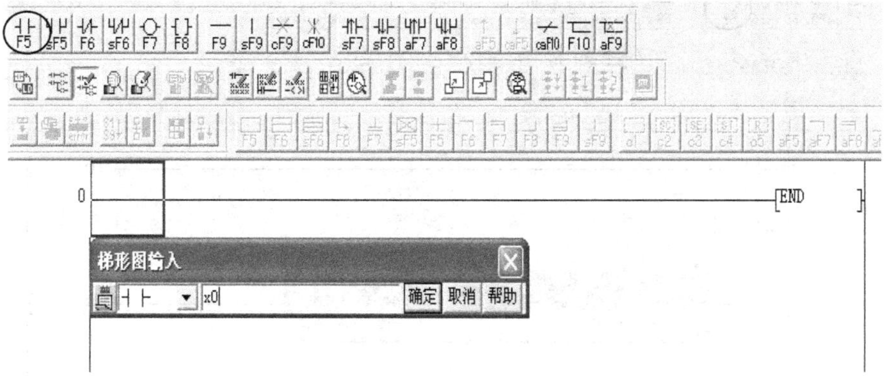

图 2-7　常开触点编写界面

3）当蓝色光标在图 2-8 所示位置时，单击圆圈标注处，并输入名称“Y0”，然后单击“确定”按钮，这时就会有一个输出线圈 Y0 写入梯形图中。

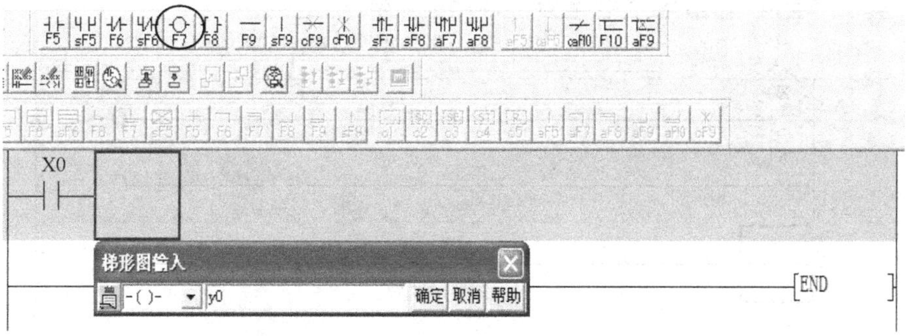

图 2-8　输出线圈编写界面（一）

4）当蓝色光标在图 2-9 所示位置时，单击圆圈标注处，并输入名称“X1”，然后单击“确定”按钮，这时就会有一个常闭触点 X1 写入梯形图中。

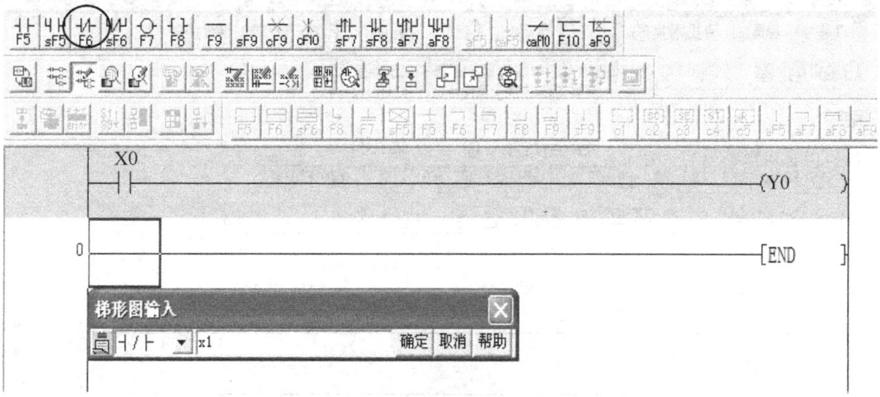

图 2-9　常闭触点编写界面

5）当蓝色光标在图 2-10 中所示位置时，单击圆圈标注处，并输入名称“Y1”，然后单击“确定”按钮，这时就会有一个输出线圈 Y1 写入梯形图中。

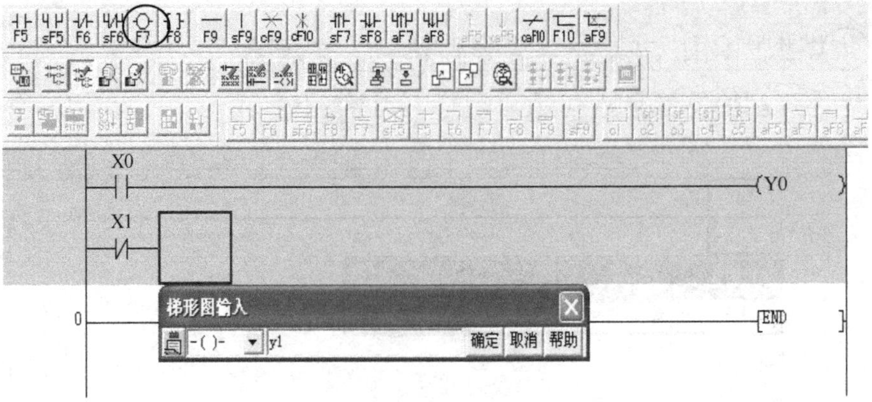

图 2-10　输出线圈编写界面（二）

6）梯形图完成后如图 2-11 所示。

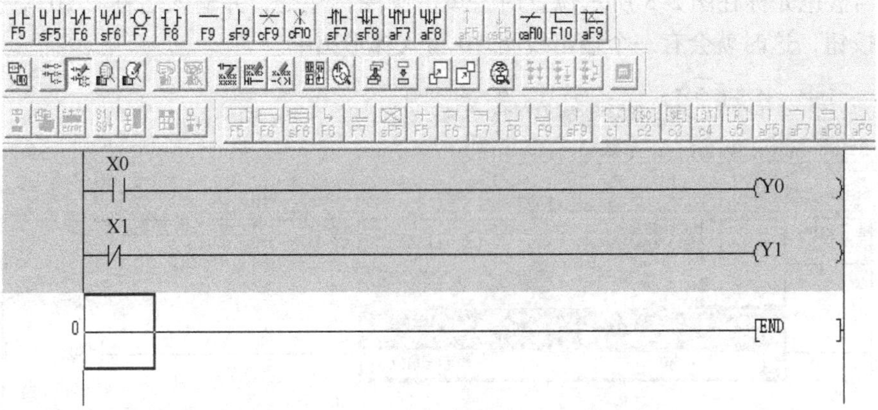

图 2-11　梯形图编写完成

7）变换梯形图。梯形图变换界面如图 2-12 所示。

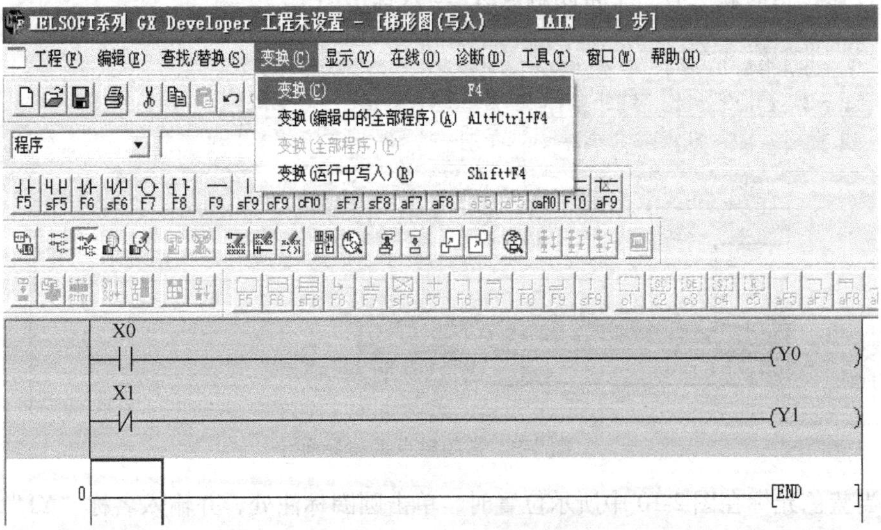

图 2-12　梯形图变换界面

8）清除 PLC 内存。单击“在线”中的“清除 PLC 内存”选项后，会弹出图 2-13 所示对话框，然后选中“PLC 内存”复选框，单击“执行”按钮。

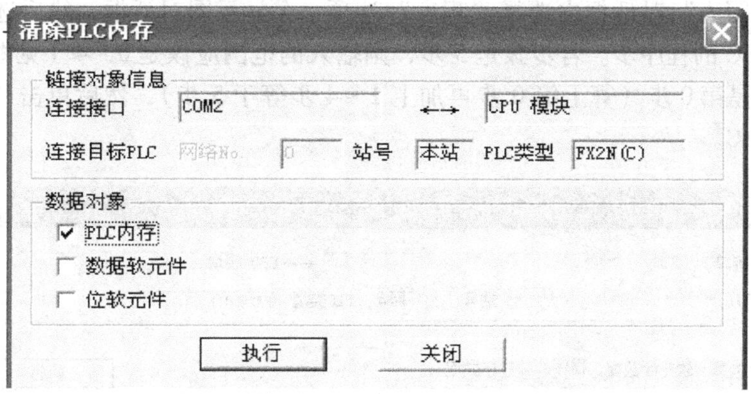

图 2-13　“清除 PLC 内存”对话框

9）将 PLC 的工作方式选择开关放置在“STOP”（停止）档位，单击菜单栏中的“在线”选项，再选择分支中的“PLC 写入”，如图 2-14 所示。

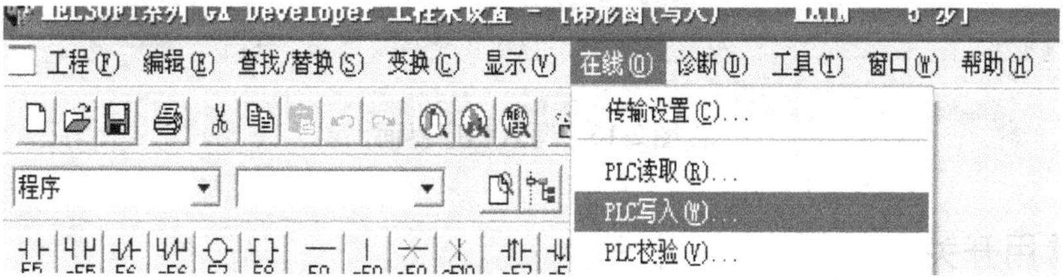

图 2-14　写入界面

10）依照步骤 9 的操作会弹出图 2-15 所示的对话框，选中“MAIN”复选框，单击“执行”按钮，梯形图写入 PLC 的操作完成。

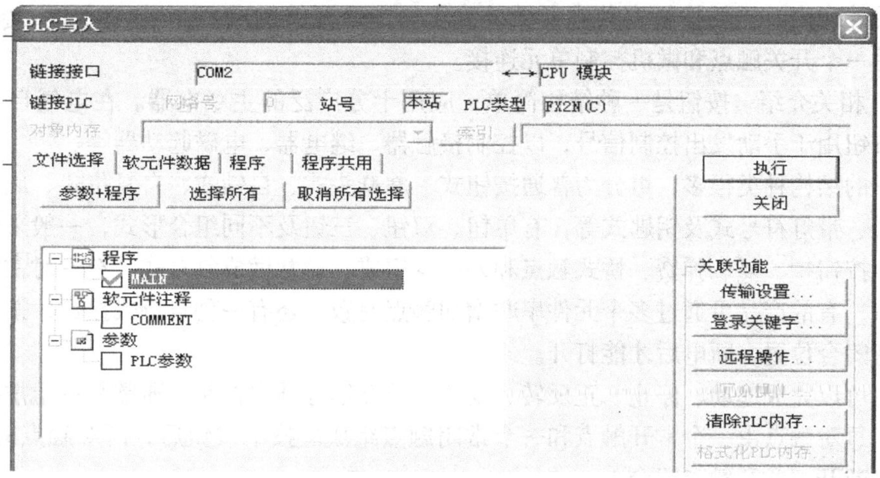

图 2-15　“PLC 写入”对话框

在操作步骤10中，写入梯形图时速度比较慢，这是由于PLC的扫描步骤比较多。这时可以利用软件中的快速写入模式，这样比较节省时间。其操作步骤是在完成了前9步操作后，在“PLC写入”对话框内选择“程序”选项，会显示图对话框，然后选择“步范围”选项，输入PLC的程序步。若步骤是5步，则输入的范围应该是0~4（见图2-16），因为PLC的开始步是第0步（算上第0步再加上1~4步等于5步），然后单击“执行”按钮，将程序写入PLC。

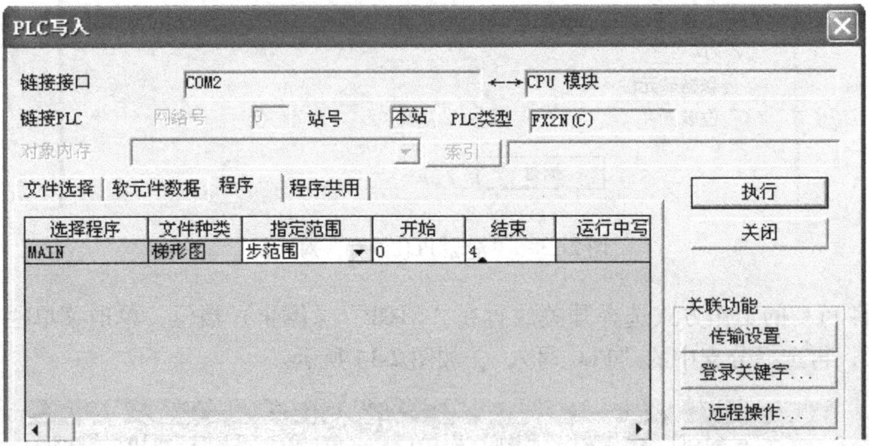

图2-16 写入程序界面

二、常用开关

1. 非自锁开关

图2-17 按钮

（1）定义 其中文名称为按钮，是利用按钮推动传动机构，使动触点与静触点接通或断开并实现电路换接的开关，如图2-17所示。它由两个开关触点和开关按板组成，开关触点安装在开关外壳内，开关按板安装在开关外壳上，一个开关触点接地，另一个开关触点和微机控制单元连接。

（2）相关介绍 按钮是一种结构简单、应用十分广泛的主令电器。在电气自动控制电路中，按钮用于手动发出控制信号，以控制接触器、继电器、电磁起动器等。

按钮的结构种类很多，可分为普通按钮式、蘑菇头式、自锁式、自复位式、旋柄式、带指示灯式、带灯符号式及钥匙式等，有单钮、双钮、三钮及不同组合形式，一般采用积木式结构，由按钮帽、复位弹簧、桥式触点和外壳等组成，通常做成复合式，有一对常闭触点和常开触点，有的产品可通过多个元件串联增加触点对数。还有一种自持式按钮，按下后即可自动保持闭合位置，断电后才能打开。

按钮可以完成起动、停止、正反转、变速以及互锁等基本控制。通常每一个按钮都有两对触点，每对触点由一个常开触点和一个常闭触点组成。按下按钮后，两对触点同时动作，常闭触点断开，常开触点闭合。

为了标明各个按钮的作用，避免误操作，通常将按钮帽做成不同的颜色，以示区别，其颜色有红、绿、黑、黄、蓝、白等，如红色表示停止按钮，绿色表示起动按钮等。

（3）使用环境条件　控制开关在使用时周围空气温度要为 -25 ~ 40℃，并且海拔要大于或等于2000m，而空气相对湿度应小于或等于90%。

（4）主要技术参数　控制开关的额定值分为两种，其中 AC—15 型开关的额定值分别为36V/10A、110V/10A、220V/5A、380V/2.7A、660V/1.8A 等，而 DC—13 型开关的额定值为24V/4A、48V/4A、110V/2A、220V/1A、440V/0.6A。其额定触电电阻值小于或等于50MΩ，而绝缘电阻值大于或者等于10MΩ。

2. 自锁开关

（1）定义　自锁开关是一种常见的按钮。第一次按自锁开关后，开关接通并保持，即自锁，第二次按下自锁开关后，开关断开，同时开关按板弹出来，才完全解锁。早期的直接完全断电的电视机、显示器使用的就是这种开关，如图2-18 所示。

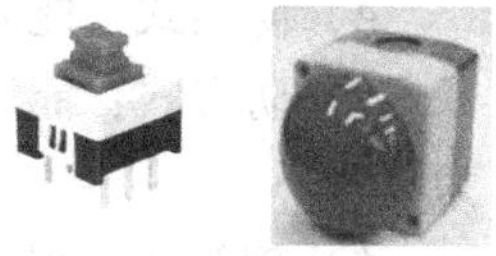
图2-18　自锁开关

（2）相关介绍　带灯自锁开关与普通自锁开关的不同之处仅仅在于，带灯开关充分利用其按键中的空间安放了一只小型指示灯或LED，其一端接零线，另一端一般通过一只降压电阻与开关的常开触点并联，当开关闭合时，在设备运转的同时也为指示灯提供了电压。

自锁开关从操作方式来说分为旋钮式、扳动式（包括钮子开关、船形开关）、按钮式。其中，旋钮式和扳动式开关大都可以在操作后保持（锁定）在接通或断开状态，如日常使用的灯开关、风扇调速开关，这类开关大都不用强调是否带自锁，因为都有明显的“操作方向”，只有按钮式开关，使用时需按动。大多数按钮式开关按下后接通或断开电路，释放后即复原，所以有时称为“电铃开关”。按钮式开关为了能保持“已被按下”的状态，与普通开关一样，加有自锁装置，利用自锁性能，使其同样可以自己保持接通或断开状态，这就是带自锁的开关。其中，为满足某种需要，数个开关在工作时只允许其中一个处于连接状态，其余必须断开时，可将数个开关并排组合，并使用“互锁机构”，只允许其中一个开关处于连接锁定状态，当按下另一个开关时，该开关被锁定，但同时原锁定的开关被释放（如磁带录音机上的“播放”“快进”“快退”机械按钮）。这些开关，触点可以是一组或多组，锁定机构也有多种，其中应用较多的是利用弹簧勾沿一个心形槽使其滑动，心形槽的两个尖对应开关的锁定与释放位置。

对于轻触开关，顾名思义，“轻触”就是不必用多大力量就可以改变开关接点的状态，所以触点容量都很小，且结构简单，开关力量撤消后只能保持原来的状态，也就是说，相当于一个用很小的力量就可以按动的且不带锁定的单接点按钮。目前，薄膜开关、小型微动开关都可算作轻触开关，结构上大都采用两片相互绝缘的印制电路的薄膜，通过按压使线路相互连接，或使用薄弹性金属制作的蝶形弹片，按动弹片使印制电路连接。

电饭锅、电热水壶上的开关，按下后被锁定，但加热到指定条件后，锁定开关状态的磁铁或双金属片动作，使开关复位同时切断电源（电饭锅是转换到保温状态）。

断电后复位，即锁定机构的工作应于电源相关，因为该要求可以通过一般按钮与继电器组成的电路达到，但如果仅使用一个继电器（或接触器），将其一组常开触点用于控制该继电器（接触器）工作线圈电源，把继电器衔铁当作按钮，按下衔铁后，继电器控制线圈的触点闭合，线圈得电，继电器保持吸合（自锁），其余触点控制其他电路，一旦电源断电，继电器随即断电，衔铁复位，相当于按钮复位，需要再次按动继电器衔铁，电源才能再次接通，这时继电器相当于一个带电锁定的按钮。

（3）使用环境条件　自锁开关正常使用的温度范围为－40～70℃，开关使用时电压的频率为AC 250V（50Hz）/min。

常见的按钮类别及特点：

1）开启式：适于嵌装固定在开关板、控制柜或控制台的面板上，代号为K。

2）保护式：带保护外壳，可以防止内部的按钮零件受机械损伤或人触及带电部分，代号为H。

3）防水式：带密封的外壳，可防止雨水侵入，代号为S。

4）防腐式：能防止化学腐蚀性气体的侵入，代号为F。

5）防爆式：能用于有爆炸性气体与尘埃的地方而不引起传爆，如煤矿等场所，代号为B。

6）旋钮式：用手把旋转操作触点，有通断两个位置，一般为面板安装式，代号为X。

7）钥匙式：用钥匙插入旋转进行操作，可防止误操作或供专人操作，代号为Y。

8）紧急式：有红色大蘑菇钮头凸出，作紧急时切断电源用，代号为J或M。

9）自持按钮：按钮内装有自持用电磁机构，主要用于发电厂、变电站或试验设备的操作人员互通信号及发出指令等，一般为面板操作，代号为Z。

10）带灯按钮：按钮内装有信号灯，除用于发布操作命令外，兼作信号指示，多用于控制柜、控制台的面板上，代号为D。

11）组合式：多个按钮组合，代号为E。

12）联锁式：多个触点互相联锁，代号为C。

3. 接近开关

接近开关可以用于机床限位、检测、计数、测速、液位控制、自动线定位等多种控制，广泛应用于机械、矿山、冶金、塑料、纺织、烟草、电力、铁路、军工等部门。

其工作原理是：接近开关正常供电时，靠近检测物体后导通。其检测的物体并不是任何物体都可以，而是只能检测铝、铜、铬镍合金、不锈钢、铁等金属。被检测物体材质的不同，其接近导通的距离也不同，铝、铜、铬镍合金、不锈钢、铁的检测距离依次增大。

接近开关按照线制体系分，有两线制、三线制、四线制、五线制。这里所说的线制就是接近开关有几根连接线；按照类型分，又可分成NPN常开（常闭）型、PNP常开（常闭）型、直流常开（常闭）型、交流常开（常闭）型等。

以NPN型常开三线制接近开关为例，它的接线方式如图2-19所示。接近开关的供电电源既可以是直流电电源，又可以是交流电。根据型号的不同所需的电压等级也各不相同，图2-19中所用的电压就是DC 24V。

接近开关使用注意事项如下：

1）直流电源必须使用绝缘变压器，请勿使用自耦变压器。

2）严禁通电接线，严格按接线图上的色标接线。

3）若有电线，动力线通过开

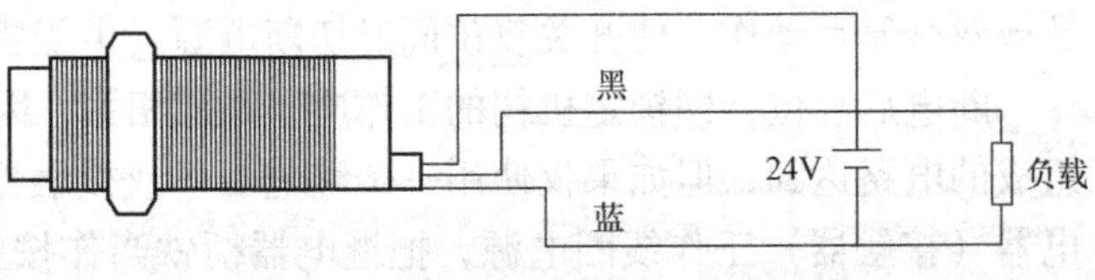

图2-19　NPN型常开三线制接近开关的接线方式

关引线附近时，为防止开关误动作和损坏，请使用金属管配线。

4）交流接近开关一般不宜并联或串联使用，建议改用继电器串、并联使用。

5）交流型开关，必须经过负载接电流，若直接将开关接电源上，会损坏开关。

6）接近开关的引线长度应在200m以下，以免电压下降过大。

4. 行程开关（限位开关）

行程开关又称为限位开关，用于控制机械设备的行程及进行限位保护。在实际生产中，将行程开关安装在预先安排的位置，当安装在生产机械运动部件上的模块撞击行程开关时，行程开关的触点动作，实现电路的切换。因此，行程开关是一种根据运动部件的行程位置而切换电路的电器，它的工作原理与按钮类似。行程开关广泛用于各类机床和起重机械，用以控制其行程和进行终端限位保护。在电梯的控制电路中，还利用行程开关来控制开关轿门的速度，断路器门的限位，轿厢的上、下限位保护。行程开关按结构可分为直动式、滚轮式、微动式和组合式。

1）直动式行程开关。其结构如图2-20所示。其动作原理与按钮相同，但其触点的分合速度取决于生产机械的运行速度，不宜用于速度低于0.4m/min的场所。

2）滚轮式行程开关。其结构如图2-21所示。当被控机械上的撞块撞击带有滚轮的撞杆时，撞杆转向右边，带动凸轮转动，顶下推杆，使微动开关中的触点迅速动作。当运动机械返回时，在复位弹簧的作用下，各部分动作部件复位。

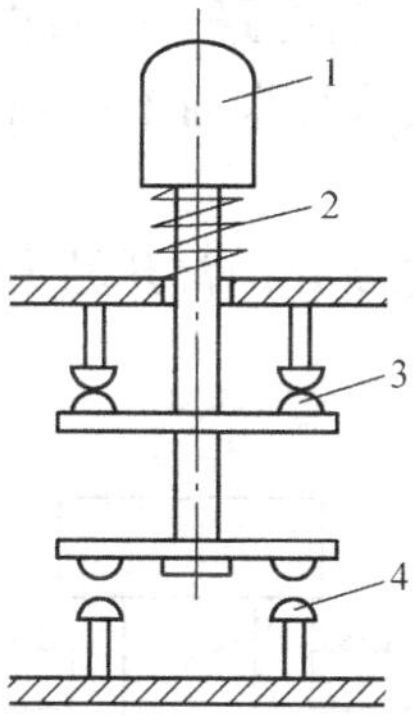

图2-20　直动式行程开关的结构

1—推杆　2—弹簧　3—动断触点　4—动合触点

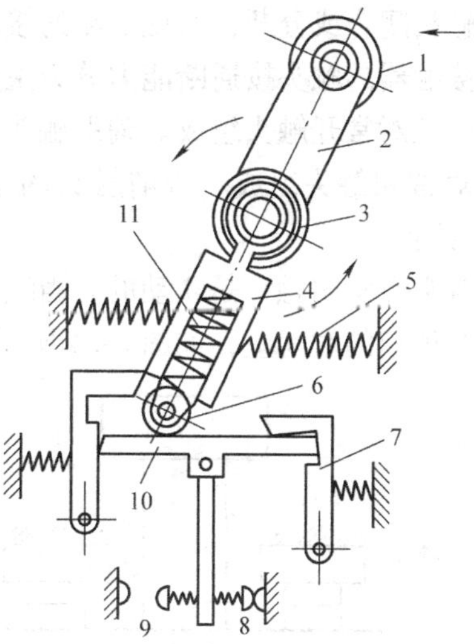

图2-21　滚轮式行程开关的结构

1—滚轮　2—上转臂　3、5、11—弹簧　4—套架　6—滑轮　7—压板　8、9—触点　10—横板

滚轮式行程开关又分为单滚轮自动复位式和双滚轮（羊角式）非自动复位式。双滚轮行程开关具有两个稳态位置，有“记忆”作用，在某些情况下可以简化线路。

3）微动式行程开关。其结构如图2-22所示，常用的有LXW—11系列产品。

5. 传感器

传感器的种类很多，有压力传感器、温度传感器、称重传感器、流量传感器、物（料）位传感器、转速传感器、光敏传感器、红外传感器等。例如，汽车上常用的传感器有冷却液温度传感器、油位传感器、转速传感器、胎压传感器等，商场内有感烟传感器，手机中有重力感应器，路灯有光敏传感器，电梯超员报警用重力传感器，工矿企业的供水（气）管道有压力传感器、流量传感器、温度传感器，进出的物料有称重传感器、料位传感器。总而言之，传感器的种类很多，应用非常广泛。

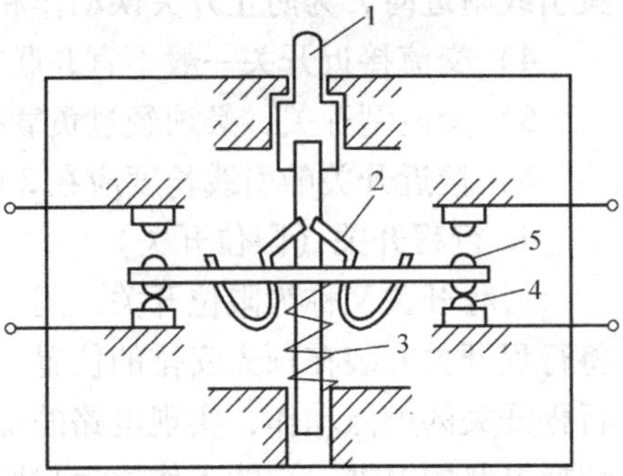

图2-22 微动式行程开关的结构
1—推杆 2—弹簧 3—压缩弹簧
4—动断触点 5—动合触点

6. 交流接触器

接触器是一种自动的电磁式开关，它通过电磁力作用下的吸合和反作用弹簧作用下的释放，带动触头闭合和分断，实现电路的接通和断开控制。它适用于远距离频繁接通和断开交、直流主电路及大容量的控制电路，具有欠电压和失电压自动释放保护功能。接触器按主触头通过电流的种类分为交流接触器和直流接触器两类。

交流接触器主要由电磁系统、触头系统、灭弧装置、辅助部件等组成。

电磁系统主要由线圈、静铁心和动铁心（衔铁）三部分组成。静铁心在下，动铁心在上，线圈装在静铁心上。

交流接触器利用电磁系统中线圈的通电和断电，使静铁心吸合或释放衔铁，从而带动动触头与静触头闭合或分断，实现电路的接通或断开。

交流接触器的触头按通断能力分为主触头和辅助触头。主触头用以通断电流较大的主电路，一般由三对常开触头组成。辅助触头用以通断电流较小的控制电路，一般由两对常开触头和两对常闭触头组成。所谓触头的常开和常闭，是指电磁系统未通电前触头的状态，如图2-23所示。

常开触头和常闭触头是联动的。当线圈通电时，常闭触头先断开，常开触头随后闭合，中间有一个很短的时间差，如图2-24所示。

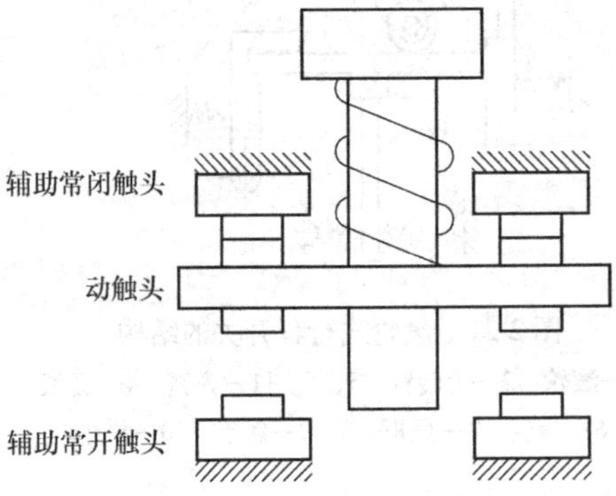

图2-23 未通电前触头的状态

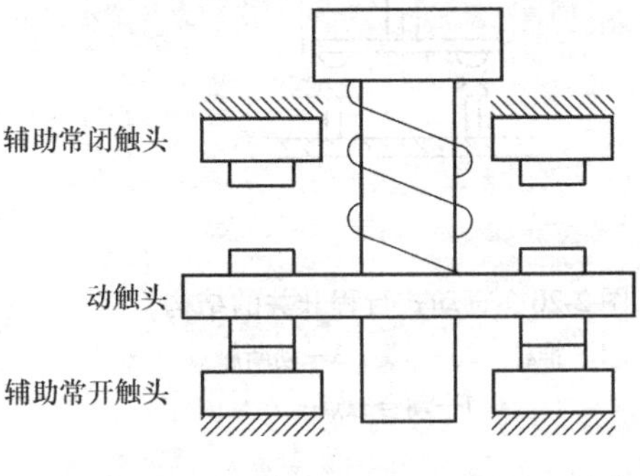

图2-24 通电后触头的状态

在线圈断电后，常开触头先恢复断开，随后常闭触头恢复闭合，中间也存在一个很短的时间差。这个时间差虽短，但对分析线路的控制原理却很重要。

PLC的继电器输出内部其实就是一个开关，继电器输出电流一般都为2～8A，所以直接可以驱动交流接触器，不过要用外部电源，根据接触器线圈的电压来接入。

但一般情况下，PLC 输出不会直接连接接触器，而是接一个中间继电器（根据 PLC 输出类型的不同可选 24V 或者 220V），通过中间继电器控制接触器吸合，这样接触器电压可以为 220V、380V，甚至 110V，因为很少有 24V 的接触器。

很多小型 PLC 输出端只能接 24 ~220V 电压。超过这个电压就会烧坏 PLC 输出端的继电器（有些型号的 PLC 输出端只能接 24V），而且接触器线圈在吸合的瞬间会产生很大的冲击电流。

继电器的驱动电流非常小，输出端可以接高电压，起到隔离作用。因此，在 PLC 输出端用低电压接继电器，再用继电器控制高压接触器。

三、PLC 控制电动机

如果用 PLC 控制电动机工作，则其控制电路如图 2-25 所示。由这个控制电路可知，操作人员通过按钮 SB1 发出电动机起动的命令，由接触器 KM 控制电动机起动，当 KM 主触点闭合时，电动机接入电源，电动机起动；通过按钮 SB2 发出电动机停止命令，接触器 KM 线圈失电，其主触头断开时，切断电动机电源，电动机停止工作。

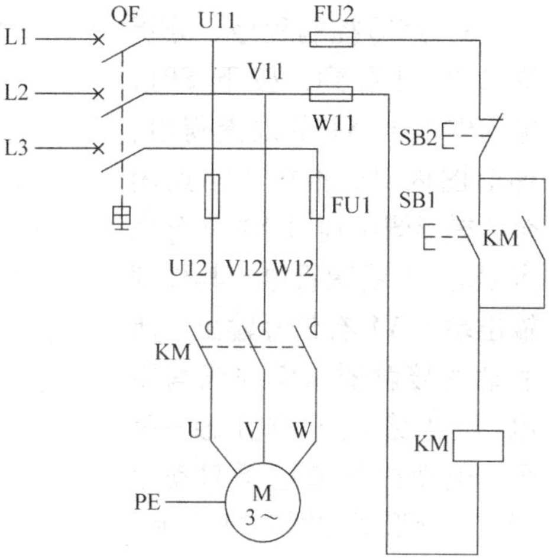

图 2-25　电动机控制电路

采用 PLC 控制电动机工作时，由于 PLC 的输出点带负载的能力受限制，电动机不可能直接接在 PLC 的输出点上，所以 PLC 要通过接触器控制电动机起动或者停止。

（1）PLC 控制电动机点动

1）分析：电动机的起动或停止由操作人员通过按钮将要求电动机起动或停止的信号送到 PLC 的输入端子中，通过控制程序控制接在 PLC 输出点上的接触器线圈得电或失电，使接触器主触头闭合或断开，进而使电动机起动或停止工作。所用设备见表 2-1。

表 2-1　所用设备表

名　称	型号或规格	数　量
PLC	FX_{2N}	1 台
刀开关	HK1-30/3	1 只
熔断器	RC1A-15	1 只
按钮	—	1 只
导线	2. 5mm²	若干
一般工具	螺钉旋具、验电器、万用表、剥线钳等	1 套
低压断路器	DZ15	1 只
三相异步电动机 M	Y-100L2-4	1 只
交流接触器	CJ20-20	2 只

根据被控对象对 PLC 系统的功能要求和所需要输入/输出的点数，选择适当类型的 PLC。PLC 控制电动机点动 I/O 地址表见表 2-2。

表 2-2 PLC 控制电动机点动 I/O 地址表

输入			输出		
元件代号	作用	输入继电器	元件代号	作用	输出继电器
SB1	起动按钮	X1	KM	控制电动机运行	Y1

2）画出 PLC 接线图。根据 I/O 地址表画出电动机控制系统的 PLC 接线图，如图 2-26 所示。PLC 所控制的电路为电动机的控制电路部分，而电动机的主电路是无法替代的。

3）编写控制程序。分析图 2-26 可看到，按下 SB1，输入继电器 X1 的线圈得电，梯形图内 X1 的常开触点闭合，梯形图中通过 X1 常开触点驱动 Y1 线圈得电，其外部输出端子 Y1 有信号输出，所驱动的接触器 KM 的线圈得电，主电路中的 KM 主触头闭合，电动机接通电源起动运行，其梯形图如图 2-27 所示。

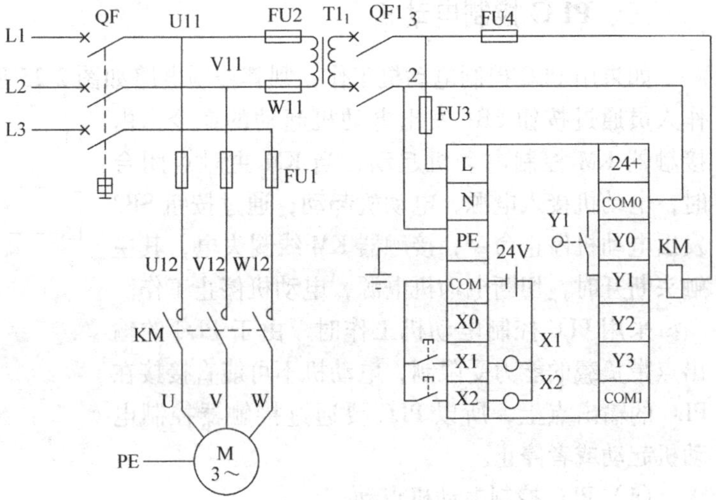

图 2-26 PLC 控制电动机的接线图

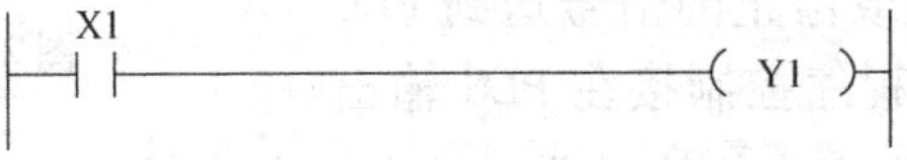

图 2-27 电动机点动控制梯形图

松开 SB1，输入继电器 X1 的线圈失电，梯形图内 X1 的常开触点断开，Y1 线圈无法继续得电，其输出端子没有信号输出，驱动的 KM 线圈失电，主电路中的 KM 主触头断开，电动机断开电源，停止运行。

（2）PLC 控制电动机连续运转

1）分析：在控制中大部分的电动机要求起动按钮按下后电动机持续转动，电动机的起动或停止是由操作人员按下对应的起动按钮或者停止按钮进行控制的。起动和按钮分别接在不同的输入点上。PLC 控制电动机连续运转 I/O 地址表见表 2-3。

表 2-3 PLC 控制电动机连续运转 I/O 地址表

输入			输出		
元件代号	作用	输入继电器	元件代号	作用	输出继电器
SB1	起动按钮	X1	KM	控制电动机运行	Y1
SB2	停止按钮	X2			

2）编写控制程序。通过电动机的点动控制梯形图，给其加上自锁环节。梯形图中，Y1继电器线圈得电后其对应的Y1触点（常开触点/常闭触点）有所动作，根据要求利用Y1的常开触点在其线圈得电后闭合的特点编辑自锁程序。

电动机起动并且连续运行后，若要使电动机停止运行，则需要通过停止按钮SB2进行控制。按下SB2，输入继电器X2线圈得电，梯形图内X2的常闭触点断开，程序中利用X2常闭触点使Y1线圈失电，Y1的常闭触点断开，其外部的输出端子将没有信号输出，KM的线圈失电，主电路上KM主触头断开，则电动机停止运行。电动机自锁控制梯形图如图2-28所示。

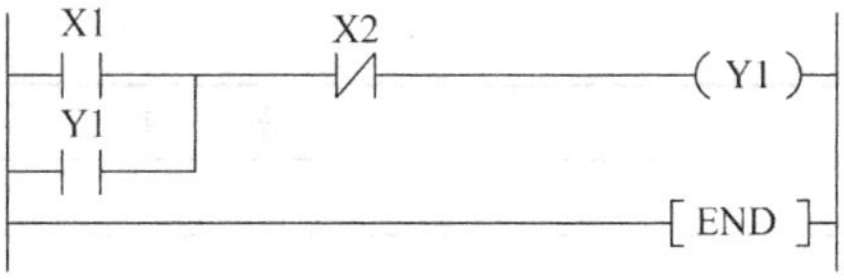

图2-28　电动机自锁控制梯形图

四、任务分析

自动配料系统中的A、B两种化肥原料，分别装在A、B两个料斗中。当包装袋到达指定的装料位时，指示灯HL2持续点亮。这时，A、B两个料斗打开，开始进料，同时，搅拌机开始搅拌并漏料，进行装料。

1. 根据任务要求分配I/O

I/O分配表见表2-4。

表2-4　I/O分配表

输　入		输　出	
位置传感器	X1	HL2	Y1
		搅拌机	Y2

2. 梯形图设计

自动配料系统中给料装置控制程序梯形图如图2-29所示。

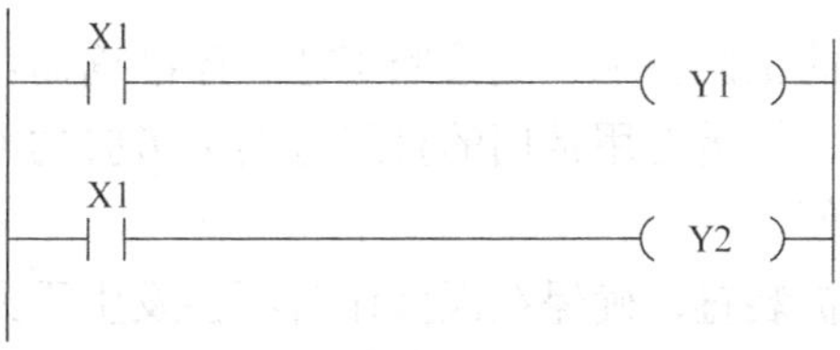

图2-29　自动配料系统中给料装置控制程序梯形图

当包装袋到达指定位置时，位置传感器得电导通，输入继电器X1得电，使输出继电器Y1得电，HL2指示灯点亮，同时输出继电器Y2得电，使搅拌机开始搅拌。

学习活动三　制订工作计划

根据工作任务要求及情景描述中的相关资料制订工作前、工作中、工作后计划。

一、人员分工

1. 小组负责人：
2. 小组成员及分工

姓　　名	分　　工

二、工具及材料清单

序　　号	工具或材料名称	单　　位	数　　量	备　　注

三、工序及工期安排

序　　号	工作内容	完成时间	备　　注

学习活动四　任务实施

1. 工艺要求

1）应能满足机械生产的工艺要求，能按照工艺顺序准确而可靠地工作。

2）电路结构力求简单，尽量选用常用的且经过实际考验的电路。

3）操作调整和检修方便。

4）具有各种必要的保护装置，确保在误操作时不会发生重大事故。

5）工作稳定，安全可靠，符合使用环境条件。

2. 技术规范

1）依据 I/O 分配表，完成 PLC 外部的接线。

2）检查插头、插座的簧片有无松动、断裂、掉线等情况。

3）接地极和接地系统施工完毕后，接地电阻测试合格。

4）在控制室内搬运机柜、操作台等设备时，应预先铺胶皮地板，防止水平运输时损坏室内设施。搬运时，设备倾斜角度不得超过允许值。

5）应做好防潮、防火、防震等措施，存放条件应符合产品说明书要求。

3. 安全要求

1）运行中的电气设备，必须按操作规程操作，如分断电源时应先断开负荷开关；后断开隔离开关；接通电源时，应先合隔离开关，后合负荷开关。

2）严格遵守停送电制度，切实做好各项应急的安全措施。

3）对现场电气设备及线路不熟悉者，不得拆卸或安装电气设备和零件。

4）在靠近带电体进行电工操作时，人与带电体应保持一定的安全距离（电压在400V以下时安全距离在0.3m以上，电压为6～10kV时安全距离在0.7m以上）。

5）不可用湿手触摸开关及带电设备，禁止用湿布擦拭运行中的电气设备。

6）任何带电设备，未经验明无电时，一律视为有电，不准用手触及。

7）必须在低压配电设备上操作时，要经老师批准，并有专人监护。

4. 评分标准

以小组为单位，展示本组制订的工作计划，然后在老师点评基础上将工作计划修改完善，并根据以下评分标准进行评分。

◆ 评分表

评价内容	分值	评分			
		自我评价	小组评价	老师评价	平均分
计划制订得是否合理、完善	20				
任务要求是否明确	20				
工具清单是否正确、完善	20				
材料清单是否正确、完整	20				
人员分工是否合理、团结协作	20				
合计					

学习活动五　总结评价

◆ 综合评价表

评价项目	评价内容	评价标准	评价主体		
			自我	同学	老师
职业素养	安全意识 责任意识	A. 作风严谨，自觉遵守纪律，出色地完成任务 B. 能够遵守规章制度，较好地完成工作任务 C. 遵守规章制度，没完成工作任务 D. 不遵守规章制度，没完成工作任务			

（续）

评价项目	评价内容	评价标准	评价主体		
			自我	同学	老师
职业素养	学习态度	A. 积极参与学习活动，全勤 B. 缺勤达到任务总学时的 10% C. 缺勤达到任务总学时的 20% D. 缺勤达到任务总学时的 30%			
	团队合作	A. 与同学协作融洽，团队合作意识强 B. 与同学能沟通，协同工作能力较强 C. 与同学能沟通，协同工作能力一般 D. 与同学沟通困难，协同工作能力较差			
专业能力	明确工作任务	A. 学习活动评价成绩为 90 ~ 100 分 B. 学习活动评价成绩为 75 ~ 89 分 C. 学习活动评价成绩为 60 ~ 74 分 D. 学习活动评价成绩为 0 ~ 59 分			
	学习相关知识	A. 学习活动评价成绩为 90 ~ 100 分 B. 学习活动评价成绩为 75 ~ 89 分 C. 学习活动评价成绩为 60 ~ 74 分 D. 学习活动评价成绩为 0 ~ 59 分			
	制订工作计划	A. 学习活动评价成绩为 90 ~ 100 分 B. 学习活动评价成绩为 75 ~ 89 分 C. 学习活动评价成绩为 60 ~ 74 分 D. 学习活动评价成绩为 0 ~ 59 分			
	任务实施	A. 学习活动评价成绩为 90 ~ 100 分 B. 学习活动评价成绩为 75 ~ 89 分 C. 学习活动评价成绩为 60 ~ 74 分 D. 学习活动评价成绩为 0 ~ 59 分			
创新能力	学习过程中提出具有创新性、可行性的建议		加分		
班级		姓名		综合评价等级	

课后思考

1. 在编辑梯形图时，相同名称的开关可以出现几次？
2. 根据图 2-30，用什么样的外部接线方式可以使 Y0 从左母线得电？

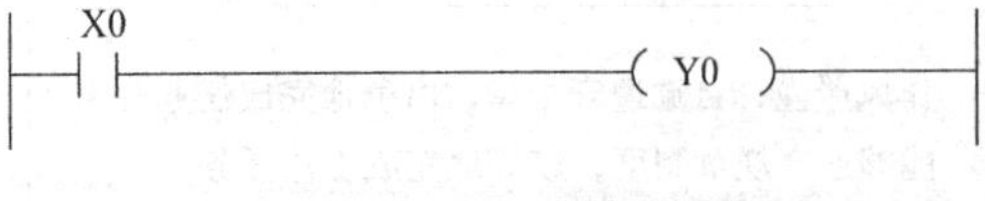

图 2-30　梯形图

3. 用图 2-31 画出非自锁常开开关 SB0 和 SB1 分别控制 X0 和 X1 两个输入继电器，Y0 和 Y1 分别控制两盏小灯 LED1 和 LED2 亮灭的连接电路。

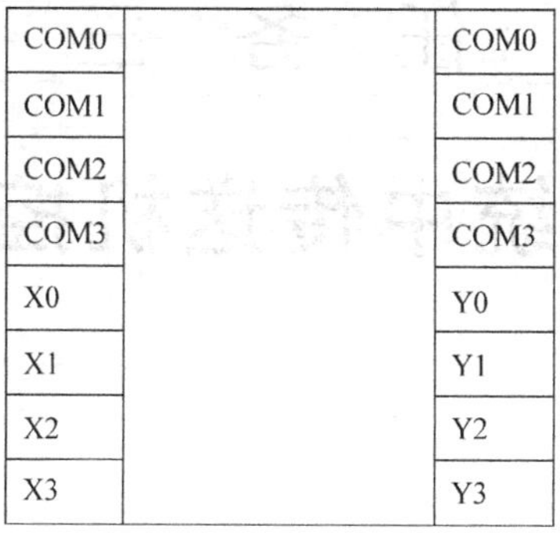

图 2-31　绘出连接电路

任　务　三

自动配料系统中传送机控制程序设计

学习目标：

1. 掌握用 PLC 编辑简单控制电路时的思维模式。
2. 能利用 PLC 控制三相异步电动机。
3. 能熟练地使用基本指令写出梯形图。
4. 掌握低压控制高压的连线方式。
5. 能用 PLC 简化电动机正反转控制电路。
6. 能设计电路接线工艺。

情境描述：

配料系统中的传送机现在已是工业运料的主要设备之一，被广泛应用于冶金、煤矿、港口、码头等行业。各工序之间的物品也常用有轨小车来转运。实现送料的自动化具有重要的意义。

学习活动一　明确工作任务

控制要求为：按下起动按钮后，传送机起动，把包装袋送到出料口，配料系统启动，A、B 料斗同时打开，两种原料同时进入搅拌系统里进行搅拌，同时搅拌机出口打开，开始装料；当原料装到 50kg 时，搅拌机出口自动关闭，A、B 两个料斗也关闭，传送机起动，把装好的原料送到指定的位置。

学习活动二　学习相关知识

◆ **引导问题：**

1. PLC 可以直接控制电动机吗？如果可以，你采取的控制方法是什么？如果不可以，你想怎样控制电动机？请叙述你的想法。

2. 配料系统中用什么样的设备传送物料？

3. 如何用 PLC 实现对传送机的控制？请画出接线原理图。

4. 传送机中用什么元器件进行定位？在 PLC 编程中如何应用？

5. 用 GX 软件编写程序时，如何用指令语句表编写常开触点、常闭触点与左母线相连的程序？

6. 请列出 I/O 分配表。

◆ **咨询资料：**

一、PLC 控制电动机正反转

电动机正反转控制电路如图 3-1 所示。由这个控制电路可知，操作人员通过按钮 SB1 发出电动机起动的命令，由接触器 KM1 控制电动机起动正转，即当 KM1 主触头闭合时，电动机接入电源，起动正转；通过按钮 SB2 发出电动机反转命令，接触器 KM2 线圈得电，同时 KM1 线圈失电，正转停止，同时起动反转；当按下 SB3 发出停止命令，使 KM1 或 KM2 线圈的主触头断开时，切断电动机电源，停止工作。

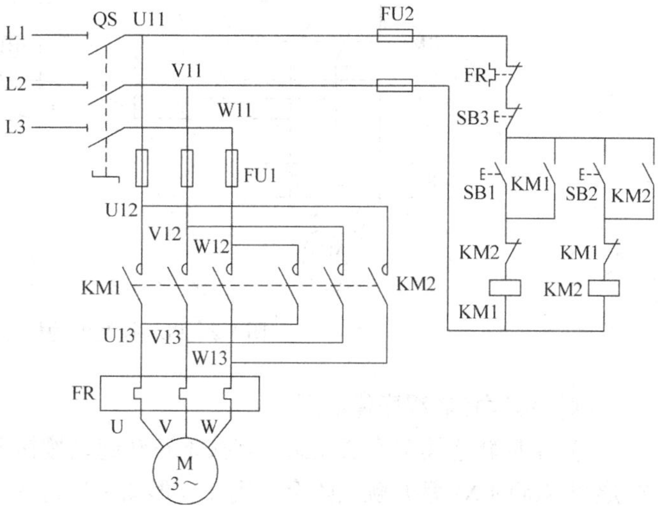

图 3-1　电动机正反转控制电路

采用 PLC 控制电动机工作时，由于 PLC 的输出点带负载的能力受限制，电动机不可能直接接在 PLC 的输出端上，所以 PLC 要通过接触器控制电动机起动或者停止。

（1）分析　操作人员通过按钮，将要求电动机起动正转、反转或停止的信号送到 PLC 的输入端子中，通过控制程序控制接在 PLC 输出端上的接触器线圈得电或失电，使接触器主触头闭合或断开，从而控制电动机起动正转、反转或停止工作。PLC 控制电动机正反转 I/O 地址表见表 3-1。

表 3-1　PLC 控制电动机正反转 I/O 地址表

输　入			输　出		
元件代号	作　用	输入继电器	元件代号	作　用	输出继电器
SB1	起动正转按钮	X1	KM1	电动机正转运行	Y1
SB2	起动反转按钮	X2	KM2	电动机反转运行	Y2
SB3	电动机停止按钮	X3			

（2）画出 PLC 接线图　根据 I/O 地址表画出电动机控制系统的 PLC 接线，如图 3-2 所示。图 3-2 所示由 PLC 控制的电路为电动机的控制电路部分，而电动机的主电路是无法替代的。

（3）编写控制程序　由图 3-2 可知，按下 SB1，输入继电器 X1 的线圈得电，梯形图内 X1 的常开触点闭合，在梯形图中通过 X1 常开触点驱动 Y1 线圈得电，其外部输出端子 Y1 有信号输出，所驱动的接触器 KM1 的线圈得电，主电路中的 KM1 主触头闭合，电动机接通电源起动运行。

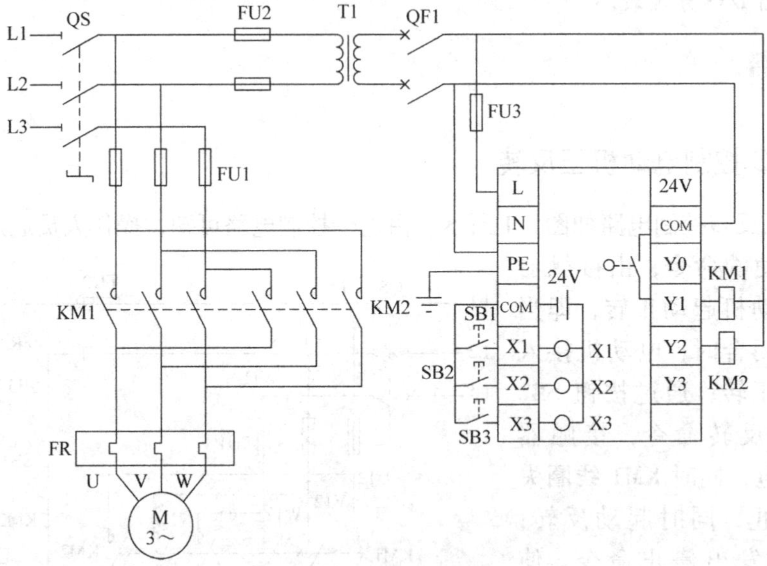

图 3-2　PLC 控制电动机的接线

（4）编写控制程序梯形图

1）正反转连续工作的控制。当按下正转起动按钮 SB1 时，输入继电器 X1 的线圈得电，梯形图内部的 X1 常开触点闭合，则在梯形图中通过 X1 常开触点驱动 Y1 线圈使其得电，并且 Y1 线圈的常开触点闭合开始自锁。其外部输出端子 Y1 有信号输出，外部所驱动的接触器 KM1 的线圈得电，主电路中的 KM1 主触头闭合，电动机接通电源正转起动运行。同理，当按下反转起动按钮 SB2 时，输入继电器 X2 的线圈得电，梯形图内部的 X2 常开触点闭合，则在梯形图中通过 X2 常开触点驱动 Y2 线圈使其得电，Y2 线圈对应的常开触点闭合开始自锁。其外部输出端子 Y2 有信号输出，其外部连接的接触器 KM2 的线圈得电，主电路中的 KM2 的主触头闭合，电动机接通电源反转运行。电动机正反转不带联锁梯形图如图 3-3a 所示。

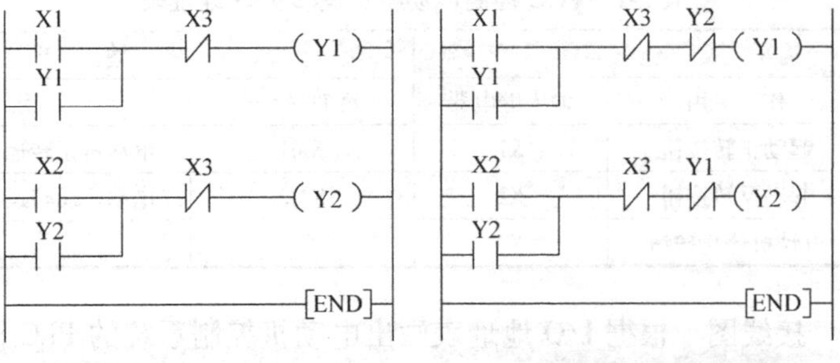

a) 电动机正反转不带联锁梯形图　　b) 电动机正反转带联锁梯形图

图 3-3　电动机正反转梯形图

2）正反转连续工作并带自锁的控制。在控制正反转时，如果按下正转起动按钮 SB1，则可以使接触器 KM1 得电，电动机开始正转；如果按下反转起动按钮 SB2，则可以使接触器 KM2 得电，电动机开始反转；如果同时按下 SB1 和 SB2 按钮，则控制电动机的接触器 KM1、KM2 同时得电，将造成两相电源（L1 相和 L3 相）短路，严重时会把电动机烧坏。为了避免两个触头 KM1 和 KM2 同时得电工作，利用 PLC 梯形图内部的 Y1 与 Y2 两个输出继电器线圈的常闭触点进行互锁。电动机正反转带联锁梯形图如图 3-3b 所示。在按下 SB1 按钮后，梯形图内部的 X1 常开触点闭合，通过 X1 常开触点驱动 Y1 线圈使其得电，Y1 线圈的常开触点闭合开始自锁，同时常闭触点断开，Y1 的常闭触点使反转的起动电路断开，这时即使按下 SB2 的反转起动按钮也无法使 Y2 的线圈得电。

二、常用指令

1）LD 指令和 LDI 指令。在梯形图中，每个逻辑行都是从左母线开始的，并通过各类常开触点或常闭触点与左母线连接，这时，对应的指令应该用 LD 指令或 LDI 指令。

LD 指令称为“取指令”，其功能是使常开触点与左母线连接。

LDI 指令称为“取反指令”，其功能是使常闭触点与左母线连接。

“LD”和“LDI”分别为取指令和取反指令的助记符。LD 指令和 LDI 指令的操作元件可以是输入继电器 X、输出继电器 Y、辅助继电器 M、状态继电器 S、定时器 T 和计数器 C 中的任何一个。

LD 指令和 LDI 指令的应用如图 3-4 所示。

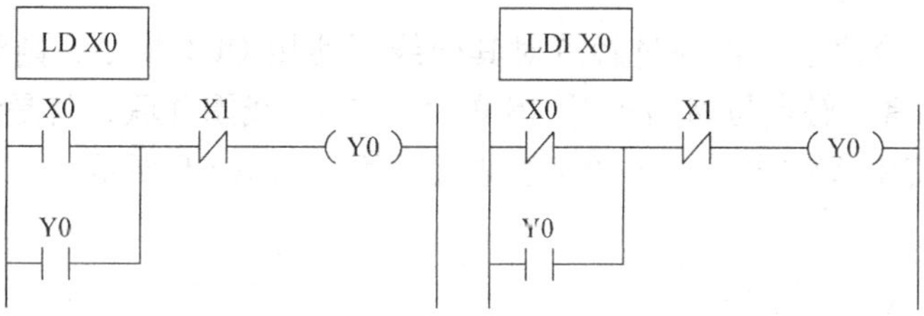

a) LD指令的应用　　b) LDI指令的应用

图 3-4　LD 指令和 LDI 指令的应用

2）OUT 指令。OUT 指令被称为“输出指令”或“驱动指令”。“OUT”是驱动指令的助记符。驱动指令的操作元件可以是输出继电器 Y、辅助继电器 M、状态继电器 S、定时器 T 和计数器 C 中的任何一个。

OUT 指令的功能是输出逻辑运算结果，也就是根据逻辑运算结果去驱动一个指定的线圈。OUT 指令的应用如图 3-5 所示。当输入继电器 X0 的常开触点闭合时，PLC 执行 OUT Y1 指令，输出继电器 Y1 线圈被驱动接通，Y1 的常开触点闭合，Y1 的常闭触点断开。

OUT 指令使用说明：OUT 指令不能用于驱动输入继电器，因为输入继电器的状态是由输入信号决定的。

OUT 指令可以连续使用，称为并行输出，且不受使用次数的限制，如图 3-6 所示。

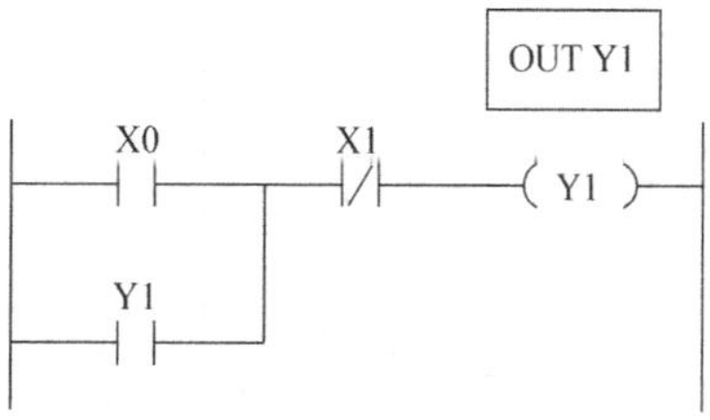

图 3-5　OUT 指令的应用

定时器 T 和计数器 C 使用 OUT 指令后，还需要一条常数设定值语句，如图 3-6 所示。

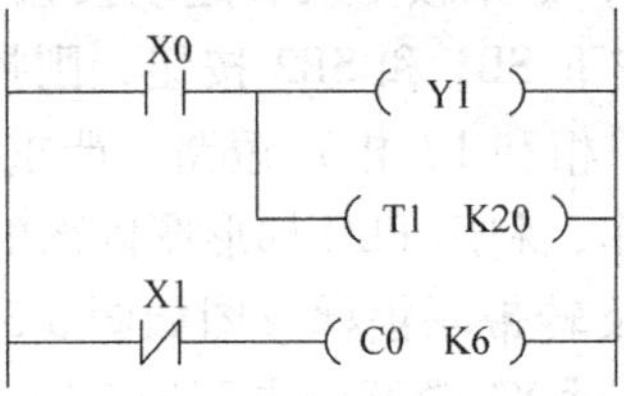


```
0 LD X0    5 LDI X1
1 OUT Y1   6 OUT C0
2 OUT T1        K6
     K20
```

图 3-6　定时器和计数器 OUT 指令的应用

3）AND 指令和 ANI 指令。当继电器的常开触点或常闭触点与其他继电器的触点串联时，就应该使用 AND 指令或 ANI 指令。

AND 指令被称为“与指令”。AND 指令的功能是使继电器的常开触点与其他继电器的触点串联。

ANI 指令被称为“与非指令”或“与反指令”。ANI 指令的功能是使继电器的常闭触点与其他继电器的触点串联。

“AND”和“ANI”分别是与指令和与非指令的助记符。AND 指令和 ANI 指令的操作元件可以是输入继电器 X、输出继电器 Y、辅助继电器 M、状态继电器 S、定时器 T 和计数器 C 中的任何一个。

AND 指令和 ANI 指令使用说明：AND 指令和 ANI 指令可以连续使用，并且不受使用次数的限制，如图 3-7 所示。

如果在 OUT 指令之后，再通过触点对其他线圈使用 OUT 指令，则称为纵接输出。如图 3-8所示，X1 的常开触点与 M1 的线圈串联后，与 Y1 线圈并联，就是纵接输出。这种情况下，X1 仍可以使用 AND 指令，并可多次重复使用，如图 3-9 所示。

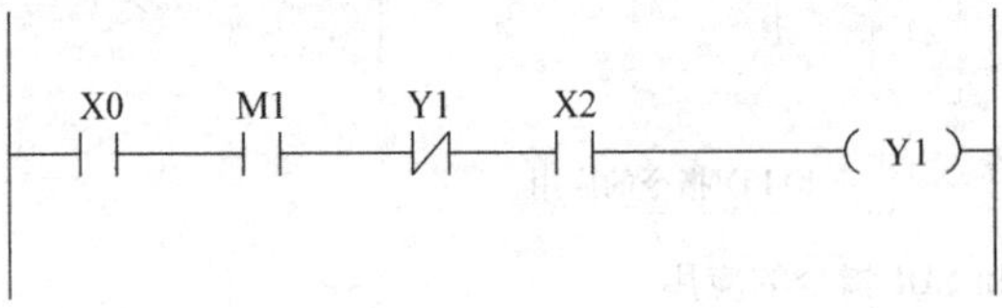

图 3-7　AND 指令和 ANI 指令的应用

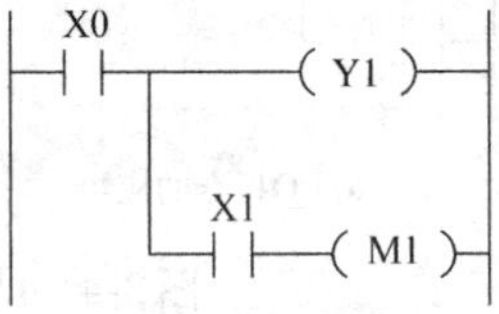


```
0 LD X0
1 OUT Y1
2 AND X1
3 OUT M1
```

图 3-8　纵接输出中 AND 指令的应用

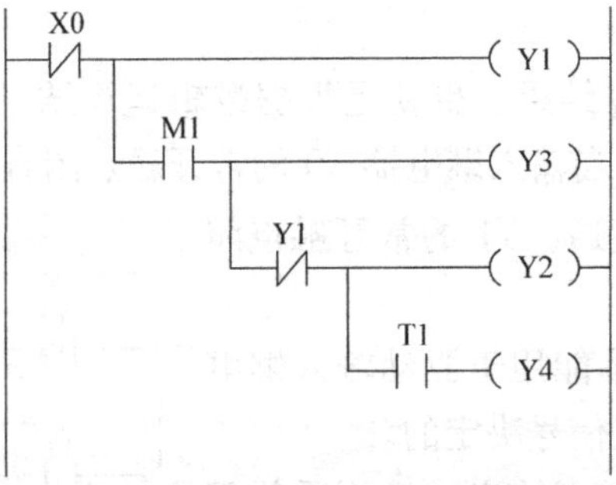


```
0 LDI X0
1 OUT Y1
2 AND M1
3 OUT Y3
4 ANI Y1
5 OUT Y2
6 AND T1
7 OUT Y4
```

图 3-9　纵接输出中 AND 指令和 ANI 指令的应用

应注意，图3-10所示的梯形图，不能使用AND指令或ANI指令。

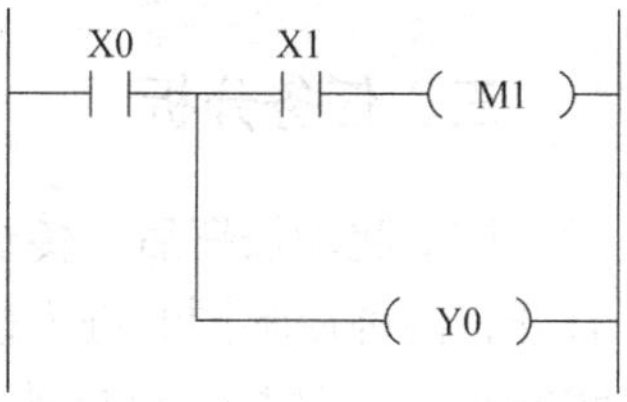

图3-10　纵接输出错误画法

4）OR指令和ORI指令。在梯形图中，继电器的常开触点或常闭触点与其他继电器的触点并联时，就应该使用OR指令或ORI指令。

OR指令被称为“或指令”。OR指令的功能是使继电器的常开触点与其他继电器的触点并联。

ORI指令被称为“或非指令”或“或反指令”。ORI指令的功能是使继电器的常闭触点与其他继电器的触点并联。

“OR”和“ORI”分别是或指令和或非指令的助记符。OR指令和ORI指令的操作元件可以是输入继电器X、输出继电器Y、辅助继电器M、状态继电器S、定时器T和计数器C中的任何一个。

OR指令的应用如图3-11所示。输入继电器X0和X1的常开触点并联，它们之间的逻辑关系是“或”逻辑。当X0常开触点或X1常开触点中有一个闭合时，输出继电器Y2的线圈就被驱动。

ORI指令的应用如图3-12所示。当辅助继电器M1的常开触点闭合或定时器T1的常闭触点闭合时，输出继电器Y0线圈被驱动。

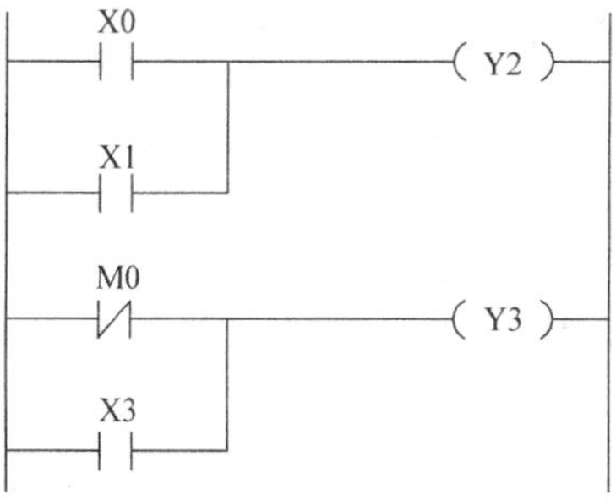

0 LD X0
1 OR X1
2 OUT Y2
3 LDI M0
4 OR X3
5 OUT Y3

图3-11　OR指令的应用

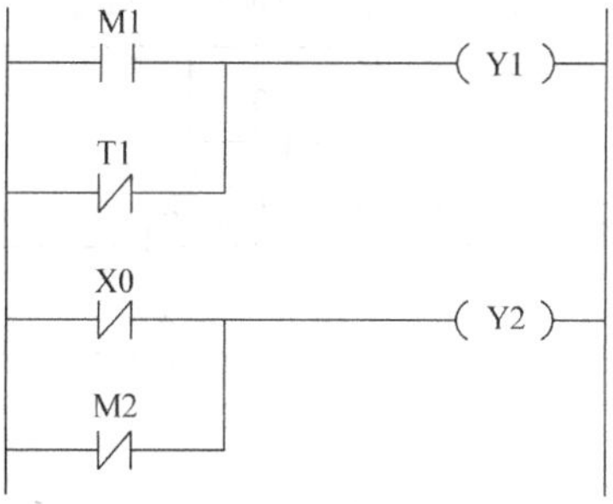

0 LD M1
1 ORI T1
2 OUT Y1
3 LDI X0
4 ORI M2
5 OUT Y2

图3-12　ORI指令的应用

OR指令和ORI指令使用说明：OR指令和ORI指令可以连续使用，并且不受使用次数的限制，如图3-13所示。

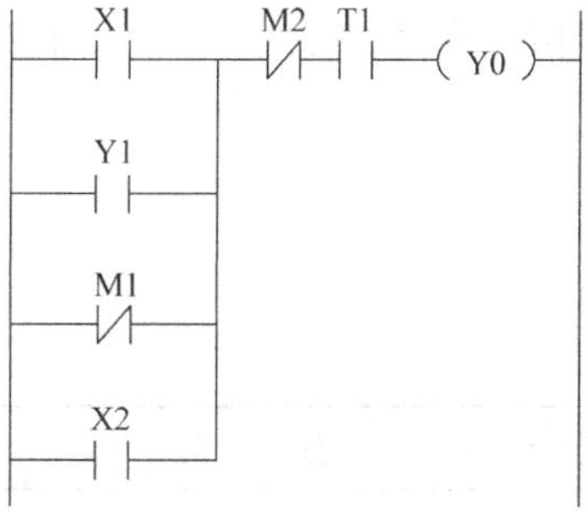

0 LD X1
1 OR Y1
2 ORI M1
3 OR X2
4 ANI M2
5 AND T1
6 OUT Y0

图3-13　OR指令和ORI指令的应用

三、任务分析

按下起动按钮后，传送机起动，把包装袋送到出料口，配料系统启动，A、B 料斗同时打开，两种原料同时进入搅拌系统里进行搅拌，同时搅拌机出口打开开始装料。当原料装到50kg 时，搅拌机出口自动关闭，A、B 两个料斗也关闭，传送机起动，把装好的原料送到指定的位置。

1. 根据任务要求分配 I/O

I/O 分配表见表 3-2。

表 3-2　I/O 分配表

输　入		输　出	
起动正转按钮	X0	传送机运行	Y0
重量传感器	X1	料斗电磁阀	Y1
		搅拌机正转运行	Y2

2. 梯形图设计

自动配料系统中传送机控制程序梯形图如图 3-14 所示。

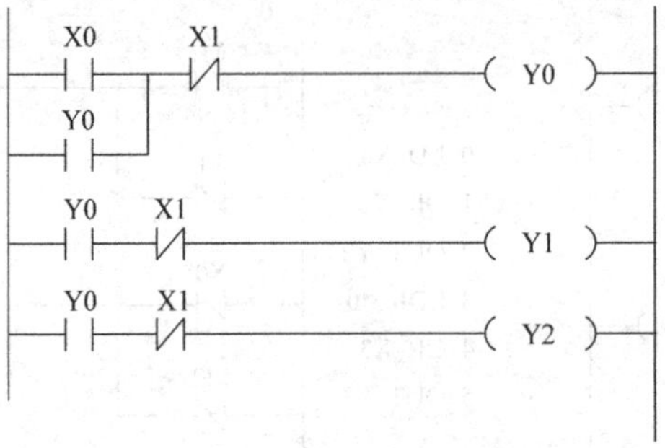

图 3-14　自动配料系统中传送机控制程序梯形图

学习活动三　制订工作计划

根据工作任务要求及情景描述中的相关资料制订工作前、工作中、工作后计划。

一、人员分工

1. 小组负责人：
2. 小组成员及分工

姓　名	分　工

二、工具及材料清单

序　号	工具或材料名称	单　位	数　量	备　注

三、工序及工期安排

序　号	工作内容	完成时间	备　注

学习活动四　任务实施

1. 工艺要求

1）应能满足机械生产的工艺要求，能按照工艺顺序准确而可靠地工作。

2）电路结构力求简单，尽量选用常用的且经过实际考验的电路。

3）操作调整和检修方便。

4）具有各种必要的保护装置，确保在误操作时不会发生重大事故。

5）工作稳定，安全可靠，符合使用环境条件。

2. 技术规范

1）依据I/O分配表，完成PLC外部的接线。

2）检查插头、插座的簧片有无松动、断裂、掉线等情况。

3）接地极和接地系统施工完毕后，接地电阻测试合格。

4）在控制室内搬运机柜、操作台等设备时，应预先铺胶皮地板，防止水平运输时损坏室内设施。搬运时，设备倾斜角度不得超过允许值。

5）应做好防潮、防火、防震等措施，存放条件应符合产品说明书要求。

3. 安全要求

1）运行中的电气设备，必须按操作规程操作，如分断电源时应先断开负荷开关；后断开隔离开关；接通电源时，应先合隔离开关，后合负荷开关。

2）严格遵守停送电制度，切实做好各项应急的安全措施。

3）对现场电气设备及线路不熟悉者，不得拆卸或安装电气设备和零件。

4）在靠近带电体进行电工操作时，人与带电体应保持一定的安全距离（电压在400V以下时距离保持在0.3m以上，电压为6～10kV时距离保持在0.7m以上）。

5）不可用湿手触摸开关及带电设备，禁止用湿布擦拭运行中的电气设备。

6）任何带电设备，未经验明无电时，一律视为有电，不准用手触及。

7）必须在低压配电设备上操作时，要经老师批准，并有专人监护。

4. 评分标准

以小组为单位，展示本组制订的工作计划，然后在老师点评基础上将工作计划修改完善，并根据以下评分标准进行评分。

◆ 评分表

评价内容	分　值	评　分			
		自我评价	小组评价	老师评价	平均分
计划制订得是否合理、完善	20				
任务要求是否明确	20				
工具清单是否正确、完善	20				
材料清单是否正确、完整	20				
人员分工是否合理、团结协作	20				
合计					

学习活动五　总结评价

◆ 综合评价表

评价项目	评价内容	评价标准	评价主体		
			自　我	同　学	老　师
职业素养	安全意识 责任意识	A. 作风严谨，自觉遵守纪律，出色地完成任务 B. 能够遵守规章制度，较好地完成工作任务 C. 遵守规章制度，没完成工作任务 D. 不遵守规章制度，没完成工作任务			
	学习态度	A. 积极参与学习活动，全勤 B. 缺勤达到任务总学时的 10% C. 缺勤达到任务总学时的 20% D. 缺勤达到任务总学时的 30%			
	团队合作	A. 与同学协作融洽，团队合作意识强 B. 与同学能沟通，协同工作能力较强 C. 与同学能沟通，协同工作能力一般 D. 与同学沟通困难，协同工作能力较差			
专业能力	明确工作任务	A. 学习活动评价成绩为 90 ~ 100 分 B. 学习活动评价成绩为 75 ~ 89 分 C. 学习活动评价成绩为 60 ~ 74 分 D. 学习活动评价成绩为 0 ~ 59 分			

（续）

评价项目	评价内容	评价标准	评价主体		
			自我	同学	老师
专业能力	学习相关知识	A. 学习活动评价成绩为 90～100 分 B. 学习活动评价成绩为 75～89 分 C. 学习活动评价成绩为 60～74 分 D. 学习活动评价成绩为 0～59 分			
	制订工作计划	A. 学习活动评价成绩为 90～100 分 B. 学习活动评价成绩为 75～89 分 C. 学习活动评价成绩为 60～74 分 D. 学习活动评价成绩为 0～59 分			
	任务实施	A. 学习活动评价成绩为 90～100 分 B. 学习活动评价成绩为 75～89 分 C. 学习活动评价成绩为 60～74 分 D. 学习活动评价成绩为 0～59 分			
创新能力	学习过程中提出具有创新性、可行性的建议		加分		
班级		姓名		综合评价等级	

课后思考

1. LD 称为（　　　　），其功能是使（　　　　）与左母线直接相连。

2. OUT 指令称为（　　　　）或（　　　　）指令。

3. OUT 指令不能用于驱动（　　　　），因为（　　　　）是由输入信号决定的。

4. 什么叫做并行输出？什么叫做纵接输出？

5. 编写梯形图，控制要求为：有一盏小灯，需要两地的开关（自锁式）控制小灯的亮灭。

任　务　四

交通灯数字显示牌控制程序设计

学习目标：

1. 掌握辅助继电器的工作原理。
2. 能区分不同的辅助继电器。
3. 能应用辅助继电器编写程序。
4. 能设计电路显示牌并完成外部接线。

情境描述：

为了确保交通安全和维持交通秩序，十字路口的交通灯控制系统起到了很大的作用。一般的交通灯都是由信号灯和数码显示牌组成的。交通灯控制系统的数码显示牌指示着灯亮灭的时间；信号灯指示着交通顺序。那么数码显示牌的时间显示是如何实现的呢？我们是否也可以自己动手设计一套数码显示牌呢？

学习活动一　明确工作任务

根据十字路口交通灯控制系统的要求，首先，需要设计一套数码显示牌来显示各个方向的信号灯的时间变化。要求，设计要合理，按下 SB0 后，数码显示牌显示 0；按下 SB1 后，数码显示牌显示 1；按下 SB2 后，数码显示牌显示 2；按下 SB3 后，数码显示牌显示 3；按下 SB4 后，数码显示牌显示 4；按下 SB5 后，数码显示牌显示 5。

学习活动二　学习相关知识

◆ 引导问题：

1. 发光二极管可以直接接 24V 电源吗？发光二极管的正常工作电压是多少？

2. 发光二极管正常工作电流是多少？为了提高发光二极管的使用寿命，最佳工作电流最好控制在多少？

3. 你是怎样调节发光二极管在使用时的电流的？用的是什么测量工具？采取的是什么样的方法？为了保证在调节电流时二极管不被烧毁，你所用的计算公式是什么？

4. 辅助继电器可以直接控制电动机吗？为什么？

5. 辅助继电器的用法与输出继电器一样吗？它们具备相同的特性吗？不同的地方是什么？

6. 一般在什么情况下会使用辅助继电器？

◆ 咨询资料：

一、发光二极管

1. 定义

发光二极管用LED表示。由镓（Ga）与砷（AS）、磷（P）的化合物制成的二极管，当电子与空穴复合时能辐射出可见光，因而可以用来制成发光二极管，在电路及仪器中用作指示灯，或者组成文字，或者进行数字显示。磷砷化镓二极管发红光，磷化镓二极管发绿光，碳化硅二极管发黄光。

发光二极管是半导体二极管的一种，可以把电能转化成光能。发光二极管与普通二极管一样是由一个PN结组成的，也具有单向导电性。在给发光二极管加上正向电压后，从P区注入N区的空穴和由N区注入P区的电子，在PN结附近数微米范围内分别与N区的电子和P区的空穴复合，产生自发辐射的荧光。不同的半导体材料中，电子和空穴所处的能量状态不同。电子和空穴复合时释放出的能量不同，释放出的能量越多，则发出的光的波长越短。常用的是发红光、绿光或黄光的二极管。

2. 发光二极管工作电压及电流

发光二极管的反向击穿电压约为5V。它的正向伏安特性曲线很陡，使用时必须串联限流电阻以控制通过二极管的电流。

限流电阻R的计算公式为

$$R=(E-U_F)/I_F$$

式中　E——电源电压；

U_F——发光二极管的正向工作电压；

I_F——发光二极管的正向工作电流。发光二极管的两根引线中较长的一根为正极，应接电源正极。有的发光二极管的两根引线一样长，但管壳上有一个凸起的小舌，靠近小舌的引线是正极。

与小白炽灯和氖灯相比，发光二极管的特点是：工作电压很低（有的仅一点几伏）；工作电流很小（有的仅零点几毫安即可发光）；抗冲击和抗震性能好，可靠性高，寿命长；通过调制通过的电流强弱可以方便地调整发光的强弱。由于有这些特点，发光二极管在一些光电控制设备中用作光源，在许多电子设备中用作信号显示器。把它的管心做成条状，用7条条状的发光二极管组成7段式半导体数码管，每个数码管可显示0～9共10个数字。

红色和黄色发光二极管的工作电压是2V，其他颜色的发光二极管的工作电压都是3V。一般的发光二极管的工作电流是20mA，如果接在5V的电源上，用电源电压减去发光二极管的工作电压就是分压电阻要分掉的电压，再用这个电压除以发光二极管工作的电流就能计算出分压电阻的阻值。例如，3V的发光二极管，（5 V－3V）/0.02A＝100Ω；2V的发光二极管，(5V－2V)/0.02A＝150Ω。但是，不是所有的发光二极管的工作电流都是20mA，有的大一点，有的小一点，实际使用的时候也可以用整流二极管来分压，一只整流二极管的压降是0.7V，用3只串联分掉的电压就是2.1V，剩下的正好是3.1V，或者用4只串联剩下2.2V。

正向工作电流 I_F：它是指发光二极管正常发光时的正向电流值。一般发光二极管的工作电流在十几毫安至几十毫安，而低电流发光二极管的工作电流在 2mA 以下（亮度与普通发光二极管相同）。

正向工作电压 U_F：一般发光二极管参数表中给出的工作电压是在给定的正向电流下得到的（一般是在 I_F = 20mA 时测得的）。发光二极管正向工作电压 U_F为 1.4 ~ 3V。在外界温度升高时，U_F将下降。

亮度与电流不呈线性关系，电流大到一定值时，亮度变化不大。只要电流超过了最大正向电流，发光二极管就会烧毁。一般情况下，电流选定在 3 ~ 20mA。要控制发光二极管的正向电流，就必须知道发光二极管的一个重要参数：U_F值。不同颜色的发光二极管有不同的 U_F值，同颜色的发光二极管的 U_F值也不一样，绝大部分应用中都需要进行分光和分色。

不同种类的发光二极管的最大正向电流是不一样的。常用的直径为 5mm 的发光二极管的最大正向电流一般是 25mA，实际应用中常工作在 20mA。为了保证发光二极管能够可靠稳定地工作，很多场合都要求采用恒流技术来驱动发光二极管。

3. 发光二极管技术参数

发光二极管的色温一般为 3000 ~ 5000K，发光角度是 120°，而发光强度为 2000 ~ 2200 mcd（mcd 为光通量的空间密度，即单位立体角的光通量，称为发光强度，是衡量光源发光强弱的量，其中文名称为“坎德拉”，符号就是“cd”。前面那个“m”是词头，是千分之一的意思，就像长度单位，中文名称为“米”，其符号为“m”，前面再加一个“m”成为“mm”，就变成千分之一米，也就是毫米了，所以“mcd”的中文读法为“毫坎德拉”。其正常工作电压为 2.9 ~ 3.1V，最大反向电压为 5V，最佳工作电流为 16mA，使用寿命约为 10^5h（工作电流为 20mA 时），2000h 光衰低于 5‰。

4. 发光二极管的使用说明

1）在对发光二极管进行弯脚及切脚时，弯脚及切脚的位置距胶体底面应大于 3mm。

2）弯脚应在焊接前完成。

3）使用发光二极管插灯时，PCB 板孔间距与发光二极管脚间距要相对应。

4）切脚时由于切脚机振动摩擦产生很高电压的静电，故机器要可靠地接地，做好防静电工作。

5. 焊接条件

在焊接时发光二极管不能通电，要注意加热时不要对发光二极管施加任何压力。最大焊接条件：

（1）手动焊接

1）电烙铁最大功率：50W。

2）最高温度：300℃。

3）焊接最长时间：3s。

4）焊接位置：距胶体底面大于 3mm。

（2）波峰焊接

1）预热最高温度：100℃。

2）波峰最高温度：260℃。

3）焊接最长时间：5s。

4）浸焊位置：距胶体底面大于3mm。

6. 电性测试及产品使用

测试 U_F 时，波长电流必须设为20mA；测试 U_R 时，I_R 设为10mA；测试 I_R 时，U_R设为5V。检测和使用发光二极管时，必须给每个发光二极管提供相同的电流，只有使用恒流源检测，才能保证检测亮度及其他特性的一致性。在环境温度为 -30 ~ +60℃使用分好色的产品时，不能把不同等级箱号的产品混合使用在同一个产品上，以免产生颜色及亮度差异，如果确要混等级箱号使用，则相邻等级的箱号可放在一起使用，但应尽量避免如此操作。

二、辅助继电器

辅助继电器的线圈与 PLC 外部无任何直接联系，它不能直接接收外部的输入信号，只能由 PLC 内部程序控制。其常开/常闭触点在 PLC 内部编程使用，同一编号的触点可以重复使用，但不能直接驱动外部负载。外部负载只能用输出继电器来驱动。辅助继电器的得电方式与输出继电器的得电方式相同，需要利用内部编程来控制其线圈的得电与失电。通常在需要重复导通同一个输出继电器时，利用不同的辅助继电器来防止同一编号的输出继电器线圈在同一梯形图中多次出现，如图 4-1 所示。

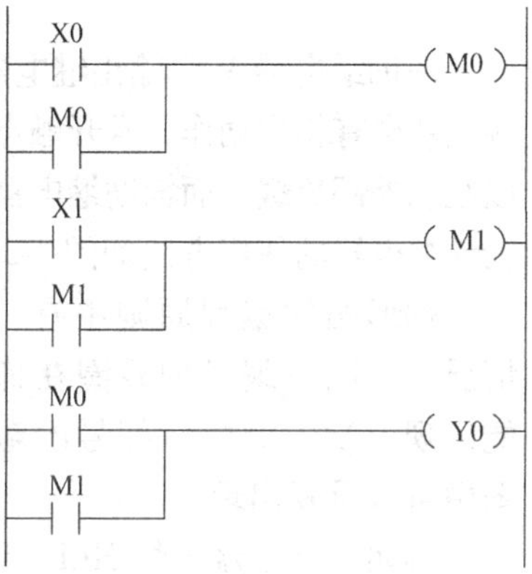

图 4-1　辅助继电器应用举例

在 FX_{2N}系列 PLC 中的辅助继电器采用 M 和十进制编号共同组成线圈的形式。根据其特点可以分为三种类型，分别为通用型辅助继电器、失电保持型辅助继电器、特殊型辅助继电器。

1. 通用型辅助继电器 M0 ~ M499（500 点）

通用型辅助继电器的主要用途是实现多路同时控制，起到中间转换的作用。它具有线圈和触点两种形式。与输出继电器相似，其线圈只能由程序驱动，其触点是内部触点。

如果在 PLC 运行时电源突然中断，通用型辅助继电器线圈自动失电，这一点与输出继电器相同。

2. 失电保持型辅助继电器 M500 ~ M1023（524 点）

失电保持型辅助继电器具有记忆功能，即 PLC 外部电源断开后，由 PLC 内部的锂电池为这些失电保持型辅助继电器供电，将失电保持型辅助继电器的线圈在 PLC 失电时的状态保存下来，PLC 再次得电时，辅助继电器的状态与失电前一样。

3. 特殊型辅助继电器 M8000 ~ M8255（256 点）

特殊型辅助继电器是指具有特定功能的辅助继电器，不同编号的特殊型辅助继电器具有不同的功能。根据使用方式，可将其分为两大类。

（1）触点型　这种特殊型辅助继电器是指在编写程序时，只需要使用其触点，不用导通其线圈（线圈由 PLC 自行驱动）。例如：

M8000：运行监控，在 PLC 运行时 M8000 导通。

M8002：初始脉冲，在 PLC 刚运行时 M8002 瞬间得电一次。

M8005：锂电池电压降低指示。

M8011：10ms 时钟脉冲，在 PLC 运行时 M8011 自行得电 5ms，失电 5ms。

M8012：100ms 时钟脉冲，在 PLC 运行时 M8012 自行得电 50ms，失电 50ms。

M8013：1s 时钟脉冲，在 PLC 运行时 M8013 自行得电 0.5s，失电 0.5s。

M8014：1min 时钟脉冲，在 PLC 运行时 M8014 自行得电 0.5min，失电 0.5min。

（2）线圈型　这类继电器由用户程序来驱动线圈，使 PLC 执行特定的动作，用户不使用它们的触点。例如：

M8030：其线圈得电后，蓄电池电压降低，发光二极管熄灭。

M8033：其线圈得电后，PLC 进入停止状态，所有输出继电器的状态保持不变。

M8034：其线圈得电后，禁止全部输出。

M8039：其线圈得电后，进入定时扫描方式。

三、辅助继电器使用方法举例

辅助继电器 M 和输出继电器 Y 在程序编辑中，使用方法很相似，一旦继电器的线圈得电，触点就会有相应动作，常开触点闭合，常闭触点断开。两者的区别在于，使用输出继电器，可以驱动外部负载，而辅助继电器虽然和输出继电器的使用方法相似，但是不能驱动外部负载。辅助继电器的使用方法如图 4-2 所示。

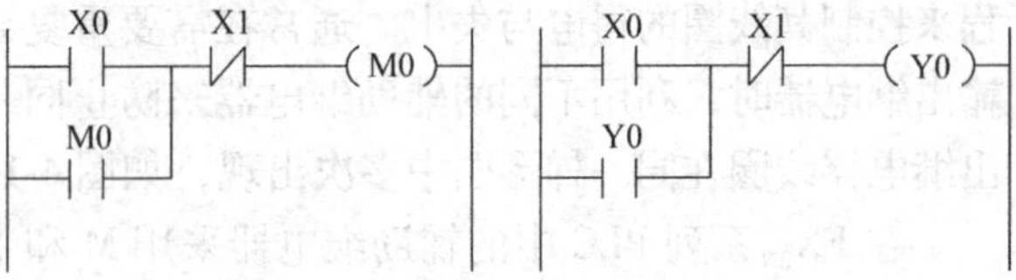

图 4-2　辅助继电器的使用方法

梯形图的编程原则中有一点：一般情况下，同一编号的线圈在梯形图中只能出现一次，而同一编号的触点在梯形图中可以重复出现。

例如：有三盏小灯 HL1、HL2、HL3，要求按下按钮 SB1 后 HL1 和 HL2 持续点亮，按下按钮 SB2 后 HL2 和 HL3 持续点亮，按下 SB3 三盏灯均熄灭。

根据题意，最直接的想法是：按下 SB1，Y0、Y1 同时得电；按下 SB2，Y1、Y2 同时得电。图 4-3a 中 Y1 线圈在梯形图中重复出现，是不可以的，所以这种思路是错误的。

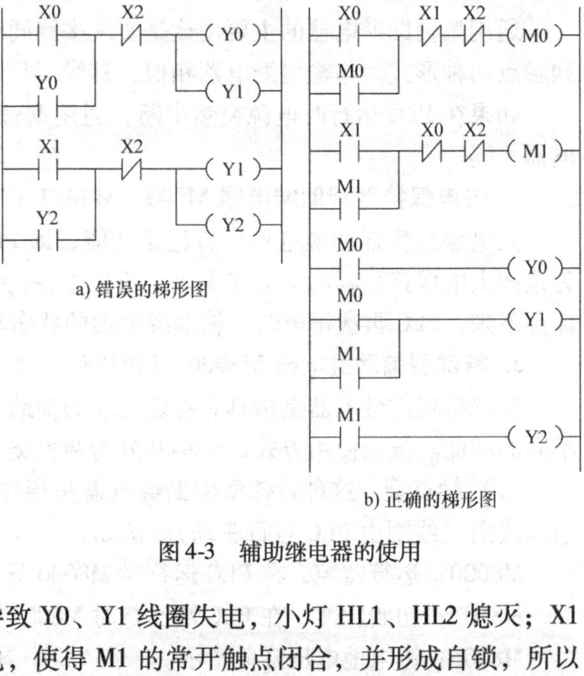

图 4-3　辅助继电器的使用

为了避免输出继电器线圈在梯形图中重复使用，可以运用辅助继电器。如图 4-3b 所示，按下 SB1 时，输入继电器 X0 线圈得电，X0 的常开触点闭合，使得辅助继电器 M0 的线圈得电，M0 的常开触点闭合，形成自锁，M0 的常开触点会持续闭合，所以 Y0、Y1 会持续得电，小灯 HL1、HL2 点亮；当按下 SB2 时，输入继电器线圈 X2 得电，X2 的常闭触点断开，使得辅助继电器线圈 M0 失电，导致 Y0、Y1 线圈失电，小灯 HL1、HL2 熄灭；X1 常开触点闭合，使辅助继电器 M1 线圈得电，使得 M1 的常开触点闭合，并形成自锁，所以输出继电器 Y1、Y2 会持续得电，使小灯 HL2、HL3 点亮。

四、任务分析

根据工作任务，要求按下 SB0 后，数码显示牌显示 0；按下 SB1 后，数码显示牌显示 1；按下 SB2 后，数码显示牌显示 2；按下 SB3 后，数码显示牌显示 3；按下 SB4 后，数码显示牌显示 4；按下 SB5 后，数码显示牌显示 5。

I/O 分配表见表 4-1。交通灯数字显示牌控制程序梯形图如图 4-4 所示。

表 4-1　I/O 分配表

输　入			输　出		
序　号	名　称	输入点	序　号	名　称	输入点
0	SB1	X1	0	数码管 A 端子	Y0
1	SB2	X2	1	数码管 B 端子	Y1
2	SB3	X3	2	数码管 C 端子	Y2
3	SB4	X4	3	数码管 D 端子	Y3
4	SB5	X5	4	数码管 E 端子	Y4
			5	数码管 F 端子	Y5
			6	数码管 G 端子	Y6

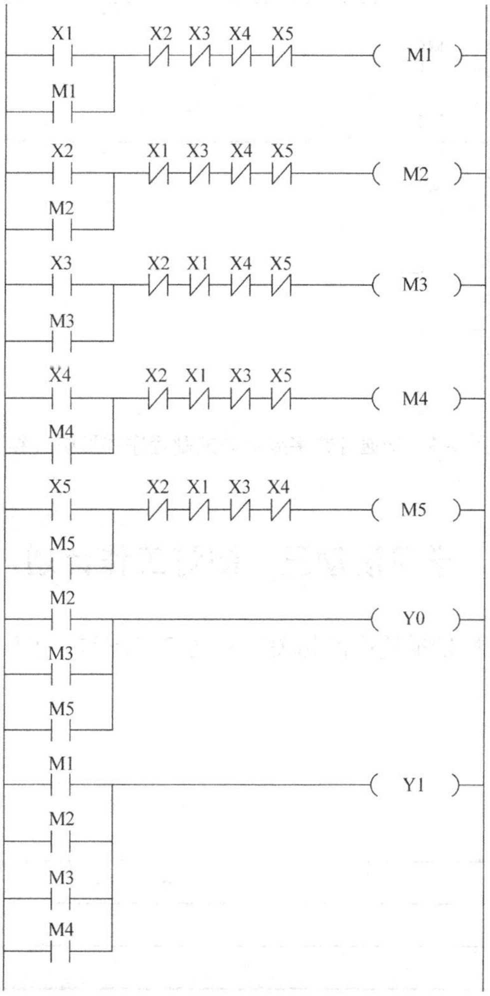

图 4-4　交通灯数字显示牌控制程序梯形图

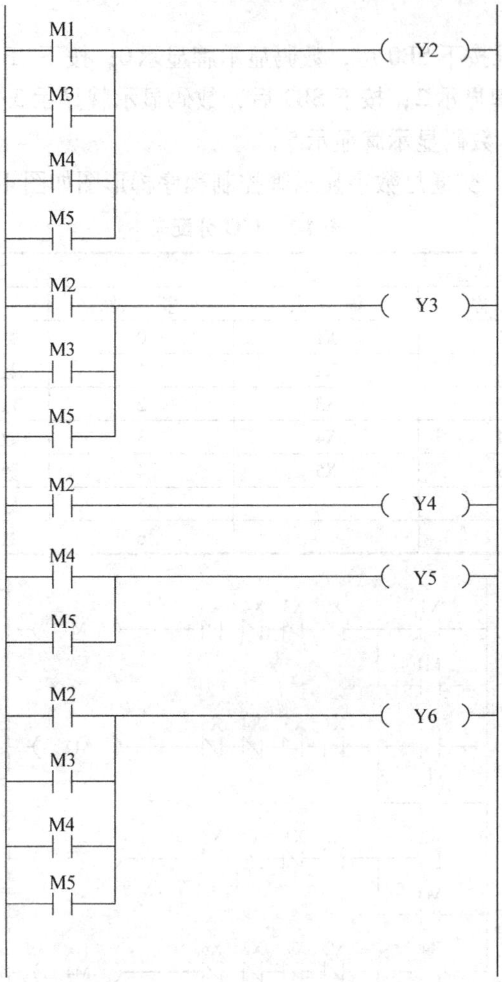

图 4-4　交通灯数字显示牌控制程序梯形图（续）

学习活动三　制订工作计划

根据工作任务要求及情景描述中的相关资料制订工作前、工作中、工作后计划。

一、人员分工

1. 小组负责人：
2. 小组成员及分工

姓　名	分　工

二、工具及材料清单

序　号	工具或材料名称	单　位	数　量	备　注

三、工序及工期安排

序　号	工作内容	完成时间	备　注

学习活动四　任务实施

1. 工艺要求

1）应能满足机械生产的工艺要求，能按照工艺顺序准确而可靠地工作。

2）电路结构力求简单，尽量选用常用的且经过实际考验的电路。

3）操作调整和检修方便。

4）具有各种必要的保护装置，确保在误操作时不会发生重大事故。

5）工作稳定，安全可靠，符合使用环境条件。

2. 技术规范

1）依据 I/O 分配表，完成 PLC 外部的接线。

2）检查插头、插座的簧片有无松动、断裂、掉线等情况。

3）接地极和接地系统施工完毕后，接地电阻测试合格。

4）在控制室内搬运机柜、操作台等设备时，应预先铺胶皮地板，防止水平运输时损坏室内设施。搬运时，设备倾斜角度不得超过允许值。

5）应做好防潮、防火、防震等措施，存放条件应符合产品说明书要求。

3. 安全要求

1）运行中的电气设备，必须按操作规程操作，如分断电源时应先断开负荷开关；后断开隔离开关；接通电源时，应先合隔离开关，后合负荷开关。

2）严格遵守停送电制度，切实做好各项应急的安全措施。

3）对现场电气设备及线路不熟悉者，不得拆卸或安装电气设备和零件。

4）在靠近带电体进行电工操作时，人与带电体应保持一定的安全距离（电压在 400V 以下时距离保持在 0.3m 以上，电压为 6～10kV 时距离保持在 0.7m 以上）。

5）不可用湿手触摸开关及带电设备，禁止用湿布擦拭运行中的电气设备。

6）任何带电设备，未经验明无电时，一律视为有电，不准用手触及。

7）必须在低压配电设备上操作时，要经老师批准，并有专人监护。

4. 评分标准

以小组为单位，展示本组制订的工作计划，然后在老师点评的基础上将工作计划修改完善，并根据以下评分标准进行评分。

◆ 评分表

评价内容	分值	评分			
		自我评价	小组评价	老师评价	平均分
计划制订得是否合理、完善	20				
任务要求是否明确	20				
工具清单是否正确、完善	20				
材料清单是否正确、完整	20				
人员分工是否合理、团结协作	20				
合计					

学习活动五　总结评价

◆ 综合评价表

评价项目	评价内容	评价标准	评价主体		
			自我	同学	老师
职业素养	安全意识 责任意识	A. 作风严谨，自觉遵守纪律，出色地完成任务 B. 能够遵守规章制度，较好地完成工作任务 C. 遵守规章制度，没完成工作任务 D. 不遵守规章制度，没完成工作任务			
	学习态度	A. 积极参与学习活动，全勤 B. 缺勤达到任务总学时的10% C. 缺勤达到任务总学时的20% D. 缺勤达到任务总学时的30%			
	团队合作	A. 与同学协作融洽，团队合作意识强 B. 与同学能沟通，协同工作能力较强 C. 与同学能沟通，协同工作能力一般 D. 与同学沟通困难，协同工作能力较差			
专业能力	明确工作任务	A. 学习活动评价成绩为90~100分 B. 学习活动评价成绩为75~89分 C. 学习活动评价成绩为60~74分 D. 学习活动评价成绩为0~59分			

（续）

评价项目	评价内容	评价标准	评价主体		
			自　我	同　学	老　师
专业能力	学习相关知识	A. 学习活动评价成绩为 90 ~ 100 分 B. 学习活动评价成绩为 75 ~ 89 分 C. 学习活动评价成绩为 60 ~ 74 分 D. 学习活动评价成绩为 0 ~ 59 分			
	制订工作计划	A. 学习活动评价成绩为 90 ~ 100 分 B. 学习活动评价成绩为 75 ~ 89 分 C. 学习活动评价成绩为 60 ~ 74 分 D. 学习活动评价成绩为 0 ~ 59 分			
	任务实施	A. 学习活动评价成绩为 90 ~ 100 分 B. 学习活动评价成绩为 75 ~ 89 分 C. 学习活动评价成绩为 60 ~ 74 分 D. 学习活动评价成绩为 0 ~ 59 分			
创新能力	学习过程中提出具有创新性、可行性的建议		加分		
班级		姓名		综合评价等级	

课后思考

1. 辅助继电器的符号为（　　　　），可分为 3 种类型，分别为（　　　　）型、（　　　　）型、（　　　　）型。

2. M8000 是（　　　　）型辅助继电器，其功能是（　　　　）。

3. M8013 的名称是（　　　　），其功能是（　　　　）。

4. 根据要求编写梯形图

控制要求：有四盏小灯 HL1、HL2、HL3、HL4，当按下起动按钮 SB1 时只有小灯 HL1、HL2 持续得电，当按下起动按钮 SB2 时只有小灯 HL2、HL3 持续得电，当按下起动按钮 SB3 时只有小灯 HL3、HL4 持续得电，按下停止按钮 SB4 时所有小灯都熄灭。

任务五

交通灯自动变换程序设计

学习目标：

1. 能用 PLC 编辑控制电路。
2. 掌握 PLC 编程中定时器的使用范围。
3. 能区分定时器的种类。
4. 能利用定时器的原理进行编程。
5. 掌握辅助继电器与定时器的综合应用。

情境描述：

为了确保道路的交通安全和维持交通秩序，十字路口的交通灯控制系统起到了很大的作用。那么交通灯的自动变换是如何实现的呢？我们是否也可以自己动手设计一套交通灯呢？

学习活动一　明确工作任务

某十字路口，需要设计一套交通灯控制程序，每个方向设有三盏灯，分别为红、绿、黄三种颜色。要求按下起动按钮后，东西方向的红灯亮 30s，然后绿灯亮 25s，接着绿灯闪烁 3s，最后黄灯亮 2s 后循环；南北方向的绿灯亮 25s，然后绿灯闪 3s，接着黄灯亮 2s，最后红灯亮 30s 后循环。按下停止按钮，系统停止工作。交通灯示意图如图 5-1 所示。

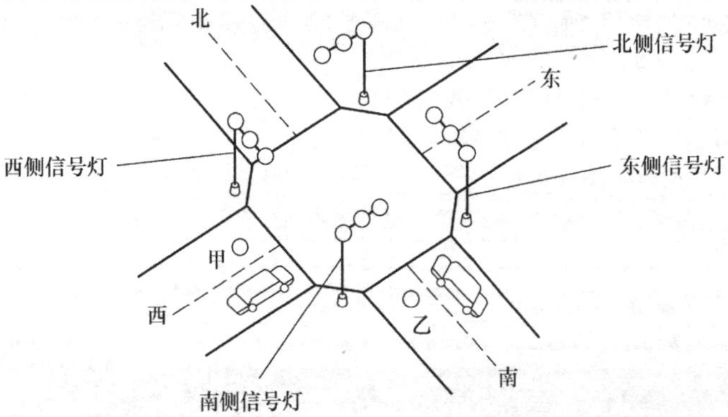

图 5-1　交通灯示意图

学习活动二　学习相关知识

◆ 引导问题：

1. 定时器是如何分类的？
2. 如何设定定时器的延时时间？
3. 定时器的线圈在什么样的条件下才能持续计时？
4. 积算定时器与非积算定时器有什么区别？
5. 定时器在 PLC 外部有接线吗？在编程时要利用定时器的哪些器件来控制编程输出？

◆ 咨询资料：

一、定时器的设定

PLC 内有几百个定时器，其功能相当于继电控制系统中的时间继电器。定时器是根据时钟脉冲的累积进行计时的。时钟脉冲有 1ms、10ms、100ms 三种不同的周期，当所计时间到达设定值时，其输出触点动作。

所设时间 T = 时钟脉冲周期 × 设定值。积算定时器与非积算定时器时间设定方法相同。

定时器指令输入格式为：OUT—T0—K50（定时器也需要使用驱动指令来驱动）。

定时器 T 在程序中用于延时控制。它与普通继电器的区别在于：其线圈接通后，触点不是立即动作，而是经过一段特定时间后，其常开触点才接通，常闭触点断开。这一点正是定时器的主要控制原理。

FX_{2N}系列 PLC 中，每一个定时器除了占有自己编号的存储器位外，还占有一个设定值寄存器（其长度为 16 位）和一个当前值寄存器（其长度也为 16 位）。

在对定时器进行编程时，必须将延时时间设定好（注意：没有设定值的定时器是无法工作的）。可以用常数 K（十进制）、H（十六进制）直接设定延时时间，也可以用数据寄存器（D）间接设定，则该寄存器中存放的数值即为设定值。当用数据寄存器的内容作设定值时，一般使用失电保持的数据寄存器。但应注意，如果锂电池电压降低，定时器可能发生误动作。当定时器开始工作时，其当前值开始计时，并随着延时时间的增加而增加，当前值等于设定值时，满足延时要求，其触点动作，即常开触点接通，常闭触点断开。

二、定时器的分类

1. 非积算定时器

FX_{2N}系列 PLC 内有 100ms 非积算定时器 200 点（T0 ~ T199），时间设定值为 0.1 ~ 3276.7s；有 10ms 非积算定时器 46 点（T200 ~ T245），时间设定值为 0.01 ~ 327.67s。

如图 5-2 所示，当驱动定时器线圈 T200 的输入触点 X0 接通时，T200 的当前值计数器对 10ms 的时钟脉冲进行累积计数。T200 为 10ms 定时器，程序中 T200 的设定值 K1500 所表示的时间长度计算

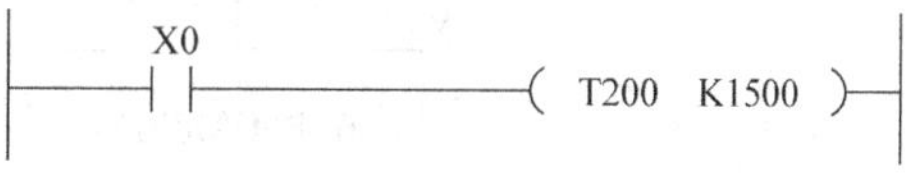

图 5-2　非积算定时器的应用

方法为 10ms × 1500 = 15s，即要求的延时时间为 15s。当计数值与设定值 K1500（15s）相等时，定时器的输出触点就接通，即输出触点在驱动线圈 15s 后动作。

当输入触点 X0 断开或中途发生停电时，定时器复位，输出触点也复位。

如果用 T0 代替 T200，因为其时间单位为 100ms，故要实现 15s 延时，其设定值应为 K150（时间长度计算公式为：100ms × 150 = 15s）。

2. 积算定时器

FX_{2N}系列 PLC 内有 1ms 积算定时器 4 点（T246 ~ T249），时间设定值为 0.001 ~ 32.767s；有 100ms 积算定时器 6 点（T250 ~ T255），时间设定值为 0.1 ~ 3276.7s。

如图 5-3 所示，当 X1 接通时，定时器 T250 的线圈被驱动，T250 的当前值计数器开始累计 100ms 时钟脉冲的个数，当计数值与设定值 K200 相等时，定时器的输出触点接通。

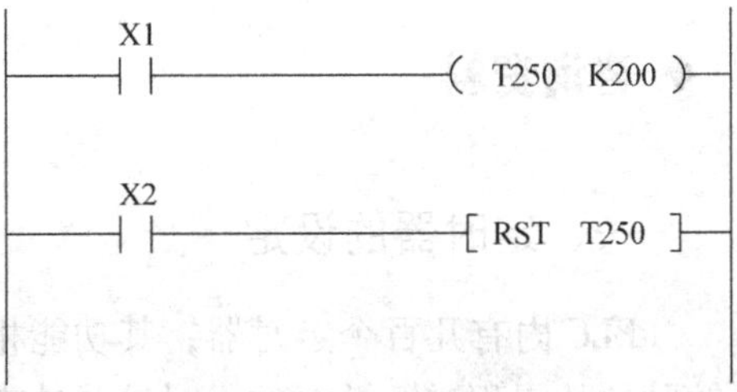

图 5-3 积算定时器的应用

在定时器计时的过程中，即使 X1 断开或停电，当前值也可保持。X1 再接通或复电时，定时器内的脉冲计数器继续计数，当累积时间达 20s 时，T250 的触点动作。

任何时候，当复位输入触点 X2 接通时，计数器复位，定时器的输出触点也复位。

3. 非积算定时器与积算定时器的比较

非积算定时器没有蓄电池后备，在定时过程中，若遇停电或驱动定时器线圈的输入触点断开，定时器内的脉冲计数器将不保存计数值，复电后或驱动定时器线圈的输入再次接通后，计数器从零开始计数。积算定时器由于有锂电池后备，在定时过程中突然停电或驱动定时器线圈的输入触点断开时，定时器内的计数器将保存当前值，在复电或驱动定时器线圈的输入接通后，计数器继续计数，直至计数值与设定值相等。

图 5-4 所示为用波形的方法表示的非积算定时器和积算定时器的区别。

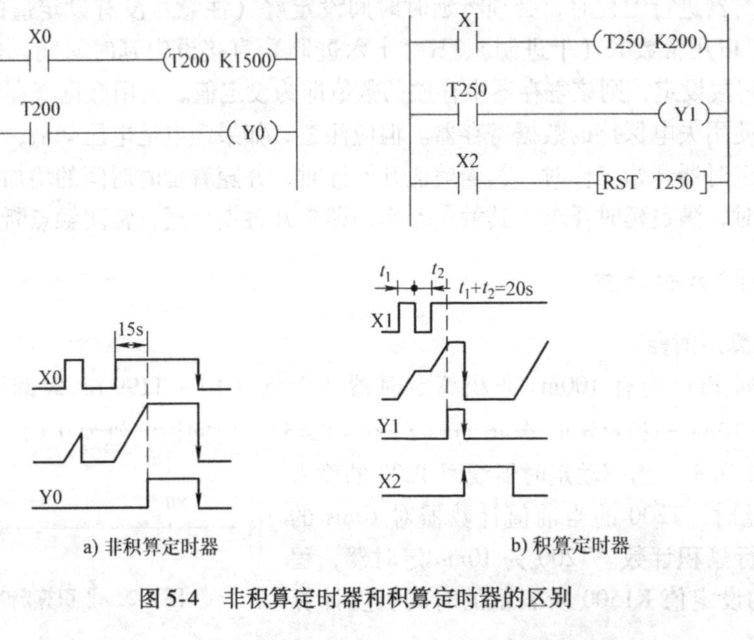

图 5-4 非积算定时器和积算定时器的区别

图 5-4a 中，X0 第一次持续接通时间小于 15s，所以 Y0 没有变化。当 X0 第二次持续接通时间达到 15s，即设定值时，T200 的触点动作，常开触点闭合，而常闭触点断开，控制 Y0 同时断开。T0 ~ T245 这 246 点定时器为普通定时器，其当前值不能累积计算，也就是说它的每一次计时都从 0 开始。

图 5-4b 中，X1 第一次接通时间 $t_1 < 20s$，不足以使 Y1 接通。当 X1 断开时，T250 的当前值没有归 0，而是处于保持状态；当 X1 第二次接通时，当前值在原有的基础上继续累积计算。因此，当 $t_1 + t_2 = 20s$ 时，Y1 = 1，即 Y1 接通。

因为积算定时器对当前值具有记忆功能，所以在它达到设定值后，控制信号对此定时器将不再有控制作用。图 5-4b 中，Y1 接通后，X1 对它不再有控制作用，而 Y1 的断开是由 X2 控制的。X2 接通执行 "RST T250" 指令，T250 的当前值寄存器及触点同时置零，Y1 断开。

为保证正常工作，积算定时器在程序中必须加入专门的复位指令。

一般情况下（除步进外），同一定时器在同一程序中只能出现一次。

三、定时器使用方法举例

定时器的主要功能是延时。它通过时钟脉冲的累计实现延时。在定时器的应用中有延时导通和延时断开两种典型电路。延时导通：按下起动按钮不是马上导通，而是延时一定的时间后电路才会导通。延时断开：按下停止按钮，电路不是马上断开，而是延时一定的时间后再断开。

如图 5-5a 所示，当按下按钮 SB1 时，辅助继电器 M0 线圈得电，并且形成自锁，所以定时器 T0 就会持续得电，开始计时，定时时间为 2s，当到达时间设定值时，定时器 T0 的线圈得电，常开触点闭合，使得输出继电器 Y0 得电，外部的小灯就会点亮。所以，我们看到的现象是，按下按钮的时候，小灯没有点亮，而是在 2s 后小灯自动点亮，并且持续点亮。

如图 5-5b 所示，当按下按钮 SB1 时，输出继电器 Y0 线圈得电，并形成自锁，使小灯持续点亮。当按下停止按钮 SB2 时，辅助继电器 M0 线圈得电，并形成自锁，所以定时器 T1 开始计时，当达到设定值 5s 时，定时器的常闭触点会断开，使输出继电器失电，外部小灯熄灭。所以我们看到的外部效果是：当按下起动按钮时，小灯马上点亮；当按下停止按钮时，小灯没有马上熄灭，而是 5s 后自动熄灭。

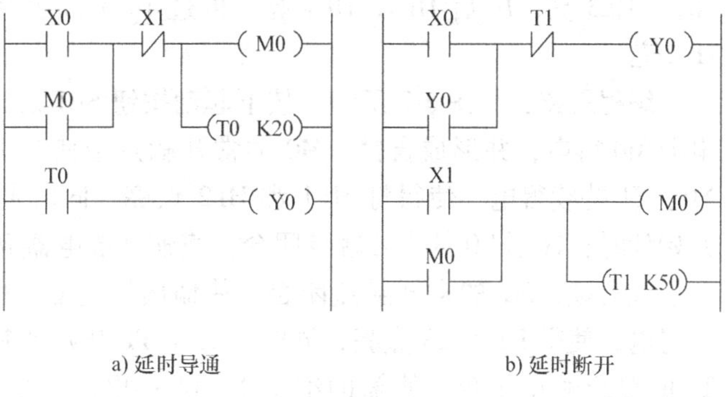

图 5-5　定时器应用举例

1. 定时器的串联使用

定时器的设定值 K 的取值范围是 1 ~ 32767，最大取值是 32767，如果用定时器来延时 1h 的时间，程序要如何来完成？

例如：当按下按钮 SB1 时，响铃没有马上响起，而是延时 1h 才响起，并且持续响 5s 后自动停止。我们用 100ms 非积算定时器来完成这个程序。首先我们来理清思路，按下按钮

1h 后响铃响起，说明当按下按钮时，就应该导通定时器 T0，并且设定的时间为 1h，1h = 3600s，用定时器 T0 的常开触点来导通响铃，并且响铃响起的同时应该导通另外一个定时器 T1，设定值为 5s，时间到达后铃声停止。

那么在程序中定时器应该如何应用呢？把定时器 T0 的设定值设为多少呢？可不可以把 *K* 值直接设置成 36000，如图 5-6 所示。

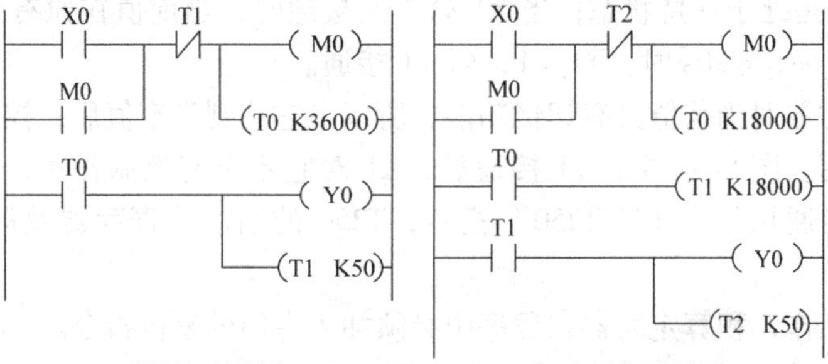

a) 错误的时间设定　　b) 正确的时间设定

图 5-6　定时器的串联使用

定时器的设定值是不可以超过 *K* 值的取值范围的，*K* 的最大设定值是 32767，而 36000 已经大于 32767，所以设置一个定时器是错误的，只能把 1h 的时间分开，先设置一个延时 0.5h 的定时器 T0，当时间到达设定值时，再由定时器 T0 的常开触点导通另外一个定时器 T1，其设定值也设定为 0.5h，当到达设定时间时，由 T1 的常开触点导通响铃。这个过程就是定时器的串联使用。

2. 定时器与辅助继电器的使用

例如：有四盏小灯，按下起动按钮后，HL1、HL2 亮，1s 后 HL2、HL3 亮，1s 后 HL3、HL4 亮，再过 1s 重新循环，HL1、HL2 亮。

编程思路：如图 5-7 所示，按下起动按钮 SB1 后，辅助继电器 M0 得电，并形成自锁，M0 的常开触点会使输出继电器 Y0、Y1 持续得电，使得灯 HL1 和 HL2 点亮，同时定时器 T0 开始计时；1s 后 T0 的常开触点闭合，使辅助继电器 M1 得电，并形成自锁，M1 的常开触点闭合，使输出继电器 Y1、Y2 持续得电，使得 L2 和 L3 点亮，同时定时器 T1 开始计时；1s 后 T1 的常开触点闭合，使辅助继电器 M2 得电，并形成自锁，M2 的常开触点闭合，会使输出继电器 Y2、Y3 持续得电，使得 HL3 和 HL4 点亮，同时定时器 T2 开始计时；1s 后定时器 T2 线圈得电，T2 的常开触点闭合，会使辅助继电器 M0 重新得电，形成循环。

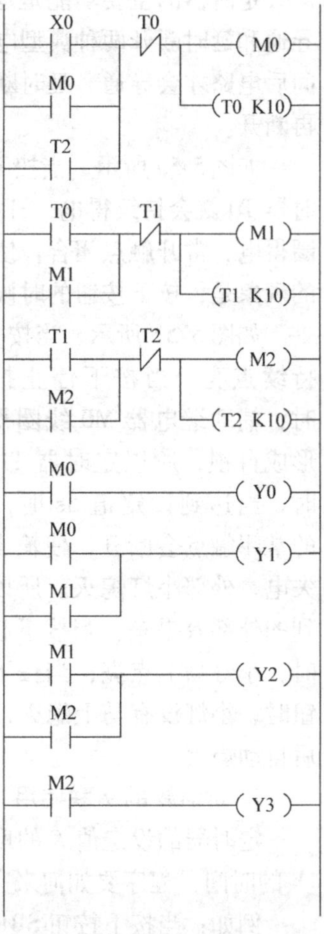

图 5-7　梯形图

3. 定时器编程小技巧

用定时器编辑小灯的闪烁程序，小灯的闪烁是亮、灭交替出现的效果。例如：小灯以 1s 间隔闪烁，亮 0.5s，灭 0.5s。

如图 5-8 所示，按下起动按钮后，输出继电器 Y0 线圈得电，并形成自锁，小灯会点亮。同时定时器 T0 开始计时。0.5s 后定时器 T0 线圈得电，T0 的常闭触点断开，使定时器 T0 线圈失电，输出继电器 Y0 线圈也失电，同时 T0 的常开触点闭合，使辅助继电器 M0 线圈得电，并形成自锁，使得定时器 T1 开始计时。0.5s 后 T1 线圈得电，T1 的常闭触点断开，使得辅助继电器 M0 线圈失电，定时器 T1 线圈也失电，同时 T1 的常开触点闭合，使得输出继电器 Y0 重新得电，开始循环。

所以看到的外部效果是，按下起动按钮后，小灯点亮，0.5s 后小灯熄灭，0.5s 后小灯再次点亮，并且开始循环。

这种方法是通过两个定时器延时导通的程序组成小灯的闪烁程序，容易理解。其实还有很多种方法可以实现小灯的闪烁程序，如利用辅助继电器来实现小灯闪烁。

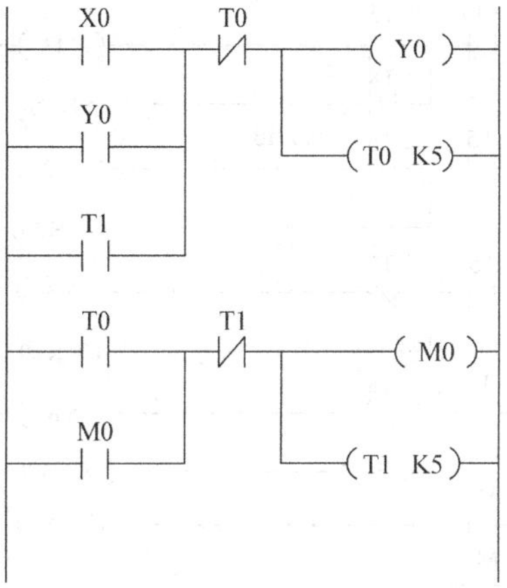

图 5-8　小灯闪烁梯形图

四、任务分析

1. 根据任务要求 I/O 分配表

交通灯自动变换程序 I/O 分配表见表 5-1。

表 5-1　交通灯自动变换程序 I/O 分配表

输入			输出			
元件代号	作用	输入继电器	元件代号	输出继电器	元件代号	输出继电器
SB1	起动按钮	X1	东西红灯 HL1	Y1	南北红灯 HL4	Y4
SB2	停止按钮	X2	东西绿灯 HL2	Y2	南北绿灯 HL5	Y5
			东西黄灯 HL3	Y3	南北黄灯 HL6	Y6

2. 程序设计

交通灯自动变换程序梯形图如图 5-9 所示。

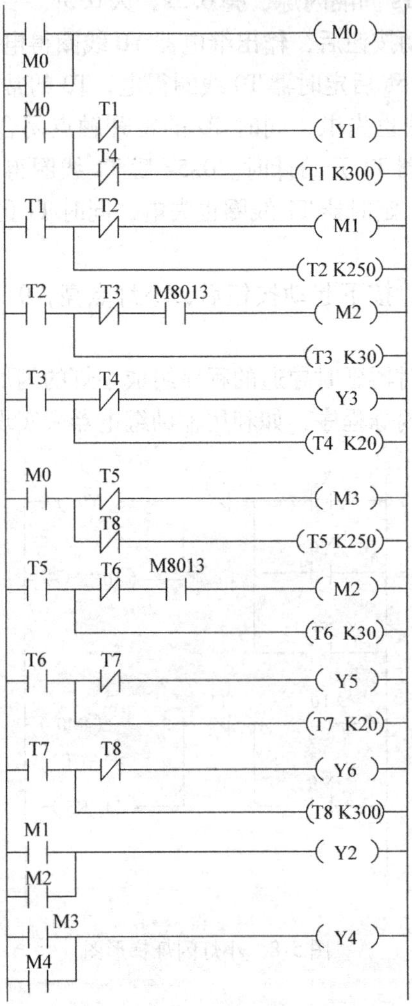

图 5-9 交通灯自动变换程序梯形图

学习活动三 制订工作计划

根据工作任务要求及情景描述中的相关资料制订工作前、工作中、工作后计划。

一、人员分工

1. 小组负责人：
2. 小组成员及分工

姓 名	分 工

二、工具及材料清单

序　号	工具或材料名称	单　位	数　量	备　注

三、工序及工期安排

序　号	工作内容	完成时间	备　注

学习活动四　任务实施

1. 工艺要求

1）应能满足机械生产的工艺要求，能按照工艺顺序准确而可靠地工作。

2）电路结构力求简单，尽量选用常用的且经过实际考验的电路。

3）操作调整和检修方便。

4）具有各种必要的保护装置，确保在误操作时不会发生重大事故。

5）工作稳定，安全可靠，符合使用环境条件。

2. 技术规范

1）依据I/O分配表，完成PLC外部的接线。

2）检查插头、插座的簧片有无松动、断裂、掉线等情况。

3）接地极和接地系统施工完毕后，接地电阻测试合格。

4）在控制室内搬运机柜、操作台等设备时，应预先铺胶皮地板，防止水平运输时损坏室内设施。搬运时，设备倾斜角度不得超过允许值。

5）应做好防潮、防火、防震等措施，存放条件应符合产品说明书要求。

3. 安全要求

1）运行中的电气设备，必须按操作规程操作，如分断电源时应先断开负荷开关；后断开隔离开关；接通电源时，应先合隔离开关，后合负荷开关。

2）严格遵守停送电制度，切实做好各项应急的安全措施。

3）对现场电气设备及线路不熟悉者，不得拆卸或安装电气设备和零件。

4）在靠近带电体进行电工操作时，人与带电体应保持一定的安全距离（电压在400V以下时距离应保持在0.3m以上，电压为6～10kV时距离应保持在0.7m以上）。

5）不可用湿手触摸开关及带电设备，禁止用湿布擦拭运行中的电气设备。

6）任何带电设备，未经验明无电时，一律视为有电，不准用手触及。

7）必须在低压配电设备上操作时，要经老师批准，并有专人监护。

4. 评分标准

以小组为单位，展示本组制订的工作计划，然后在老师点评基础上将工作计划修改完善，并根据以下评分标准进行评分。

◆ 评分表

评价内容	分值	评分			
		自我评价	小组评价	老师评价	平均分
计划制订得是否合理、完善	20				
任务要求是否明确	20				
工具清单是否正确、完善	20				
材料清单是否正确、完整	20				
人员分工是否合理、团结协作	20				
合计					

学习活动五　总结评价

◆ 综合评价表

评价项目	评价内容	评价标准	评价主体		
			自我	同学	老师
职业素养	安全意识 责任意识	A. 作风严谨，自觉遵守纪律，出色地完成任务 B. 能够遵守规章制度，较好地完成工作任务 C. 遵守规章制度，没完成工作任务 D. 不遵守规章制度，没完成工作任务			
	学习态度	A. 积极参与学习活动，全勤 B. 缺勤达到任务总学时的 10% C. 缺勤达到任务总学时的 20% D. 缺勤达到任务总学时的 30%			
	团队合作	A. 与同学协作融洽，团队合作意识强 B. 与同学能沟通，协同工作能力较强 C. 与同学能沟通，协同工作能力一般 D. 与同学沟通困难，协同工作能力较差			
专业能力	明确工作任务	A. 学习活动评价成绩为 90 ~ 100 分 B. 学习活动评价成绩为 75 ~ 89 分 C. 学习活动评价成绩为 60 ~ 74 分 D. 学习活动评价成绩为 0 ~ 59 分			

（续）

评价项目	评价内容	评价标准	评价主体		
			自我	同学	老师
专业能力	学习相关知识	A. 学习活动评价成绩为 90～100 分 B. 学习活动评价成绩为 75～89 分 C. 学习活动评价成绩为 60～74 分 D. 学习活动评价成绩为 0～59 分			
	制订工作计划	A. 学习活动评价成绩为 90～100 分 B. 学习活动评价成绩为 75～89 分 C. 学习活动评价成绩为 60～74 分 D. 学习活动评价成绩为 0～59 分			
	任务实施	A. 学习活动评价成绩为 90～100 分 B. 学习活动评价成绩为 75～89 分 C. 学习活动评价成绩为 60～74 分 D. 学习活动评价成绩为 0～59 分			
创新能力	学习过程中提出具有创新性、可行性的建议		加分		
班级		姓名		综合评价等级	

课后思考

1. 有一组喷泉由 8 只喷头组成，要求正序逐个喷射，然后逐个停止，持续 32s 后，全喷全停 10s，再逐个喷射逐个停止，如此循环。设计此程序的梯形图。

2. 有一盏小灯 HL1，按下起动按钮 SB1 后小灯以亮 0. 3s、灭 0. 3s 的间隔持续闪烁，当按下 SB2 停止按钮时小灯熄灭。设计此程序的梯形图。

任务六

密码锁控制程序设计

学习目标：

1. 能设计密码箱的PLC控制电路。
2. 掌握PLC中计数器的使用范围。
3. 能区分不同种类的计数器。
4. 掌握计数器的原理并利用其编写程序。
5. 能综合应用辅助继电器、计数器与定时器。

情境描述：

密码锁的应用已经逐渐地深入人们的工作和生活中。市面上比较常见的保险柜类产品中，普遍采用的密码锁有机械类、电子类、刷卡类、指纹类等。某公司需要在配电柜上安装一个操作简单、方便、防止非工作人员打开的密码锁装置。

学习活动一　明确工作任务

有一组配电柜需设计一套密码锁装置。操作的密码按键为多拨式，有四组，分别为1号、2号、3号、4号，密码箱的正确密码分别为1号四、2号三、3号六、4号五。按正确顺序输入密码后需再按下确认按键SB1柜体才能打开（指示灯HL1持续点亮代表箱体打开），按下复位按钮SB2密码锁重新锁上（小灯HL1停止点亮）。当输入错误的密码时，按下确认按键SB3后，保险箱上的箱体指示灯HL2会持续闪烁，蜂鸣器发出蜂鸣报警声。当蜂鸣器响起时，只有按5次取消键SB4，才会停止报警。

学习活动二　学习相关知识

◆ 引导问题：

1. 计数器是如何分类的？
2. 计数器如何设定次数？

3. 不同种类的计数器在应用时如何失电？
4. 计数器在什么样的条件下才能计数？
5. 不同种类的计数器有什么区别？
6. 计数器在PLC外部有接线吗？在编程时要利用计数器的哪些器件来控制编程输出？

◆ 咨询资料：

一、密码锁

1. 多拔式

这种最简单的密码锁，常见于低安全设定的单车锁，使用多个拨圈。各拨圈的中间有凹位。锁中心的一条轴上有数个凸出的齿，用来卡住拨圈。当拨圈转到正确的密码组合时，锁便可以打开。这种锁是最容易被打开的。很多这类锁根本无需知道密码就能开启。除非它的内部组件造得完美无瑕，否则只要把轴向外拉，其中一个齿便会比其他齿更为拉紧拨圈。这时转动被拉紧的拨圈，直至听到小小的“咔”声，表示这个齿已进入了正确的凹位。重复这一步骤，很快便可以把锁打开。

2. 单一转盘式

用在挂锁或匣万上的密码锁可以只有一个转盘，转盘推动背后数个平衡碟片或凸轮。一般情况下，开启这种锁时先把转盘顺时针转到第一个数字，然后反时针转到第二个数字，如此直至最后一个数字。凸轮上通常有凹位，当转入正确的密码后，各位形成一直线，锁便可以打开。这种密码锁较为安全，但并非全无缺点。例如，对于部分密码挂锁，可以拉紧锁头，然后转动转盘直至不能再动，这样便能把密码找出。也有些转盘密码锁的数字之间有特定关系，使找到密码组合的可能性大为降低。廉价的密码挂锁可以用特别的衬片打开，而无需使用密码。使用在匣万上的密码锁结构较为严密，有经验的锁匠可以一面旋转转盘，一面使用听筒小心聆听锁内凸轮的声音，判断可能的密码。

3. 拨码盘式全机械密码锁

这是一种没有电子器件的大密钥量、高可靠性的全机械密码锁。它的操作方式独特，类似于老电话机拨号，即从拨盘的起点开始，顺时针转动拨盘到某一位数码，然后退回到起点，就输入了一位密码，如此重复直到输入了最后一位密码，再从起点逆时针转动拨盘就可以将锁打开了。在开锁的同时，内部已经复位，所以拨盘退回到起点关锁后，必须重新输入密码才能开锁，不需要考虑内部复位问题。如果输错了密码，逆时针转动拨盘（虚开锁）也可以内部复位，然后重新输入密码。这种密码锁中，六位密码的可以有298万多组密码供主人随意变换，保密性极高。可选密码组是连续排列的，为选择容易记忆的密码提供了方便。目前已开发的基本型产品，密码位数及密码量还可以根据用户的需求来重新设计，也可以为用户增加报警器接口。

这种密码锁的优点：不用钥匙，不用电源，不用蓄电池，没有废弃污染物；全机械结构，能承受相当恶劣的外部环境，使用范围广；操作简单，开锁时间比较短，平均开锁时间约为15s；实际密码量大，保密性能高，试探开锁的概率几乎为零；结构简单，结实可靠。

4. 其他设计

有些门锁上有一个数字键盘，开启时按序键入一个数字系列。这种锁使用电子控制，常见于办公室内。其优点是只要告诉员工密码便可，无需复制钥匙。不过，如果有人把密码告诉外人，这锁便形同虚设。因此，这类密码锁的密码需要经常更换才可以。

从技术发展的规律看，在功能相似的情况下，简单可靠的东西总是替代繁杂的东西。这种带数字键盘的锁以简代繁，所以，它是大众化的实用性新产品，替代传统圆盘式机械密码锁和部分电子密码锁是大势所趋。拨码盘式全机械密码锁适用于在保险柜、保险箱、文件柜、防磁防火柜、防盗门、银库门、仓库门、车门、民用门及机械卡阻机构上广泛使用。它可以替代现有的传统圆盘式机械密码锁和部分电子密码锁，为某些产品的更新提供了契机。

随着电子技术的发展，很多密码锁产品采用了电子结构。但在某些场所，电子产品并没有绝对的优势，反而是机械产品或机电混合产品更实用。举两个例子：一是燃气灶的打火装置，早期是晶体管的点火器较盛行，但它不耐潮湿，容易损坏，离不了蓄电池。时间一长，反而是靠手扭动旋钮储能的机械（压电）打火装置显露出了它的优越性——简单实用，成为燃气灶点火器的主流；二是汽车的后视镜及公共汽车（单厢）的后门窥视器，都曾有被电子监视器替代的危险，但人们发现，传统的后视镜及公共汽车驾驶人上方的普通后视镜，观察效果并不比电子监视器差，且更简单实用。密码锁并不是一种频繁操作使用的产品，可以说是一种半静态的产品，采用机械方式更实用一些。但电子方式的密码量大，人们主观感觉会安全一些。

二、计数器的分类

FX_{2N} 系列 PLC 的计数器分为两类：一种为内部计数器，它是 PLC 在程序内部对信号进行计数的计数器，要求输入信号的接通与断开时间应大于 PLC 的扫描周期；另一种是高速计数器，其响应速度快，因此对于频率较高的计数就必须采用高速计数器，如电动机的转数计数。

1. 内部计数器

内部计数器可分为两种，即 16 位增计数器和 32 位双向计数器。计数器采用 C 和十进制编号表示。

（1）16 位增计数器　C0 ~ C199 共 200 点，其中 C0 ~ C99 为通用型，C100 ~ C199 为失电保持型（PLC 断电后仍能保持当前值，通电后继续计数）。这类计数器为递增计数，应用前需先对其设置某一值，当计数信号个数累计到设定值时，计数器线圈得电并保持，使其常开触点闭合，常闭触点断开。16 位增计数器的设定值范围是 1 ~ 32767，设定值可以用常数 K 或者通过数据寄存器 D 来设定。

16 位增计数器的应用如图 6-1 所示。图 6-1 中输入继电器 X1 作为计数信号，X1 每驱动一次计数器 C1 线圈，其计数器的当前值就增加 1。K5 为计数器的设定值。当驱动的次数和设定的值相等时，C1 线圈得电并保持，C1 的常开触点所驱动的线圈 Y1 得电，以后即使计数器的计数信号 X1 再动作，计数器的当前值也保持不变。计数器在计数以后，其当前值寄存器具有记忆功能，因而即使是通用型计数器也需要用复位指令才能复位。图 6-1 中，当复位输入点 X2 接通时，执行 RST 指令，计数器的当前值复位为零，其输出触点也随之复位。

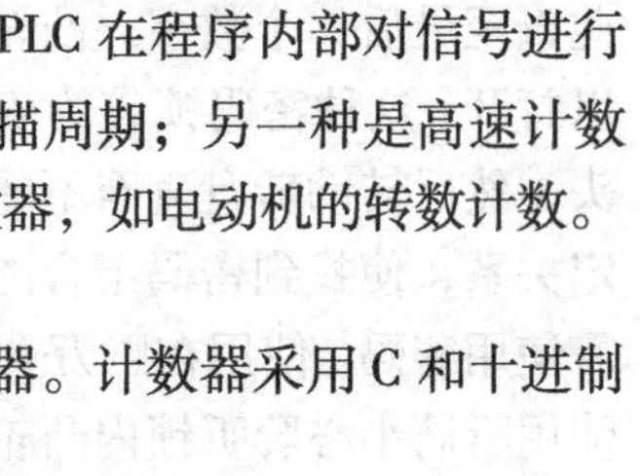

图 6-1　16 位增计数器的应用

（2）32 位双向计数器　C200 ~ C234 共有 35 点，其中 C200 ~ C219 为通用型，C220 ~ C234 为失电保持型。这类计数

器与 16 位增计数器的区别在于它能通过程序控制实现增/减双向计数。其设定值的范围为 -2147483648 ~ 2147483648，其计数方式由特殊辅助继电器 M8200 ~ M8234 设定。

如图 6-2 所示，X2 用来控制 M8200，X2 闭合时对应的特殊辅助继电器 M8200 为“ON”时，为减计数，反之为增计数。若计数器的设定值为 -5，要想线圈 Y1 导通，只有在计数器 C200 作增计数计到 -5 时，C200 线圈才导通，C200 的常开触点闭合使 Y1 得电，否则不得电。

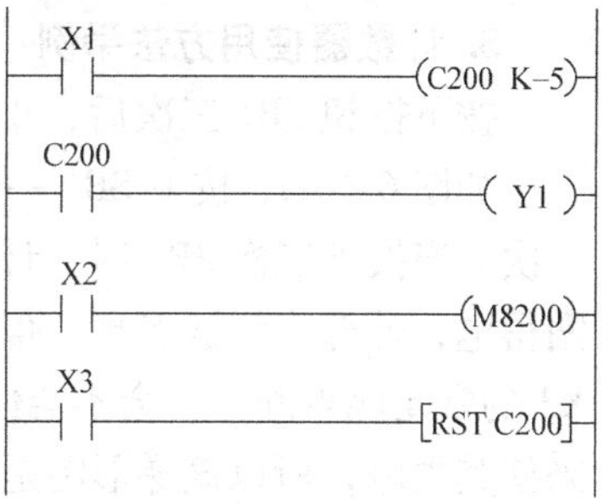

图 6-2　32 位双向计数器应用

2. 高速计数器

FX_{2N}系列 PLC 中共有 21 点高速计数器（见表 6-1），元件编号为 C235 ~ C255。这 16 点高速计数器在 PLC 中共享 6 个高速计数器的输入端 X0 ~ X5。当高速计数器的一个输入端被某个计数器占用时，这个输入端就不能用于另一个高速计数器，也不能用于其他的输入，因此，最多只能同时用 6 个高速计数器。

表 6-1　PLC 高速计数器

输　入		X0	X1	X2	X3	X4	X5	X6	X7
1 相 1 计数输入	C235	U/D							
	C236		U/D						
	C237			U/D					
	C238				U/D				
	C239					U/D			
	C240						U/D		
	C241	U/D	R						
	C242		U/D	R					
	C243				U/D	R			
	C244	U/D	R					S	
	C245			U/D	R				S
1 相 2 计数输入	C246	U	D						
	C247	U	D	R					
	C248				U	D	R		
	C249	U	D	R				S	
	C250				U	D	R		S
2 相 2 计数输入	C251	A	B						
	C252	A	B	R					
	C253				A	B	R		
	C254	A	B	R				S	
	C255				A	B	R		S

注：U 表示增计数输入，D 表示减计数输入，A 表示 A 相输入，B 表示 B 相输入，R 表示 R 复位输入，S 表示起动输入。X6 、X7 也是高速输入端，但只能用作起动信号，不能用于高速计数。

3. 计数器使用方法举例

按下按钮 SB1 三次后，小灯点亮；按下按钮 SB2 后，小灯熄灭。

如图 6-3 示，按下 SB1 一次，输入继电器的常开触点就闭合一次，使得计数器 C0 计数一次。当按下三次 SB1 时，计数器 C0 线圈得电，C0 常开触点闭合，使得输出继电器 Y1 线圈得电，外部小灯被点亮。但是，如果想熄灭小灯，按下 SB2，使得输出继电器 X3 得电，X3 的常闭触点断开，会不会使计数器 C0 线圈失电呢？计数器的线圈只能用 RST 复位指令来使其失电，所以该梯形图是错误的。

如图 6-4 所示，当按下 SB2 时，输入继电器 X3 线圈得电，X3 的常开触点闭合，实施 RST 指令，使计数器 C0 复位，计数器 C0 线圈失电，K 值归零，可以重新计数，所以该梯形图是正确的。

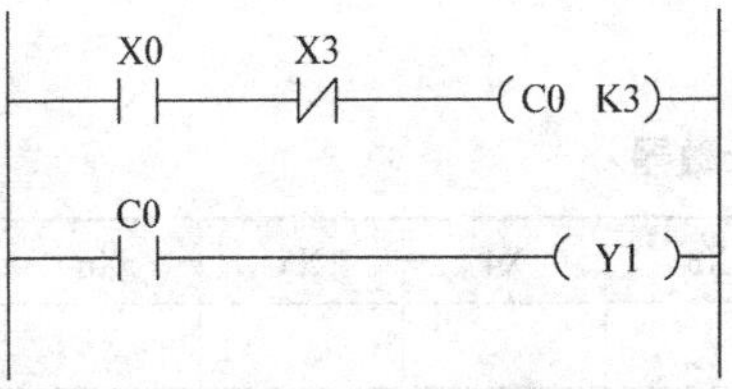

图 6-3　错误的梯形图

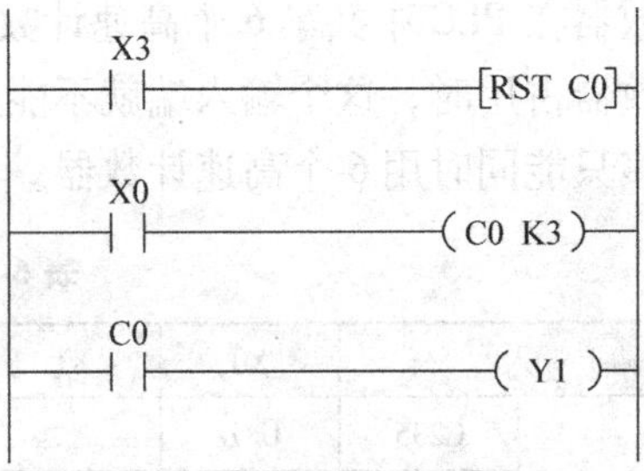

图 6-4　正确的梯形图

所以要注意，计数器的线圈一旦得电，要想使其失电，就不能像按停止按钮的方法一样，将输入继电器的常闭触点串联在线圈的前边就可以了，而是一定要用 RST 复位指令，使计数器线圈失电，重新计数。

如图 6-5 示，当按下起动按钮 SB1，辅助继电器 M0 线圈得电，形成自锁，定时器 T0 开

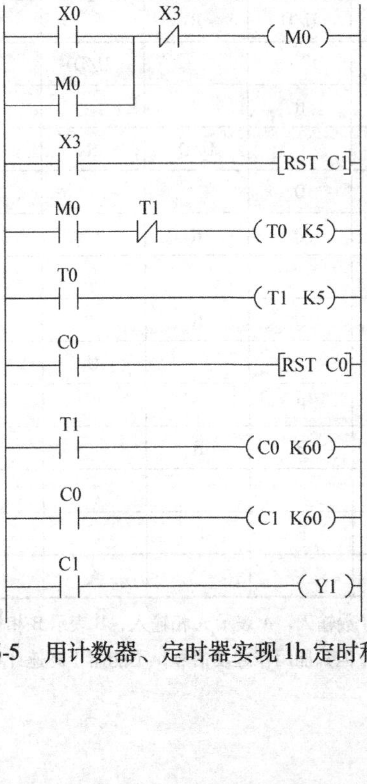

图 6-5　用计数器、定时器实现 1h 定时程序

始计时，当到达设定的时间 0.5s 时，T0 线圈得电，T0 常开触点闭合，导通另外一个定时器 T1；当定时器 T1 到达设定时间 0.5s 时，其线圈得电，T1 常闭触点断开，使定时器 T0 线圈失电，T0 常开触点恢复到常开状态，导致定时器 T1 线圈也失电，T1 的常闭触点恢复到常闭状态，T0 重新计时，所以计数器 C0，1s 得电一次，当达到 60 次时，计数器 C0 线圈得电，C0 的常开触点闭合，计数器 C1 计数一次，同时复位 C0，使得 C0 重新计数；当计数器 C1 达到设定值时，计数器 C1 线圈得电，使输出继电器 Y1 线圈得电，进而使外部小灯点亮。

三、计数器编程小技巧

设计一个声光报警器，要求当条件 X1 = ON 满足时，蜂鸣器鸣叫，同时，警报灯连续闪烁 16 次，每次亮 2s，熄灭 3s，此后，声光报警器停止。

如图 6-6 所示，触碰到 SB1 时，输入继电器 X1 线圈得电，X1 的常开触点闭合，使得输出继电器 Y1 线圈得电（Y1 表示蜂鸣器会持续报警），同时，Y1 的常开触点闭合，使输出继电器 Y2 得电，报警灯点亮，定时器 T0 开始计时，2s 后，T0 的常闭触点断开，报警灯熄灭，并且 T0 的常开触点闭合，导通另一个定时器 T1；当定时器 T1 的设定时间 3s 到达时，T1 的常闭触点断开，定时器 T0 重新计时，同时计数器 C0 计数一次，并且小灯重新点亮，开始循环；在整个过程重复 16 次后，计数器 C0 设定的次数到达，计数器 C0 被复位，并且 C0 的常闭触点断开，使输出继电器线圈失电，整个过程结束。

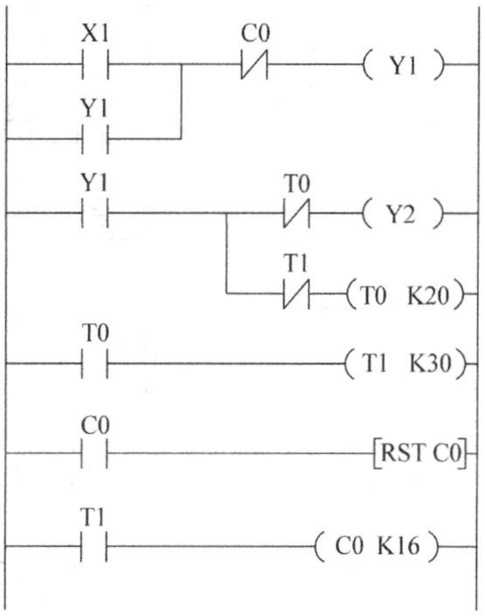

图 6-6　声光报警器程序梯形图

注意：在这个声光报警器程序中，如果“RST　C0”指令放在整个程序的结尾，则整个程序将无法停止，所以，“RST　C0”指令一定要放在计数器线圈的前面。

四、任务分析

根据任务要求设计 I/O 分配表，编写密码锁控制程序。

1. I/O 分配

密码锁控制 I/O 分配表见表 6-2。

表 6-2　密码锁控制 I/O 分配表

输　入		输　出	
元　件	输入继电器	元　件	输出继电器
1 号按键	X1	HL1	Y1
2 号按键	X2	HL2	Y2
3 号按键	X3	蜂鸣器	Y3
4 号按键	X4		
确认键	X5		
取消按键	X6		

2. 密码锁控制程序设计

密码锁控制程序如图 6-7 所示。

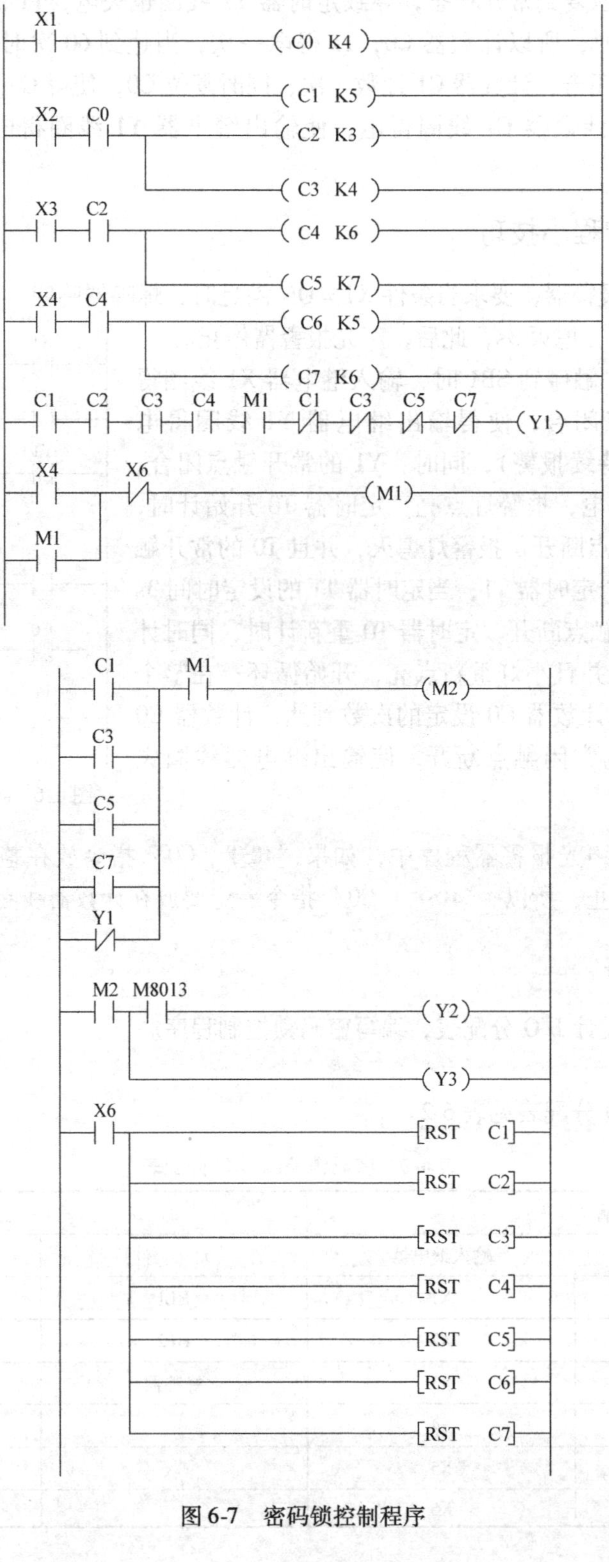

图 6-7　密码锁控制程序

学习活动三　制订工作计划

根据工作任务要求及情景描述中的相关资料制订工作前、工作中、工作后计划。

一、人员分工

1. 小组负责人：
2. 小组成员及分工

姓　名	分　工

二、工具及材料清单

序　号	工具或材料名称	单　位	数　量	备　注

三、工序及工期安排

序　号	工作内容	完成时间	备　注

学习活动四　任务实施

1. 工艺要求

1）应能满足机械生产的工艺要求，能按照工艺顺序准确而可靠地工作。

2）电路结构力求简单，尽量选用常用的且经过实际考验的电路。

3）操作调整和检修方便。

4）具有各种必要的保护装置，确保在误操作时不会发生重大事故。

5）工作稳定，安全可靠，符合使用环境条件。

2. 技术规范

1）依据 I/O 分配表，完成 PLC 外部的接线。

2）检查插头、插座的簧片有无松动、断裂、掉线等情况。

3）接地极和接地系统施工完毕后，接地电阻测试合格。

4）在控制室内搬运机柜、操作台等设备时，应预先铺胶皮地板，防止水平运输时损坏室内设施。搬运时，设备倾斜角度不得超过允许值。

5）应做好防潮、防火、防震等措施，存放条件应符合产品说明书要求。

3. 安全要求

1）运行中的电气设备，必须按操作规程操作，如分断电源时应先断开负荷开关；后断开隔离开关；接通电源时，应先合隔离开关，后合负荷开关。

2）严格遵守停送电制度，切实做好各项应急的安全措施。

3）对现场电气设备及线路不熟悉者，不得拆卸或安装电气设备和零件。

4）在靠近带电体进行电工操作时，人与带电体应保持一定的安全距离（电压在 400V 以下时距离保持在 0.3m 以上，电压为 6～10kV 时距离保持在 0.7m 以上）。

5）不可用湿手触摸开关及带电设备，禁止用湿布擦拭运行中的电气设备。

6）任何带电设备，未经验明无电时，一律视为有电，不准用手触及。

7）必须在低压配电设备上操作时，要经老师批准，并有专人监护。

4. 评分标准

以小组为单位，展示本组制订的工作计划，然后在老师点评基础上将工作计划修改完善，并根据以下评分标准进行评分。

◆ **评分表**

评价内容	分值	评分			
		自我评价	小组评价	老师评价	平均分
计划制订得是否合理、完善	20				
任务要求是否明确	20				
工具清单是否正确、完善	20				
材料清单是否正确、完整	20				
人员分工是否合理、团结协作	20				
合计					

学习活动五　总结评价

◆ **综合评价表**

评价项目	评价内容	评价标准	评价主体		
			自我	同学	老师
职业素养	安全意识 责任意识	A. 作风严谨，自觉遵守纪律，出色地完成任务 B. 能够遵守规章制度，较好地完成工作任务 C. 遵守规章制度，没完成工作任务 D. 不遵守规章制度，没完成工作任务			

（续）

评价项目	评价内容	评价标准	评价主体		
			自　我	同　学	老　师
职业素养	学习态度	A. 积极参与学习活动，全勤 B. 缺勤达到任务总学时的 10% C. 缺勤达到任务总学时的 20% D. 缺勤达到任务总学时的 30%			
	团队合作	A. 与同学协作融洽，团队合作意识强 B. 与同学能沟通，协同工作能力较强 C. 与同学能沟通，协同工作能力一般 D. 与同学沟通困难，协同工作能力较差			
专业能力	明确工作任务	A. 学习活动评价成绩为 90 ~ 100 分 B. 学习活动评价成绩为 75 ~ 89 分 C. 学习活动评价成绩为 60 ~ 74 分 D. 学习活动评价成绩为 0 ~ 59 分			
	学习相关知识	A. 学习活动评价成绩为 90 ~ 100 分 B. 学习活动评价成绩为 75 ~ 89 分 C. 学习活动评价成绩为 60 ~ 74 分 D. 学习活动评价成绩为 0 ~ 59 分			
	制订工作计划	A. 学习活动评价成绩为 90 ~ 100 分 B. 学习活动评价成绩为 75 ~ 89 分 C. 学习活动评价成绩为 60 ~ 74 分 D. 学习活动评价成绩为 0 ~ 59 分			
	任务实施	A. 学习活动评价成绩为 90 ~ 100 分 B. 学习活动评价成绩为 75 ~ 89 分 C. 学习活动评价成绩为 60 ~ 74 分 D. 学习活动评价成绩为 0 ~ 59 分			
创新能力	学习过程中提出具有创新性、可行性的建议		加分		
班级		姓名		综合评价等级	

课后思考

1. 计数器的当前值等于设定值时，其常开触点（　　　　），常闭触点（　　　　）。

2. 假设某梯形图中，定时器 T0 和计数器 C0 的工作条件均为 ON，且这两个元件的设定值均为 K10，试说明此处 K10 对 T0 和 C0 的意义是否相同？

3. FX_{2N}系列 PLC 中共有几种类型的计数器？它们各有什么特点？

任 务 七

恒压变频供水系统控制程序设计

学习目标：

1. 掌握变频器的原理并能进行参数设定。
2. 会用 PLC 控制变频器并能进行外部接线。
3. 能够应用压力传感器。
4. 能够完成压力传感器与 PLC 的外部连接。
5. 学会模拟量输入/输出扩展模块 FX_{0N}-3A 的使用。
6. 能够完成恒压供水系统 PLC 控制程序的编写。
7. 能利用 PID 控制实现恒压变频供水。

情境描述：

改革开放以来，随着人民生活水平的日趋提高及新技术和先进设备的应用，供水设计得到了快速发展。近几年，由于电子技术及计算机控制的迅速发展，变频调速装置的应用越来越广泛。变频调速装置在工业和民用供水系统中得到了应用。通过改变水泵电动机的供电频率，调节水泵的转速，采用计算机自动控制水泵的供水压力，以保证在用水量变化时，供水量随之变化，从而维持供水系统的压力不变，实现供水量与用水量的相互匹配。

学习活动一　明确工作任务

手动运行：按下按钮起动或停止水泵，可根据需要分别控制 1～3 号泵的起停。该方式主要供检修及变频器故障排除时用。自动运行：合上断路器后，1 号泵电动机通电，变频器输出频率从 0Hz 上升，同时 PID 调节程序将接收到来自压力传感器的标准信号，经运算与给定压力参数进行比较，将调节参数送给变频器，如压力不够，则频率上升到 50Hz，1 号泵由变频切换为工频，对 2 号泵进行变频，变频器逐渐上升频率至给定值，加泵时依次类推；如用水量减小，从先起动的泵开始减，同时根据 PID 调节器给的调节参数使系统平稳运行。若有电源瞬时停电的情况，则系统停机，待电源恢复正常后，系统自动恢复运行，然后按自动运行方式起动 1 号泵变频，直至在给定水压值上稳定运行。变频自动功能是该系统最基本的功能，系统自动完成对多台泵软起动、停止、循环变频的全部操作过程。

学习活动二 学习相关知识

◆ 引导问题：

1. 变频器有什么功能？为什么要用变频器控制电动机？
2. 变频器在初次使用时，应该调节哪些内部参数？它们的功能分别有哪些？
3. 变频器的电源与控制电动机的接线是怎样接的？
4. 用变频器自身控制电动机转速和 PLC 控制电动机转速的区别在哪里？
5. 要想实现 PLC 控制变频器，PLC 和变频器之间如何接线？
6. 变频器有哪几种操作模式？如果用 PLC 来控制变频器，应该用哪种操作模式？
7. 什么是 PID 控制？PID 控制在此任务中有什么样的作用？
8. 压力传感器的原理是什么？压力传感器有哪些种类？

◆ 咨询资料：

一、变频器

交流变频器是微型计算机及现代电力电子技术高度发展的结果。微型计算机是变频器的核心，电力电子元器件构成了变频器的主电路。众所周知，从发电厂送出的交流电的频率是恒定不变的，在我国是 50Hz，而交流电动机的同步转速 $n=60f(1-s)/p$（f 为供电频率，p 为电动机极对数，s 为电动机转差率）。

改变电源频率即进行变频调速，可实现无级调速，转速可低于同步转速，也可高于同步转速。变频调速是当今异步电动机调速的主要发展趋势和应用形式。

变频调速所使用的设备就是变频器。变频器是一种利用电力半导体器件的通断作用，将工频交流电变换成频率、电压连续可调的交流电的电能控制装置。

如图 7-1 所示，变频器的输入端（R、S、T）接至频率固定的三相交流电源，输出端（U、V、W）输出的是频率在一定范围内连续可调的三相交流电，接至电动机。

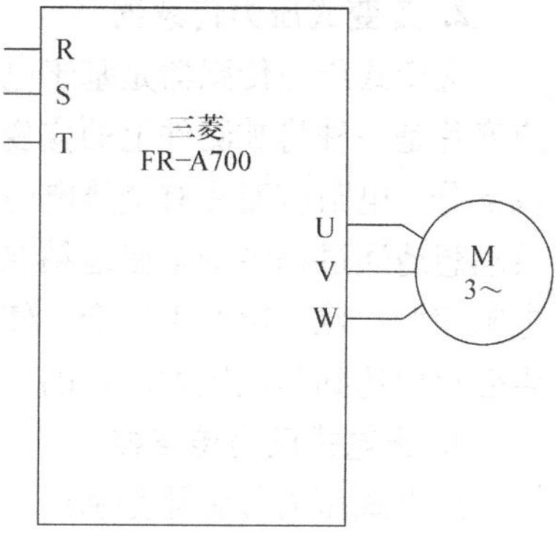

图 7-1 变频器的输入/输出接线图

PU 操作（即面板操作）就是利用变频器面板直接输入运行频率和起动信号。外部操作就是用变频器控制端子上的外部接线进而控制电动机起停和运行频率的一种方法。

PLC 与变频器的三种连接方法：

1. 利用 PLC 的模拟量输出模块控制变频器

PLC 的模拟量输出模块输出 0～5V 电压或 4～20mA 电流，将其送给变频器的模拟电压或电流输入端，控制变频器的输出频率。这种控制方式的硬件接线简单，但是 PLC 的模拟量输出模块价格相当高，有的用户难以接受。

2. PLC 通过 485 通信接口控制变频器

这种控制方式的硬件接线简单，但需要增加通信用的接口模块，这种模块的价格可能较高，熟悉通信模块的使用方法和设计通信程序可能要花较多的时间。

3. 利用 PLC 的开关量输入/输出模块控制变频器

PLC 的开关量输入/输出端一般可以与变频器的开关量输出/输入端直接相连。这种控制方式的接线很简单，抗干扰能力强，用 PLC 的开关量输出模块可以控制变频器的正反转、转速和加减速时间，能实现较复杂的控制要求。虽然只能有级调速，但是对于大多数系统来说，这已足够了。

二、压力传感器

压力传感器是使用最广泛的一种传感器，在工业自动化控制的各个领域，以及水利水电、铁路交通、航空航天、机械电力、船舶航运、医疗器械等众多行业得到了广泛应用。

1. 压力检测方法

压力检测的方法主要有以下 4 种：

1）基于弹性元件受力变形原理，利用机械结构将变形量放大的弹性式压力传感器。根据这个原理制成的压力表有弹簧管式、膜片式、博文管式压力计等。其输出信号一般为位移、转角或力，结构简单，测压范围广，大多用于直接显示或生产过程低压的测控。

2）以液体静力学原理为基础制成的液压式压力传感器。其典型产品有 U 形管压力计、自动液柱式压力计等，多用于检测基准仪器，工业上应用很少。

3）以静力学平衡原理为基础制成的压力传感器。其原理是将被测压力变换成一个集中力，用外力与之平衡，通过测量平衡时的外力来得到平衡压力。其精度较高，但结构复杂。

4）基于在压力下某些材料的物理特性发生变化的原理制成的传感器。它可以把被测压力转换成电阻、电感、电容、频率的变化，经过变送后可输出电流、电压等电量，如电气式、振频式、霍尔式传感器等，这也是模拟量控制用得最多的压力传感器。

2. 应变式压力传感器

应变式压力传感器是基于电阻应变片原理制成的应用比较广泛的一种压力传感器。电阻应变片是一种将被测件上的应变变化转换成电信号的敏感元件。它是应变式传感器的主要组成部分。电阻应变片有金属电阻应变片和半导体电阻应变片两种。使用时电阻应变片可以比较理想地通过黏结剂紧密地粘在被测试元器件的各个部分。当被测元器件发生应力变化时，电阻应变片也一起产生形变，使电阻应变片的电阻值发生变化，从而使加在电阻上的电压发生变化而达到测试压力的目的。

3. 压电式压力传感器

压电式压力传感器是利用某些压电材料的压电效应制成的，被广泛应用在压力、加速度等物理量的检测中。

压电效应是指某些物质（如石英、钛酸铝等）在特定条件下受到外力作用时，不仅几何尺寸发生变化，而且内部会产生极化现象，同时在相应的两表面上产生正、负两种电荷而形成电场，当外力去掉时，又会重新恢复到原来不带电的状态。

压电式压力传感器不能用于静态测量，因为经过外力作用的电荷，只有在回路具有无限大的阻抗时才能保存，而这是做不到的，这就决定了压电式压力传感器只能测量动态应力。

压电式压力传感器在军事工业、生物医学测量及机械工业等方面应用非常广泛。

4. 压阻式压力传感器

压阻式压力传感器是用集成电路技术，在硅片上制造出 4 个等值的薄膜电阻，并组成电桥电路。当不受压力时，电桥处于平衡状态，无电压输出；当受到压力作用时，电桥失去平衡，有电压输出。这种薄膜电阻在受压时，其电阻值会发生改变，即所谓的压阻效应。

压力传感器品种繁多，除了上面介绍的三种常用压力传感器外，还有电感式压力传感器、电容式压力传感器、谐振式压力传感器、陶瓷压力传感器、扩散硅压力传感器、蓝宝石压力传感器、霍尔式压力传感器等。

压力传感器在智能系统中是非常重要的部分，它将检测到的控制量反馈给系统，实现自动控制。恒压变频供水控制系统所用的是水压检测，因此选用压力传感器，通过安装在出水管网上的压力传感器，把出口压力信号变成在 4 ~ 20mA 间变化的电流信号或在 0 ~ 10V 间变化的电压信号的标准信号，送入 PLC 的端口进行 PID 调节，经运算与给定压力参数进行比较，得出一个调节参数，送给变频器，由变频器控制水泵的转速，调节系统供水量，使供水系统管网中的压力保持在给定压力上；当用水量超过一台泵的供水量时，通过 PLC 控制切换器进行加减泵，根据用水量的大小由 PLC 控制工作泵数量的增减及变频器对水泵的调速，实现恒压供水。当供水负载变化时，输入电动机的电压和频率也随之变化，这样就构成了以设定压力为基准的闭环控制系统。此外，该系统还设有多种保护功能，尤其是硬件/软件备用水泵功能，充分保证了水泵的及时维修和系统的正常供水。该系统供水系统输出压力一般小于或等于 0.6MPa，选用 YTZ—150 型带电接点式的压力传感器，其水压检测范围为 0 ~ 1MPa，检测精度为 0.01MPa。该传感器将 0 ~ 1MPa 范围内的压力对应转换成 0 ~ 10V 的电信号。该传感器还具有体积小、重量轻、结构简单、工作可靠的特点。

三、水泵

水泵的调速运行是指水泵在运行中根据运行环境的需要，人为地改变运行工作状况点（简称工况点）的位置，使流量、扬程、轴功率等运行参数适应新的工作状况的需要。水泵的工况点是由水泵的性能曲线和管网的特性曲线的交点确定的。因此，只要这两条曲线之一的形状或位置有了改变，工况点的位置也就随之改变。所以，水泵的调节从原理上讲是通过改变水泵的性能曲线或管网特性曲线或两者同时改变来实现的。水泵的调节方式与节能的关系非常密切，过去普遍采用改变阀门或挡板开度的节流调节方式，即改变装置管网的特性曲线进行调节。这种调节方式虽然简便易行，但是往往造成很大的能量损失。大量的统计调查表明，一些在运行中需要进行调节的水泵，其能量浪费的主要原因往往是采用不合适的调节方式。因此，研究并改进它们的调节方式，是节能最有效的途径和关键所在。水泵的调节方式可分为恒速调节与变速调节两种。

水泵的选定：在小区供水时日常主供机组有三台，其中备用电动机有一台，可以采用的变频方式有一拖二（即一台变频器带两台电动机）、一拖三、一拖四三种方式。从经济角度考虑，拖的电动机越多，变频器和控制系统就会越复杂，成本也会较高一些。从我国目前成熟的变频器上考虑，采用一拖三的低压变频器成本较低，技术也较成熟。因此，如果能满足日常供水要求，采用一拖三的方式更适宜于日常水厂。在变频电动机的选择上，考虑日常水厂作为全城的辅助水厂，在每天夜间会停机并在起动电动机后会有较长时间采用较小流量补水，这时采用小功率电动机变频，电动机功率相对会低一些。因此，从经济与实用角度，采用变频一拖三，即带一台 Y315/160kW 电动机和两台 Y280S/75kW 电动机，其中备用电动机既可以满足最大供水量要求，也可以解决小流量时电耗问题，是比较适宜的变频机泵的选择方案。

四、模拟量输入/输出扩展模块 FX_{0N}-3A

FX_{0N}-3A 有 2 个模拟输入通道和 1 个模拟输出通道。

2 个模拟输入通道用数字 1、2 区分，可以通过接线方式选择模拟电压输入或模拟电流输入，但不能将一个通道作为模拟电压输入而将另一个通道作为模拟电流输入，因为这两个通道使用相同的偏置和增益值。当使用电压输入时，输入信号连接 VIN 端子；当使用电流输入时，输入信号连接 IIN 端子，同时应确保 VIN 和 IIN 端子短路。

模拟输出通道用以将 8 位二进制数字值转换为模拟量输出，根据接线方式可以在电压输出或电流输出中选择一种。当使用电压输出时，输出信号连接 VOUT 端子；当使用电流输出时，输出信号连接 IOUT 端子。注意，不要短路 VOUT 端子和 IOUT 端子。

当电压输入/输出存在波动或有大量噪声时，在电压与 COM 端子间连接一个 25V、0.1～0.47μF 的电容，而电流输入/输出具有较高的抗干扰能力。

FX_{0N}-3A 输入性能规格见表 7-1。

表 7-1　FX_{0N}-3A 输入性能规格

项　目	电 压 输 入	电 流 输 入
模拟输入范围	出厂时，已为 0～10V 直流电压输入选择了 0～250V 范围 如果用于电流输入或 DC0～10V 之外的电压输入，则需要重新调整偏置和增益 模块不允许两个输入通道有不同的输入特性	
	0～10V、0～5V，电阻 200kΩ 警告：输入电压超过 -0.5～15V 就可能损坏该模块	4～20mA，电阻 250Ω 警告：输入电流超过 -2～60mA 就可能损坏该模块
数字分辨率	8 位	8 位
最小输入信号分辨率	40mV：0～10V/0～250V（出厂时） 依据输入特性改变而改变	64μA：4～20mA/0～250V 依据输入特性改变而改变
总精度	±0.1V	±0.16mA
处理时间	TO 指令处理时间 ×2 + FROM 指令处理时间	

五、缓冲存储器（BFM）

FX_{0N}-3A 内部共有 32 个缓冲存储器（BFM），每个 BFM 均为 16 位，其高 8 位全部保留。FX_{0N}-3A 缓冲存储器的分配见表 7-2。

表 7-2　FX_{0N}-3A 缓冲存储器的分配

BFM	b15～b8	b7	b6	b5	b4	b3	b2	b1	b0
0	保留	存储 A/D 通道的当前值输入数据（8 位、0～255）							
16	保留	存储 D/A 通道的当前值输出数据（8 位、0～255）							
17	保留	保留					D/A 启动	A/D 启动	A/D 通道
1～5、18～31	保留	保留							

对缓冲存储器的说明如下：

1）BFM0 的低 8 位（b7 ~ b0）存储 A/D 通道输入数据的当前值。

2）BFM16 的低 8 位（b7 ~ b0）存储 D/A 通道输出数据的当前值。

3）BFM17 的低 3 位

① b0 = 0，选择模拟输入通道 1；b0 = 1，选择模拟输入通道 2。

② b1 = 1，启动 A/D 转换处理。

③ b1 = 2，启动 D/A 转换处理。

六、特殊模块读取、写入指令

PLC 基本单元和 FX_{0N}-3A 所有数据和参数设置都是通过 PLC 的特殊模块读/写指令 FROM/TO 完成的。特殊模块读取指令 FROM 的助记符、操作数见表 7-3。

表 7-3　特殊模块读取指令 FROM 的助记符、操作数

特殊模块读取指令		操作数			
D	FNC78 FROM	m1	m2	D	n
P				KnX、KnY、KnM、KnS、T、C、D、V、Z	

特殊模块读取指令的说明如下：

1）FROM 指令执行时，读取 m1 指定的模块号中第 m2 个 BFM 开始连续的 *n* 个数据到目标操作数 D 指定开始地址连续的 *n* 个字中。

2）m1：0 ~ 7 特殊模块编号。m2：0 ~ 32767 BFM 号。*n*：1 ~ 32767 传送点数。

特殊模块写入指令 TO 的助记符、操作数见表 7-4。

表 7-4　特殊模块写入指令 TO 的助记符、操作数

特殊模块读取指令		操作数			
D	FNC79 TO	m1	m2	S	n
P				K、H、KnX、KnY、KnM、KnS、T、C、D、V、Z	

特殊模块写入指令的说明如下：

1）TO 指令执行时，源操作数 S 指定开始连续地址 *n* 个字数据到 m1 指定的模块号中第 m2 个 BFM 开始连续的 *n* 个字中。

2）m1：0 ~ 7 特殊模块编号。m2：0 ~ 32767 BFM 号。*n*：1 ~ 32767 传送点数。

七、模拟量 PID 控制

PID 控制就是把模拟量控制的设定值与反馈值进行偏差计算后送入 PID 控制器中进行 PID 运算，运算后的结果输出到执行器，最终调节电动机转速，从而调节被控量。

PID 控制器常用的控制方式有 PI 控制、PD 控制和 PID 控制。

PID 控制就是比例运算（P）、积分控制（I）和微分控制（D）3 个运算的总和。

变频器 PID 参数设定如下：

Pr. 128：PID 动作选择。

Pr. 129：PID 比例常数。

Pr. 130：PID 积分时间。

Pr. 131：上限。

Pr. 132：下限。

Pr. 133：PU 操作时的 PID 目标设定值。

Pr. 134：PID 微分时间。

PID 调节时，由电压输入信号（±5V 或 ±10V）或 Pr. 133 的设定值作为被控量的设定点，用 4~20mA 电流输入信号作为反馈组成 PID 控制的闭环控制系统。

八、PLC 控制变频器实现电动机的正反转

1. 变频器控制电动机正反转的方法

利用普通的电网电源运行的交流拖动系统，为了实现电动机的正反转切换，必须利用接触器等装置对电源进行换相切换。利用变频器进行调速控制时，只需改变变频器内部逆变电路换流器件的开关顺序，即可达到对输出进行换相的目的。这样很容易实现电动机的正反转切换，而不需要专门的正反转切换装置。

2. 控制电路

PLC 与变频器控制电动机正反转的控制电路和程序梯形图如图 7-2 和图 7-3 所示。按下 SB1，输入继电器 X0 得到信号并动作，输出继电器 Y0 动作并保持，接触器 KM 动作，变频器接通电源。Y0 动作后，Y1 动作，指示灯 HL1 亮。将 SA2 旋至“正转”位，X2 得到信号并动作，输出继电器 Y10 动作，变频器的 STF 接通，电动机正转起动并运行。同时，Y2 也动作，正转指示灯 HL2 亮。将 SA2 旋至“反转”位，X3 得到信号并动作，输出继电器 Y11 动作，变频器的 STR 接通，电动机反转起动并运行。同时，Y3 也动作，反转指示灯 HL3 亮。

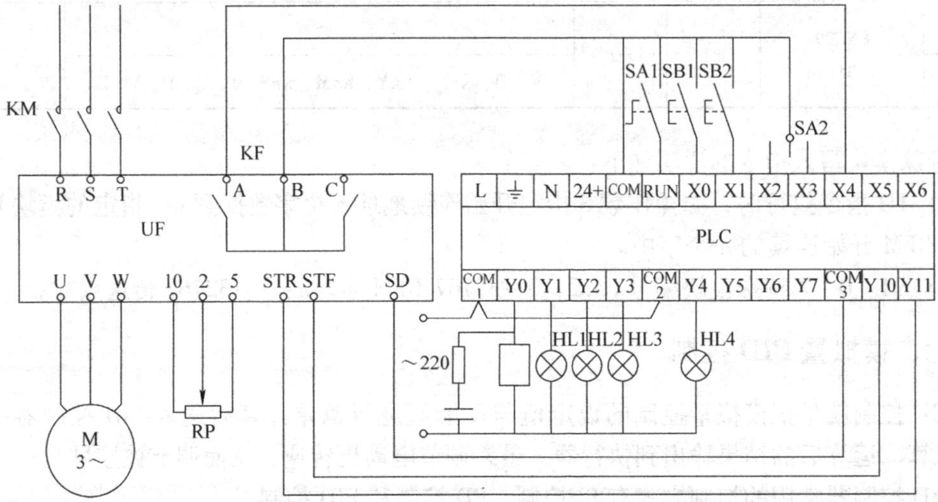

图 7-2　PLC 与变频器控制电动机正反转电路

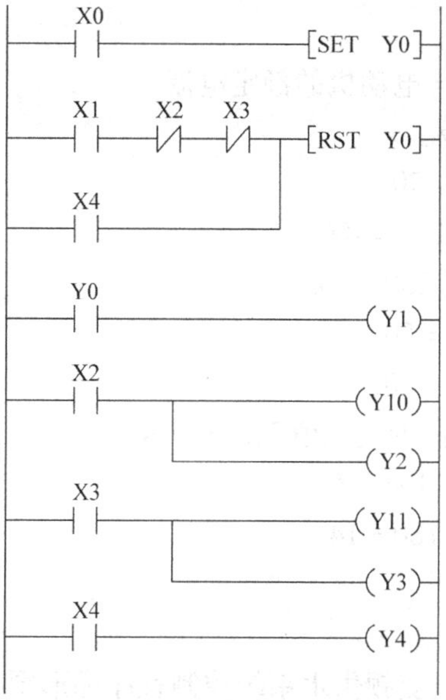

图 7-3 程序梯形图

当电动机正转或反转时，X2 或 X3 的常闭触点断开，使 SB2（即 X1）不起作用，从而防止变频器在电动机运行的情况下切断电源。将 SA2 旋至中间位置时，电动机停转，X2、X3 的常闭触点均闭合。如果再按下 SB2，则 X1 得到信号，使 Y0 复位，KM 断电并且复位，变频器脱离电源，电动机运行时，如果变频器以为发生故障而跳闸，则 X4 得到信号，一方面使 Y0 复位，变频器切断电源，同时，Y4 动作，指示灯 HL4 亮。

3. 参数设置

参数设置值见表 7-5。

表 7-5 参数设置值

参数名称	参数号	参考值
上升时间	Pr. 7	4s
下降时间	Pr. 8	3s
上限频率	Pr. 1	50Hz
下限频率	Pr. 2	0Hz
运行模式	Pr. 79	0

4. 使用变频器控制电动机的优点

1）操作方便。

2）不需要停机操作，电流小。

九、任务分析

1. 设置变频器参数

1）上限频率 Pr. 1 = 50Hz。

2）下限频率 Pr. 2 = 30Hz。

3）基准频率 Pr. 3 = 50Hz。

4）加速时间 Pr. 7 = 3s。

5）减速时间 Pr. 8 = 3s。

6）电子过电流保护 Pr. 9 = 电动机的额定电流。

7）起动频率 Pr. 13 = 10Hz。

8）选择 PID 控制 Pr. 128 = 20。

9）PID 比例范围常数 Pr. 129 = 100。

10）PID 积分时间常数 Pr. 130 = 10。

11）PID 功能上限 Pr. 131 = 50。

12）PID 功能下限 Pr. 132 = 30。

13）用 PU 设定的 PID 控制的设定值 Pr. 133 = 40。

14）PID 微分时间常数 Pr. 134 = 3。

15）RL 端子功能选择 Pr. 180 = 14。

16）操作模式 Pr. 79 = 2。

2. 梯形图设计

I/O 分配表见表 7-6。恒压变频供水系统控制程序梯形图如图 7-4 所示。

表 7-6 I/O 分配表

输入			输出		
序号	名称	输入点	序号	名称	输入点
0	起动	X0	0	电源继电器	Y0
1	停止	X1	1	工作指示灯	Y1
2	正转	X2	2	正转指示灯	Y2
3	反转	X3	3	反转指示灯	Y3
4	急停	X4	4	故障灯	Y4
			5	变频器 STF	Y10
			6	变频器 STR	Y11

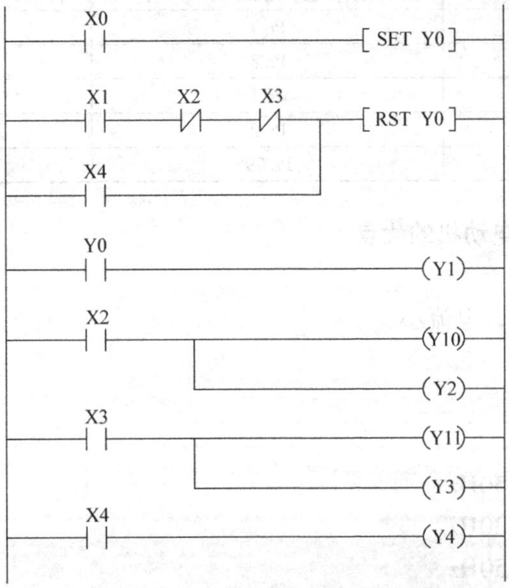

图 7-4 恒压变频供水系统控制程序梯形图

学习活动三　制订工作计划

根据工作任务要求及情景描述中的相关资料制订工作前、工作中、工作后计划。

一、人员分工

1. 小组负责人：
2. 小组成员及分工

姓　名	分　工

二、工具及材料清单

序　号	工具或材料名称	单　位	数　量	备　注

三、工序及工期安排

序　号	工作内容	完成时间	备　注

学习活动四　任 务 实 施

1. 工艺要求

1）应能满足机械生产的工艺要求，能按照工艺顺序准确而可靠地工作。

2）电路结构力求简单，尽量选用常用的且经过实际考验的电路。

3）操作调整和检修方便。

4）具有各种必要的保护装置，确保在误操作时不会发生重大事故。

5）工作稳定，安全可靠，符合使用环境条件。

2. 技术规范

1）依据I/O分配表，完成PLC外部的接线。

2）检查插头、插座的簧片有无松动、断裂、掉线等情况。

3）接地极和接地系统施工完毕，接地电阻测试合格。

4）在控制室内搬运机柜、操作台等设备时，应预先铺胶皮地板，防止水平运输时损坏室内设施。搬运时，设备倾斜角度不得超过允许值。

5）应做好防潮、防火、防震等措施，存放条件应符合产品说明书要求。

3. 安全要求

1）运行中的电气设备，必须按操作规程操作，如分断电源时应先断开负荷开关；后断开隔离开关；接通电源时，应先合隔离开关，后合负荷开关。

2）严格遵守停送电制度，切实做好各项应急的安全措施。

3）对现场电气设备及线路不熟悉者，不得拆卸或安装电气设备和零件。

4）在靠近带电体进行电工操作时，人与带电体应保持一定的安全距离（当电压为400V 以下时安全距离在 0.3m 以上，当电压为 6～10kV 时安全距离在 0.7m 以上）。

5）不可用湿手触摸开关及带电设备，禁止用湿布擦拭运行中的电气设备。

6）任何带电设备，未经验明无电时，一律视为有电，不准用手触及。

7）必须在低压配电设备上操作时，要经老师批准，并有专人监护。

4. 评分标准

以小组为单位，展示本组制订的工作计划，然后在老师点评基础上将工作计划修改完善，并根据以下评分标准进行评分。

◆ 评分表

评价内容	分值	评分			
		自我评价	小组评价	老师评价	平均分
计划制订得是否合理、完善	20				
任务要求是否明确	20				
工具清单是否正确、完善	20				
材料清单是否正确、完整	20				
人员分工是否合理、团结协作	20				
合计					

学习活动五　总结评价

◆ 综合评价表

评价项目	评价内容	评价标准	评价主体		
			自我	同学	老师
职业素养	安全意识 责任意识	A. 作风严谨，自觉遵守纪律，出色地完成任务 B. 能够遵守规章制度，较好地完成工作任务 C. 遵守规章制度，没完成工作任务 D. 不遵守规章制度，没完成工作任务			

（续）

评价项目	评价内容	评价标准	评价主体		
			自 我	同 学	老 师
职业素养	学习态度	A. 积极参与学习活动，全勤 B. 缺勤达到任务总学时的 10% C. 缺勤达到任务总学时的 20% D. 缺勤达到任务总学时的 30%			
	团队合作	A. 与同学协作融洽，团队合作意识强 B. 与同学能沟通，协同工作能力较强 C. 与同学能沟通，协同工作能力一般 D. 与同学沟通困难，协同工作能力较差			
专业能力	明确工作任务	A. 学习活动评价成绩为 90 ~ 100 分 B. 学习活动评价成绩为 75 ~ 89 分 C. 学习活动评价成绩为 60 ~ 74 分 D. 学习活动评价成绩为 0 ~ 59 分			
	学习相关知识	A. 学习活动评价成绩为 90 ~ 100 分 B. 学习活动评价成绩为 75 ~ 89 分 C. 学习活动评价成绩为 60 ~ 74 分 D. 学习活动评价成绩为 0 ~ 59 分			
专业能力	制订工作计划	A. 学习活动评价成绩为 90 ~ 100 分 B. 学习活动评价成绩为 75 ~ 89 分 C. 学习活动评价成绩为 60 ~ 74 分 D. 学习活动评价成绩为 0 ~ 59 分			
	任务实施	A. 学习活动评价成绩为 90 ~ 100 分 B. 学习活动评价成绩为 75 ~ 89 分 C. 学习活动评价成绩为 60 ~ 74 分 D. 学习活动评价成绩为 0 ~ 59 分			
创新能力	学习过程中提出具有创新性、可行性的建议		加分		
班级		姓名		综合评价等级	

课后思考

1. 三菱变频器实现多段控制时 Pr. 5 对应的外部端子的状态为（　　　　）。
2. 三菱变频器在实现多段控制时 Pr. 79 可以设置为（　　　　）。
3. 多段速度应比主速度（　　　　）。

任 务 八

液位检测系统控制程序设计

学习目标：

1. 能在程序中应用定时器。
2. 能在编程中灵活应用计数器。
3. 能够在程序中应用辅助继电器。
4. 掌握变频器与 PLC 之间的接线方法。
5. 能够利用 PLC 对变频器进行控制。
6. 能够根据控制要求利用各种传感器。

情境描述：

随着数字技术的发展，全自动洗衣机已得到了普遍应用。现在工业用的全自动洗衣机由于其特殊性，也越来越多地采用 PLC、变频器和触摸屏控制。

波轮式全自动洗衣机的洗衣桶（外桶）和脱水桶（内桶）是以同一中心安装的。外桶固定，用于盛水；内桶可以旋转，用于脱水（甩干）。内桶的四周有许多小孔，使内、外桶水流相通。洗衣机的进水和排水分别由进水电磁阀和排水电磁阀控制。进水时，控制系统使进水阀打开，将水注入外桶；排水时，使排水电磁阀打开，将水由外桶排到机外。洗涤和脱水的动力由同一台电动机提供。电动机带动波轮正反转，进行洗涤；电动机带动内桶单向旋转，进行甩干。水位高低分别由高低水位开关进行检测。起动按钮用来起动洗衣机工作，停止按钮用来紧急停止洗衣机工作。

学习活动一　明确工作任务

利用 PLC 实现全自动洗衣机的控制。洗衣机起动时，首先进水，选择洗涤模式（布料、毛线、丝绸、快速洗）。布料模式为：正转 30s，反转 30s，洗涤时间为 20min，电动机转动频率为 50Hz。毛线模式为：正转 20s，反转 20s，洗涤时间为 25min，电动机转动频率为 30Hz；丝绸模式为：正转 10s，反转 10s，洗涤时间为 15min，电动机转动频率为 20Hz；快速洗模式：正转 15s，反转 15s，洗涤时间为 10min，电动机转动频率为 40Hz。到高水位时停止进水，按照选择的模式开始洗涤。洗涤结束后开始排水，当水位下降到低水位时，进行脱水（同时排水），脱水时间为10s，然后重新注水，到高水位时停止注水，开始漂洗（正转15s，反转15s，漂洗时间为5min，电动机转动频率为50Hz），漂洗结束，开始排水，当水位下降到低水位时进行甩干（内桶正转50s，电动机转动频率为120Hz），同时排水。甩干时间为30s。

学习活动二　学习相关知识

◆ 引导问题：

1. 根据控制要求会用到哪些输入和输出元器件？它们分别是什么？用途是什么？请列出I/O分配表。

2. 请根据你对控制要求的理解，画出洗衣机的构造图，标明各种元器件的安装位置并说明为什么。

3. 请根据你对洗衣机动作过程的了解，说明洗衣机是如何完成洗涤的。

4. 请根据你对洗衣机动作过程的了解，说明洗衣机是如何完成脱水的。

5. 请根据你对洗衣机动作过程的了解，说明洗衣机是如何完成漂洗的。

6. 请根据你对洗衣机动作过程的了解，说明洗衣机是如何完成甩干的。

7. 怎样对已编辑完毕的梯形图程序在软件中进行程序监控？

8. 怎样将已编辑完毕的程序快速写入PLC？

◆ 咨询资料：

一、液位开关

液位控制器是指通过机械式或电子式的方法来进行高低液位的控制，可以控制电磁阀、水泵等，从而实现半自动化或者全自动化。液位控制的方法有多种，可根据不同的产品进行选择。

1）通过电子式液位开关（BZ2401或BZ0501）和搭配的水位控制器（BZ201、BZ202）来实现液位控制自动化。电子式液位开关的原理是，通过电子探头对液位进行检测，再由液位检测专用芯片对检测到的信号进行处理，当被测液体到达动作点时，芯片输出高或低电平信号，再配合水位控制器，从而实现对液位的控制。这种方式不需浮球和干簧管，外部无机械动作，耐污耐用，不怕漂浮物影响，可任意角度安装，竖向安装时有一定的防波浪功能，适宜长时间浸在水中，工作电压是直流5～24V，很安全。这种方式较实用，寿命长，安全，价格实惠。

2）通过浮球开关来控制液位。一种是带着大金属球的浮球开关，浸在液体中时浮力大，可以控制两个液位，比如液体满了，浮球因为浮力而上升，带动球阀运动，使阀门关闭，停止进水，当液位下降时，浮球下降，阀门打开，再次进水，如此循环。这种方式较多地应用在开水器上。另一种是带干簧管的微型浮球开关，外面的带有磁性小浮球使杆里面的干簧管闭合，从而控制液位，多数应用于清水的液位控制，价格低，但易受污物影响。还有一种是电缆式浮球开关，该装置通过一弹性电线与水泵连接，可用于水塔、水池各种浮球开关水位的自动控制和缺水保护，允许接的用电器是220V，10A左右，平衡锤或弹性电线的某一固定点到浮筒间的电线长度决定了水位的高低。这种水位开关应用广泛，价格便宜，适用于一些要求不太严格的场合。但其存在以下问题：由于有一定耐污能力，浮球易受外界杂物影响导致其稳定性降低，特别是被纤维状的杂物缠绕时会有失误，同一小水箱里不宜使用多个，否则会相互缠绕，导致使用寿命缩短，而且多数直接接220V电压，存在一定的安全隐患，如果电线破损则会漏电电人。所以电缆式浮球开关一般带有这样的警告：“电源线是本装置的完整部分，一经发现电线受损，本装置应被替换，不准对电线进行修理。”

3）液位继电器。液位继电器采用集成电路，并结合高层楼宇上、下集液池的液位分级提升进行设计，具有上下集液池联合控制、排水及缺水保护等功能，可实现水箱补水、排水，并有效防止水池水位过高溢出或溢出空转损坏。其价格便宜，效果一般，但是水垢厚了就不太可靠了。

4）通过非接触式的液位开关来控制，如超声波液位控制器。超声波液位控制器的探头产生高频超声波脉冲耦合到容器外壁，这个脉冲会在容器壁和液体中传播，还会被容器内表面反射回来，通过对这种反射特性的检测和计算，就可以判断出液位是否达到了液位控制器安装的位置。液位控制器输出继电器信号，完成对液位的监控。超声波液位控制器主要用于监测储液罐液位，实现上下限报警或监测管道中是否有液体存在，储液罐材质可以是各类金属或不发泡塑料。这种方式不受介质密度、介电常数、导电性、反射系数、压力、温度、沉淀等因素的影响，所以适用于医药、石油、化工、电力、食品等行业的各类液体液位工程控制。对于有毒的或强腐蚀性危险液体的检测，超声波液位控制器更是理想的选择。超声波液位控制器属于高档产品，价格不菲。

5）液位控制器的主要特点与功能：外形小巧紧凑，适合柜内导轨安装，就地进行液位控制或报警；另一突出特点为可以检测调节阀的工作状态，如关闭严不严（有无泄漏）。

用于给排水控制的双电极液位控制器：

① 进液控制：液位低于下限时，继电器吸合，红色警告灯亮；液位高于上限时，继电器断开，红色警告灯灭。

② 排液控制。液位高于上限时，继电器吸合，红色警告灯亮；液位低于下限时，继电器断开，红色警告灯灭。

液位控制器继电器单元的技术参数：供电电压为AC220V，继电器输出容量为AC220V/1A，DC24V/1A，环境温度为$-20\sim70℃$，环境湿度小于或等于85%RH，安装方式为DIN EN 50022-35轨道，仪表尺寸为$90mm\times25mm\times113mm$，电极单元的探头材质为不锈钢，接液温度为$-20\sim100℃$，连接方式为G1½″螺纹连接，测量介质为电导率高于20μS/cm的液体。

全自动洗衣机中采用的液位开关一般为压力式水位开关。它装在洗涤桶的上部，由一根下端开口的气管通到桶底，进水时管里的空气被封闭在里面出不来，就形成了比外界稍高的压力。水位越高，压力越高，这样根据压力就可间接测知水位。而压力的测量仍然用弹性元件，靠元件的变形带动触点完成通断动作。这种测液位的方法叫做静压法，在工业中用得不少。

在水处理中，液位控制往往关系到整个工艺的安全性、经济性和可行性。在一个水处理的工艺流程中，一般都有原水箱、中间水箱、产水箱、反洗水箱甚至废液箱等，体积有大有小，一般情况下，产水箱、原水箱等都会比较大，尤其在大型生产线上，水箱中往往需要使用多个液位开关控制多个液位。每个液位对应不同的动作，常见的有泵的起停、产水的起停等。有些水箱虽然很大，但是并不一定需要多个液位开关。

二、电磁阀

电磁阀的工作原理：电磁阀里有密闭的腔，在其不同位置开有通孔，每个孔都通向不同的油管，腔中间是阀，两面是两块电磁铁，哪面的电磁铁线圈通电，阀体就会被吸引到哪边，通过控制阀体的移动来挡住或漏出不同的排油孔，而进油孔是常开的，液压油就会进入不同的排油管，然后通过油的压力来推动液压缸的活塞，活塞又带动活塞杆，活塞杆带动机械装置动。这样通过控制电磁铁的电流就控制了机械运动。

（1）分类　电磁阀从原理上分为三大类（即直动式、分步直动式、先导式），而根据阀瓣结构和材料的不同与工作原理的区别又分为六个分支（直动膜片结构、分步重片结构、先导膜式结构、直动活塞结构、分步直动活塞结构、先导活塞结构），按照气路数分为2位2通、2位3通、2位4通、2位5通。

电磁阀分为单电控和双电控，指的是电磁线圈的个数，单线圈的称为单电控，双线圈的称为双电控。2位2通、2位3通的一般是单电控（单线圈），2位4通、2位5通的既可以是单电控（单线圈），也可以是双电控（双线圈）。

1）按被控制管路内的介质及使用工况的不同可将电磁阀分为液用电磁阀、气用电磁阀、蒸汽电磁阀、燃气电磁阀、油用电磁阀、消防专用电磁阀、制冷电磁阀、防腐电磁阀、高温电磁阀、高压电磁阀、无压差电磁阀、超低温电磁阀（深冷电磁阀）、真空电磁阀等。

2）按电磁阀内部结构的不同可分为先导式、直动式、复合式、反冲式、自保持式、脉冲式、双稳态、双向型等。

3）按电磁阀使用材质的不同可分为铸铁体（灰铸铁、球墨铸铁）、铜体（铸铜、锻铜）、铸钢体、全不锈钢体、非金属材料（ABS、聚四氟乙烯）。

4）按管道中介质的压力不同可分为真空型（$-0.1\sim0$MPa）、低压型（$0\sim0.8$MPa）、中压型（$1.0\sim2.5$MPa）、高压型（$4.0\sim6.4$MPa）、超高压型（$10\sim21$MPa）

5）按介质温度的不同可分为常温型、中温型、高温型、超高温型、低温型、超低温型。

6）按工作电压的不同分为交流电压（AC 220V、380V、110V、24V）、直流电压（DC 24V、12V、6V、220V），一般常用电压为AC 220V，DC 24V。推荐用户尽量选用常用电压，特殊电压供货周期较长。

7）按电磁阀的防护等级可分为防爆型、防水型、户外型等。

（2）电磁阀的特点

1）特制线圈，长期使用，不易烧毁。

2）常规产品水、气、油通用，密封性能好，可做到1min不产生一个气泡。

3）电磁阀阀芯均为不锈钢材料、活塞式结构，耐腐蚀、老化，动作疲劳性强。

4）活塞环设计结构更具有合理性，不会被介质中的杂质卡死，金属活塞与金属阀腔不产生直接摩擦，长期停止动作后重新起动，动作同样灵敏，寿命长。

5）使用常规产品寿命长达100万次以上。

6）超高压电磁阀工作压力高达200MPa。

（3）进水电磁阀　进水电磁阀简称水阀、注水阀。在全自动洗衣机上，用进水电磁阀来实现自动注水和停水。它与水位开关相互配合，对洗衣机水位高低进行自动控制。

工作原理：进水电磁阀中心是磁芯，铁心外为电磁线圈，线圈不通电时，在小弹簧的作用铁心被压下，封住了橡胶阀上所装的塑料盘中间的泄压孔，这时水从加压针孔进入控制腔，使进水和控制腔的水压相等。其起动转矩大、起动电流小、过载能力强、机械特性硬，面积大于下部的受压面积，所以橡胶阀被压紧在阀座上起到封闭作用。其封闭的可靠性是由铁心所受的压力决定的，铁心的下端与泄压孔接触，铁心的上端受压面积大于下端受压面积，显然水的压力越大，铁心对泄孔的封闭压力越大，封闭越可靠。其水压低时，阀的封闭性就差，所以对水压有最低的要求，不能低于0.3MPa。

（4）排水电磁阀　排水电磁阀是全自动洗衣机特有的电器部件。它是一个受程序控制的自动排水开关，除了排水功能外，还控制着离合器的状态（洗涤或脱水）。排水电磁阀由电磁铁和排水阀两部分组成。它们是相互独立的部件，两者用排水阀连接起来，在连接板的右端以开口销与电磁铁动铁心连接，而左端钩在排水阀的内弹簧上。当电磁铁通电时，将动铁心往右拉，排水阀就呈打开状态。此时盛水桶内的洗涤液便能通过水道和阀门，从排水孔流出机外。在连接板上还用螺栓固定着一个位置可调的定位套，在动铁心吸合的过程中，该定位套向右移动，拨动离合器上的制动杆，为脱水做准备。当电磁铁失电时，排水阀在自身弹簧的作用下将铁心拉出，排水阀关闭，洗衣机停止排水。同时，离合器上的制动杆靠制动弹簧的作用恢复原位，为洗涤和漂洗过程中波轮转动做好准备。

三、电磁铁

电磁铁有两种直流和交流，电动程控式（机械式）全自动洗衣机一般采用交流式电磁铁，而微电脑程控式（电脑式）全自动洗衣机一般采用直流式电磁铁。

1. 交流电磁铁

交流电磁铁的磁心和衔铁是由硅钢叠压铆接而成的。衔铁置于铁心之中，在线圈通电后，铁心和衔铁同时被磁化，相对的两个面上产生异名磁极，这种吸引力使衔铁向磁心运动，从而带动拉杆将阀打开。虽然线圈中电流的方向不断发生变化，但是由于铁心与衔铁的磁极同时变化，使它们之间出现的总是吸引力。

2. 直流电磁铁

直流电磁铁具有吸引力大、体积小、噪声低和安全性能高等优点。它的线圈分成吸合线圈和保持线圈两组，由其内部的微动开关控制这两组线圈工作。线圈和铁心用环氧树脂灌装加固和密封。

四、变频器

变频器的调速可以连续进行，也可以分段进行。当实际生产机械不需要连续调速时，只需分段调速即可。

变频器实现多段转速控制时，其转速档的切换是通过外接开关器件改变其输入端的状态组合来实现的。以三菱 FR 系列变频器为例，要设置的具体参数有 Pr. 4 ~ Pr. 6、Pr. 24 ~ Pr. 27。用设置功能参数的方法将多种速度先行设定，运行时由输入端子控制转换，其中，Pr. 4、Pr. 5、Pr. 6 对应高、中、低三个速度的频率。设置时要注意以下几点：

1）通过对 RH、RM、RL 进行组合来选择各种速度。

2）借助点动频率 Pr. 15、上限频率 Pr. 1、下限频率 Pr. 2 最多可以设定 18 种速度。

3）在外部操作模式或 PU/外部组合操作模式下多段速才能运行。

一方面，变频器每个输出频率的档次需要由三个输入端的状态来确定；另一方面，操作者切换转速所用的开关器件（通常是按钮或触摸开关），每次只有一个触点。因此，必须解决好转速选择开关的状态和变频器各控制端状态之间的变换问题。常用方法是通过 PLC 来控制变频器的 RH、RM、RL 端子的组合来进行切换，如图 8-1 所示。

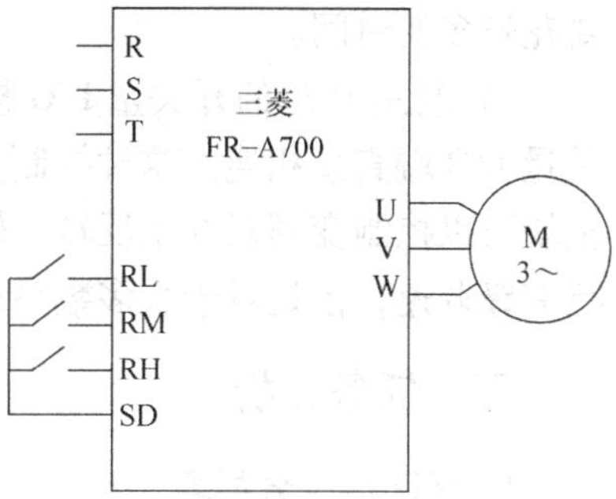

图 8-1　多段频率控制接线

各段速度对应的参数号见表 8-1。

表 8-1　各段速度对应的参数号

输入端子状态	RH = 1	RM = 1	RL = 1	RM = 1 RL = 1	RH = 1 RL = 1	RH = 1 RM = 1	RH = 1 RM = 1　RL = 1
参　数　号	Pr. 4	Pr. 5	Pr. 6	Pr. 24	Pr. 25	Pr. 26	Pr. 27

接线端子与各段速度组合如图 8-2 所示。

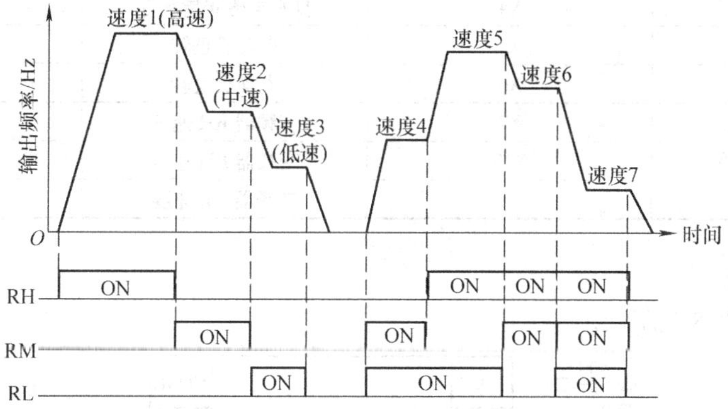

图 8-2　接线端子与各段速度组合

需注意以下事项：

1）多段速度比主速度优先。

2）多段速度在 PU 和外部运行时都可以设定。

3）Pr. 24 ~ Pr. 27 及 Pr. 232 ~ Pr. 239（多段频率运行第八至第十五段速度）之间的设定没有优先级。

4）运行期间参数值能被改变。

5）用 Pr. 180 ~ Pr. 186 之间的任一个参数安排端子，用于 REX 信号的输入。

PLC 与变频器的三种连接方法如下：

1）利用 PLC 的模拟量输出模块控制变频器，PLC 的模拟量输出模块输出 0 ~ 5V 电压或 4 ~ 20mA 电流，将其送给变频器的模拟电压或电流输入端，控制变频器的输出频率。这种控制方式的硬件接线简单，但是 PLC 的模拟量输出模块价格相当高，有的用户难以接受。

2）PLC 通过 485 通信接口控制变频器：这种控制方式的硬件接线简单，但需要增加通信用的接口模块，这种模块的价格可能较高，熟悉通信模块的使用方法和设计通信程序可能要花较多的时间。

3）利用 PLC 的开关量 I/O 模块控变频器。PLC 的开关量 I/O 端一般可以与变频器的开关量 I/O 端直接相连。这种控制方式的接线很简单，抗干扰能力强，用 PLC 的开关量输出模块可以控制变频器的正反转、转速和加减速时间，能实现较复杂的控制要求。虽然只能进行有级调速，但是对于大多数系统，这已足够了。

五、任务分析

1. I/O 地址分配表

全自动洗衣机模拟控制系统的 I/O 分配表见表 8-2。

表 8-2　全自动洗衣机模拟控制系统的 I/O 分配表

输入信号		输出信号	
名　称	输入点编号	名　称	输出点编号
起动按钮	X1	进水电磁阀指示灯	Y0
停止按钮	X2	电动机正转指示灯	Y1
高水位开关	X3	电动机反转指示灯	Y2
低水位开关	X4	排水电磁阀指示灯	Y3
布料模式开关	X5	电动机正转	Y4
毛线模式开关	X6	电动机反转	Y5
丝绸模式开关	X7	变频器 RH 速度	Y6
快速洗模式开关	X10	变频器 RM 速度	Y7
		变频器 RL 速度	Y10

2. I/O 接线

I/O 接线如图 8-3 所示。

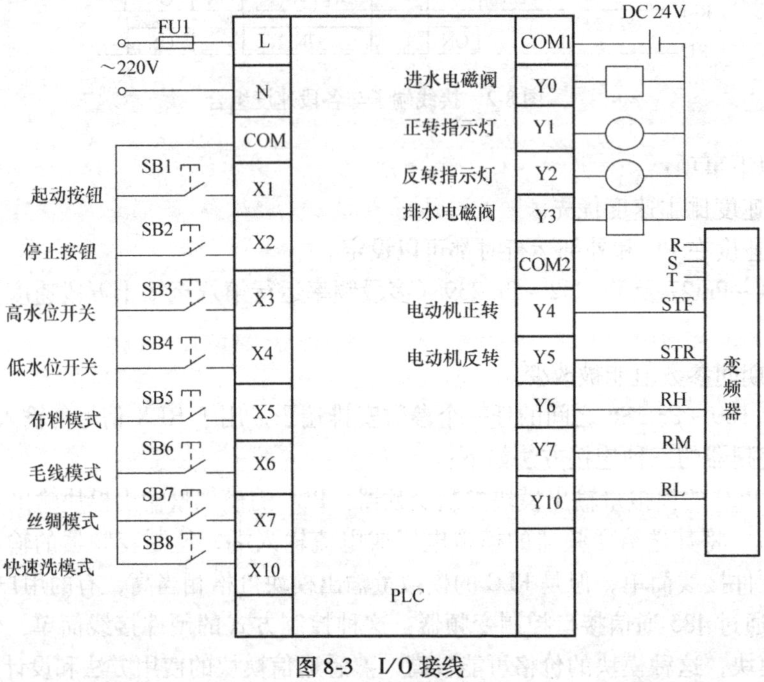

图 8-3　I/O 接线

（1）实践操作一　根据实训任务来进行编程，如果按下起动按钮 SB1，进水电磁阀 Y0 不会得电，只有先选择洗涤模式后，再按下起动按钮，进水电磁阀才会得电，开始进水并且按照选择的洗涤模式进行洗涤。洗衣机模拟系统程序梯形图如图 8-4 所示。

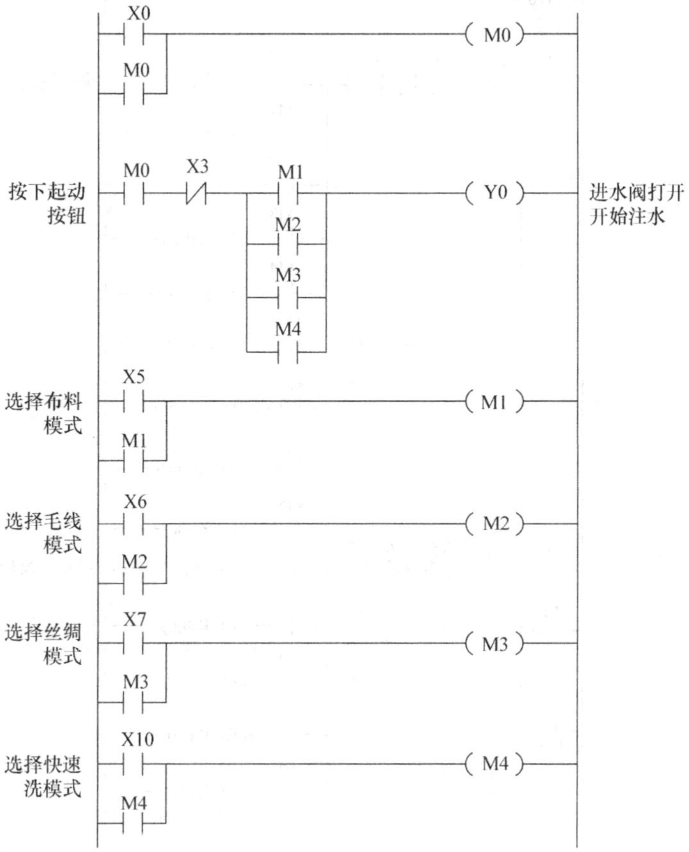

图 8-4　洗衣机模拟系统程序梯形图（一）

（2）实践操作二　按照每个洗涤模式的要求进行编程，程序梯形图如图 8-5 所示。

1）布料模式：正转 30s，反转 30s，洗涤时间为 20min。

2）毛线模式：正转 20s，反转 20s，洗涤时间为 25min。

3）丝绸模式：正转 10s，反转 10s，洗涤时间为 15min。

4）快速洗模式：正转 15s，反转 15s，洗涤时间为 10min。

（3）实践操作三　洗涤模式结束后，排水电磁阀得电，开始排水。排水电磁阀是由任何一种洗涤模式的洗涤时间定时器触点导通的。程序梯形图如图 8-6 所示。

（4）实践操作四　排水结束后，又开始重新注水，当水位达到高水位开关时，进水停止，开始漂洗过程，使洗衣机的内桶电动机正转 15s，反转 15s，漂洗时间为 5min。程序梯形图如图 8-7 所示。

（5）实践操作五　漂洗结束后，把水排干净，这时排水电磁阀打开，开始排水，排水结束后进行甩干。在甩干过程中，电动机一直正转并且排水电磁阀要一直得电，才能把水排出。程序梯形图如图 8-8 所示。

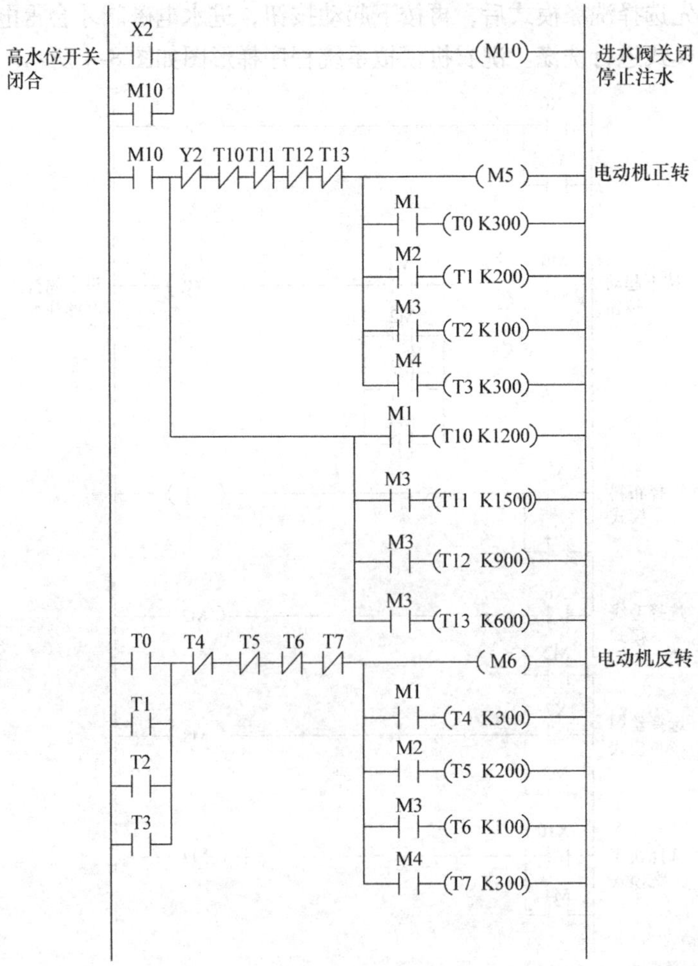

图 8-5　洗衣机模拟系统程序梯形图（二）

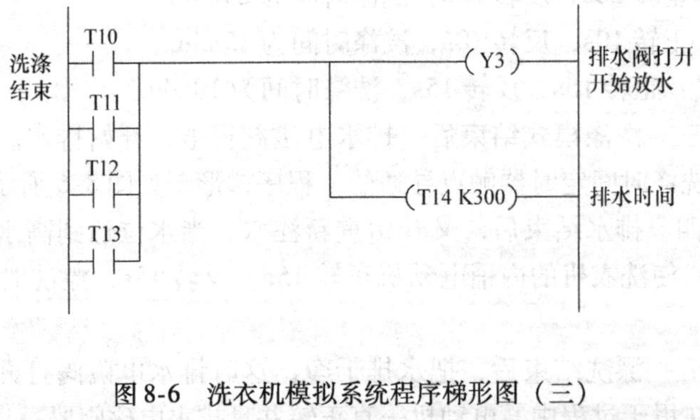

图 8-6　洗衣机模拟系统程序梯形图（三）

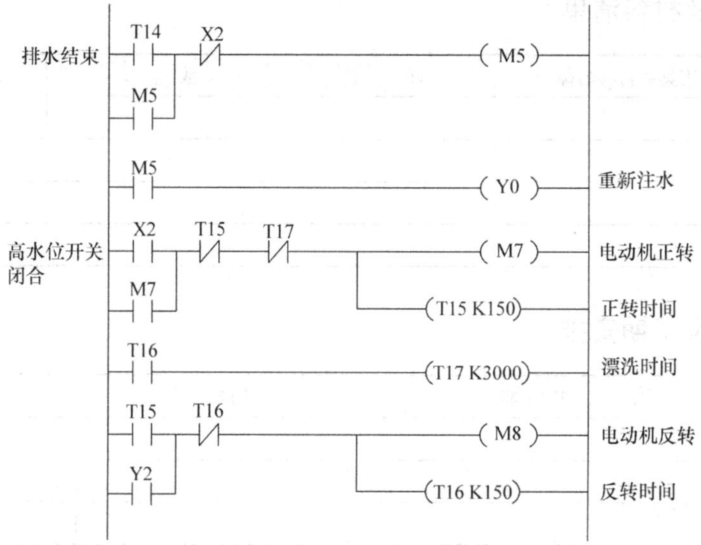

图 8-7　洗衣机模拟系统程序梯形图（四）

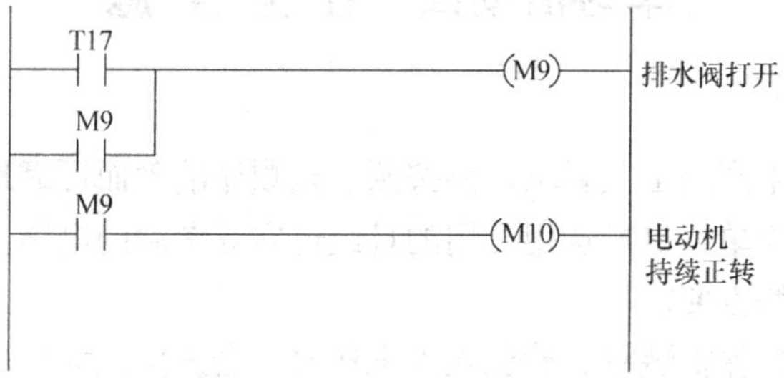

图 8-8　洗衣机模拟系统程序梯形图（五）

学习活动三　制订工作计划

根据工作任务要求及情景描述中的相关资料制订工作前、工作中、工作后计划。

一、人员分工

1. 小组负责人：
2. 小组成员及分工

姓　名	分　工

二、工具及材料清单

序　号	工具或材料名称	单　位	数　量	备　注

三、工序及工期安排

序　号	工作内容	完成时间	备　注

学习活动四　任务实施

1. 工艺要求

1）应能满足机械生产的工艺要求，能按照工艺顺序准确而可靠地工作。

2）电路结构力求简单，尽量选用常用的且经过实际考验的电路。

3）操作调整和检修方便。

4）具有各种必要的保护装置，确保在误操作时不会发生重大事故。

5）工作稳定，安全可靠，符合使用环境条件。

2. 技术规范

1）依据 I/O 分配表，完成 PLC 外部的接线。

2）检查插头、插座的簧片有无松动、断裂、掉线等情况。

3）接地极和接地系统施工完毕，接地电阻测试合格。

4）在控制室内搬运机柜、操作台等设备时，应预先铺胶皮地板，防止水平运输时损坏室内设施。搬运时，设备倾斜角度不得超过允许值。

5）应做好防潮、防火、防震等措施，存放条件应符合产品说明书要求。

3. 安全要求

1）运行中的电气设备，必须按操作规程操作，如分断电源时应先断开负荷开关；后断开隔离开关；接通电源时，应先合隔离开关，后合负荷开关。

2）严格遵守停送电制度，切实做好各项应急的安全措施。

3）对现场电气设备及线路不熟悉者，不得拆卸或安装电气设备和零件。

4）在靠近带电体进行电工操作时，人与带电体应保持一定的安全距离（当电压为400V 以下时安全距离为 0.3m 以上，当电压为 6 ~ 10kV 时安全距离为 0.7m 以上）。

5）不可用湿手触摸开关及带电设备，禁止用湿布擦拭运行中的电气设备。

6）任何带电设备，未经验明无电时，一律视为有电，不准用手触及。

7）必须在低压配电设备上操作时，要经老师批准，并有专人监护。

4. 评分标准

以小组为单位，展示本组制订的工作计划，然后在老师点评基础上将工作计划修改完善，并根据以下评分标准进行评分。

◆ 评分表

评价内容	分值	评分			
		自我评价	小组评价	老师评价	平均分
计划制订得是否合理、完善	20				
任务要求是否明确	20				
工具清单是否正确、完善	20				
材料清单是否正确、完整	20				
人员分工是否合理、团结协作	20				
合计					

学习活动五　总结评价

◆ 综合评价表

评价项目	评价内容	评价标准	评价主体		
			自我	同学	老师
职业素养	安全意识 责任意识	A. 作风严谨，自觉遵守纪律，出色地完成任务 B. 能够遵守规章制度，较好地完成工作任务 C. 遵守规章制度，没完成工作任务 D. 不遵守规章制度，没完成工作任务			
	学习态度	A. 积极参与学习活动，全勤 B. 缺勤达到任务总学时的 10% C. 缺勤达到任务总学时的 20% D. 缺勤达到任务总学时的 30%			
	团队合作	A. 与同学协作融洽，团队合作意识强 B. 与同学能沟通，协同工作能力较强 C. 与同学能沟通，协同工作能力一般 D. 与同学沟通困难，协同工作能力较差			
专业能力	明确工作任务	A. 学习活动评价成绩为 90 ~ 100 分 B. 学习活动评价成绩为 75 ~ 89 分 C. 学习活动评价成绩为 60 ~ 74 分 D. 学习活动评价成绩为 0 ~ 59 分			

（续）

评价项目	评价内容	评价标准	评价主体		
			自 我	同 学	老 师
专业能力	学习相关知识	A. 学习活动评价成绩为 90 ~ 100 分 B. 学习活动评价成绩为 75 ~ 89 分 C. 学习活动评价成绩为 60 ~ 74 分 D. 学习活动评价成绩为 0 ~ 59 分			
	制订工作计划	A. 学习活动评价成绩为 90 ~ 100 分 B. 学习活动评价成绩为 75 ~ 89 分 C. 学习活动评价成绩为 60 ~ 74 分 D. 学习活动评价成绩为 0 ~ 59 分			
	任务实施	A. 学习活动评价成绩为 90 ~ 100 分 B. 学习活动评价成绩为 75 ~ 89 分 C. 学习活动评价成绩为 60 ~ 74 分 D. 学习活动评价成绩为 0 ~ 59 分			
创新能力	学习过程中提出具有创新性、可行性的建议		加分		
班级		姓名		综合评价等级	

课后思考

1. 三菱 FR-A740 变频器多段频率控制操作中，常用的 7 种速度分别由哪个参数来设定？
2. 变频器的 PU 操作和外部操作有何不同？

任　务　九

机械手控制程序设计

学习目标：

1. 掌握STL和RET指令的使用方法。
2. 能利用输出继电器在步进指令中编程。
3. 能在步进指令中应用定时器。
4. 能在顺序流程中应用区间复位指令。
5. 掌握状态流程三要素。

情境描述：

在工业控制领域，顺序控制（步进控制）系统应用很广。顺序控制就是按照生产工艺预先规定的顺序，在各个输入信号的作用下，根据内部状态和时间顺序，使生产过程中各个执行机构自动而有序地工作。通过对步进指令的学习来完成单流程、选择性流程、并行性流程的顺序自动控制程序，以及程序中涉及的行程开关、磁性接近开关、编码器等设备的相关知识。

学习活动一　明确工作任务

有一个面粉加工厂需要设计一套机械手搬运系统，要求：在有货物到达A点后，机械手自动将货物从A点搬运到B点，然后返回到原位。机械手控制系统示意图如图9-1所示。

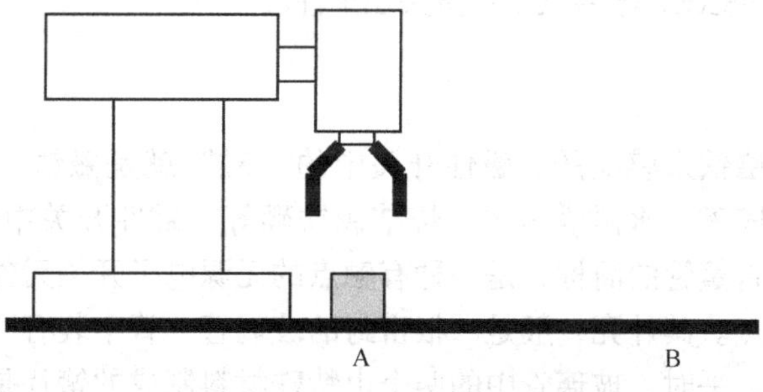

图9-1　机械手控制系统示意图

学习活动二　学习相关知识

◆ 引导问题：

1. 顺序控制有什么优点？它在生产中有哪些应用？请举例说明。
2. 步进指令的助记符是什么？它是否像基本指令一样有常开触点和常闭触点？步进指令的操作元件是什么？请介绍一下该操作元件。
3. 怎样使步进接点接通？需要用到什么指令？怎样使步进接点返回到原来的位置？
4. 应该在程序的什么位置编写 RET 指令？如果不编写 RET 指令会怎样？
5. 状态流程图可分为哪三部分？请在图 9-3 中指出这三部分并说出其作用。
6. 步进指令与基本指令有什么异同？说一说步进指令与基本指令在驱动线圈和定时器方面有什么异同。
7. 观看机械手工作视频，总结机械手的类型、应用场合。机械手与人工相比有什么优势？
8. 机械手若要将工件从一点运送到另一点需进行哪些动作？其动作顺序是什么？
9. 设计机械手时需要用到哪些电气元器件才能使其实现上升、下降、左移、右移的动作？这些电气元器件分别安放在什么位置？
10. 怎样设计机械手手部的夹紧装置？设计出原理图，并列出需要用到的元器件。

◆ 咨询资料：

机械手一般由控制系统及检测装置、驱动装置、执行机构三大部分组成，智能机械手还具有感觉系统和智能系统。机械手通过模仿人的手部动作，在控制器的指挥和控制下按照给定程序、轨迹和要求，实现自动抓取、搬运和操作。特别是在高温、高压、多粉尘、易燃、易爆、放射性等恶劣环境中，以及笨重、单调、频繁的操作中，机械手可以替代人去作业，因此，它在许多领域获得了越来越多的应用。

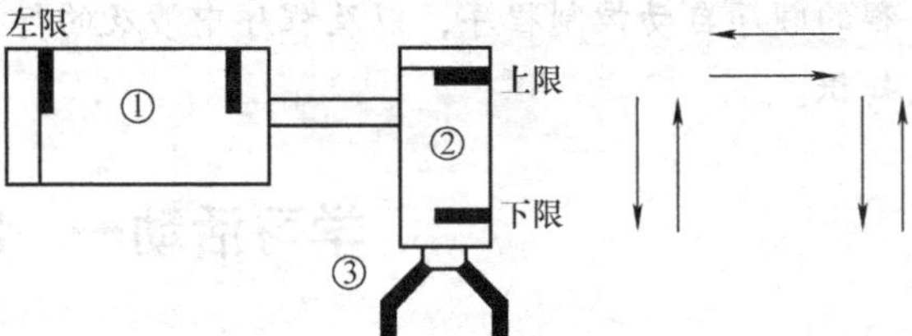

图 9-2　机械手工作示意图

如图 9-2 所示，气动机械手①号气缸的左和右运动到位分别由左限位、右限位传感器检测，②号气缸的上和下运行到位分别由上限位、下限位传感器检测，③号气爪负责夹住工件。

一、磁性开关

磁性开关是通过磁铁来感应的。磁性开关中的“磁”就是磁铁。磁铁也有好几种，市场上常见的磁铁有橡胶磁、永磁铁氧体、烧结钕铁硼等。磁性开关中的“开关”就是干簧管了。干簧管是干式舌簧管的简称，是一种有触点的无源电子开关元件，具有结构简单、体积小、便于控制等优点。其外壳一般是一根密封的玻璃管，管中装有两个铁质的弹性簧片电板，还灌有惰性气体。平时，玻璃管中的两个由特殊材料制成的簧片是分开的。当有磁性物质靠近玻璃管时，在磁场磁力线的作用下，管内的两个簧片被磁化而互相吸引接触，簧片就会吸合在一起，使结点所接的电路连通。在外磁力消失后，两个簧片由于本身的弹性而分开，线路也就断开了。因此，作为一种利用磁场信号来控制的线路开关元件，干簧管可以作为传感器使用，用于计数、限位等（在安防系统中主要用于门磁、窗磁的制作），同时还被广泛应用于各种通信设备中。在实际运用中，通常用永久磁铁控制这两根金属片的接通与否，所以又被称为磁控管。

二、步进指令基本知识

三菱公司生产的小型 PLC 在基本逻辑指令之外增加了两条步进梯形图指令 STL（Step Ladder）和 RET，是一种符合 IEC 1131—3 标准中定义的 SFC 图（Sequential Function Chart，顺序功能图）的通用流程图语言。顺序功能图也叫状态转移图，相当于国家标准《顺序功能表图用 GRAFCET 规范语言》（GB/T 21654—2008）的功能表图（Function Charts）。SFC 图特别适合于步进顺序的控制，而且编程十分直观、方便，便于读图，初学者也很容易掌握和理解。

在工业控制领域，顺序控制（步进控制）系统应用很广。顺序控制就是按照生产工艺预先规定的顺序，在各个输入信号的作用下，根据内部状态和时间的顺序，使生产过程中各个执行机构自动而有序地进行工作。

所谓顺序控制设计法就是针对顺序控制系统的一种专门的设计方法。这种设计方法也称为步进控制设计法，同时作为一种先进的设计方法，易被初学者接受，对于有经验的工程师，也会提高设计效率，方便程序的调试、修改和阅读。

采用顺序控制设计法进行程序设计的基本步骤及内容包括划分“步”、确定转换条件、绘制顺序功能图、编写梯形图程序四个部分。

国际电工委员会（IEC）颁布了对 PLC 的规定：PLC 是一种数字运算操作的电子系统，专为在工业环境下应用而设计。它采用可编程序的存储器，用来在其内部存储执行逻辑运算、顺序控制、定时、计数和算术运算等操作的指令，并通过数字的、模拟的输入和输出，控制各种类型的机械或生产过程。PLC 及其有关设备，都应易于与工业控制系统形成统一。

1. 状态流程图

任何一个顺序控制过程都可以分解为若干步骤，每一步对应控制过程的一个状态，即状态流程图。状态流程图就是用状态来描述控制过程的流程图。

例　两台电动机顺序起动逆序停止。

控制要求为：按下起动按钮 X1，电动机 M1 起动；按下起动按钮 X2，电动机 M2 起动，按下停止按钮 X3，电动机 M2 停止；按下停止按钮 X4，电动机 M1 停止。单流程状态流程图如图 9-3 所示。

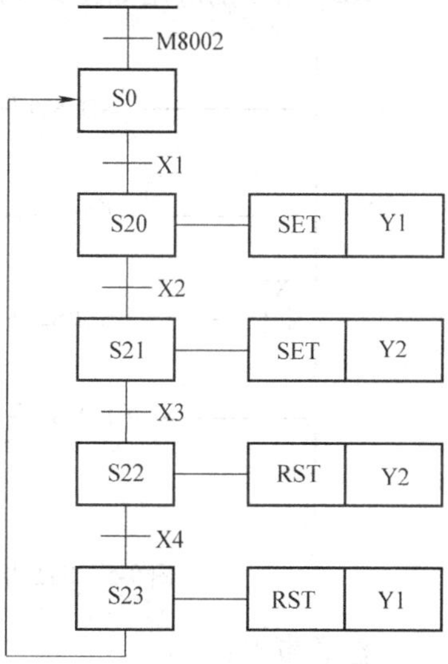

图 9-3　单流程状态流程图

一个完整的状态流程包括以下三部分：

1）状态任务，即本状态做什么。

2）状态转移条件，即满足什么条件才能实现状态转移。

3）状态转移方向，即转移到什么状态去。

状态流程三要素如图 9-4 所示。

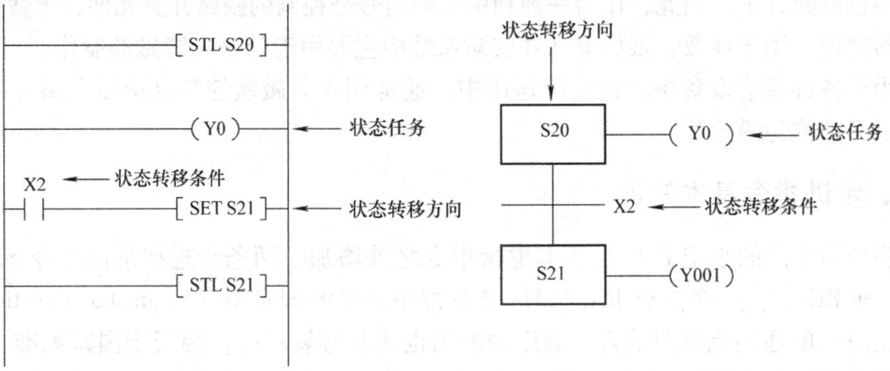

图 9-4　状态流程三要素

2. 步进开始指令

1）助记符：STL。

2）功能：将步进接点接到左母线。

3）操作元件：状态继电器 S。

步进接点只有常开触点，没有常闭触点。步进接点接通后，需要用 SET 指令进行置位。步进接点闭合，其作用如同主控触点闭合一样，将左母线移到新的临时位置，即移到步进接点右边，相当于副母线。这时，与步进接点相连的逻辑行开始执行。

STL 指令的应用如图 9-5 所示。在 X2 常开触点闭合后，执行 SET S21 指令，步进接点 S21 被置位，这时步进接点 S20 将自动复位。S20 的状态转移到 S21 的状态，完成了步进功能。

3. 步进返回指令

1）助记符：RET

2）功能：使副母线返回到原来左母线的位置

3）操作元件：无

RET 指令的应用如图 9-6 所示。

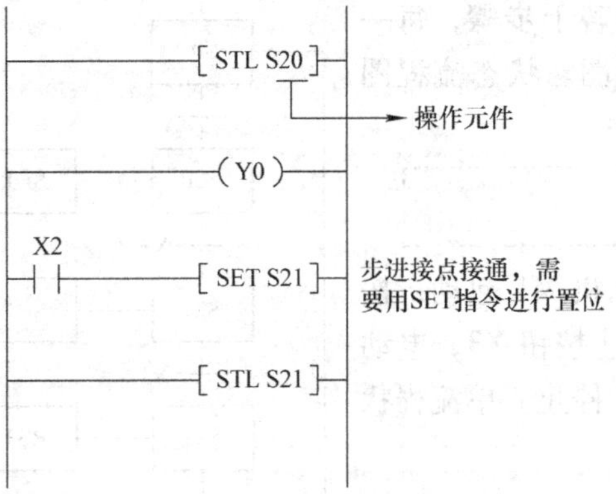

图 9-5　STL 指令的应用

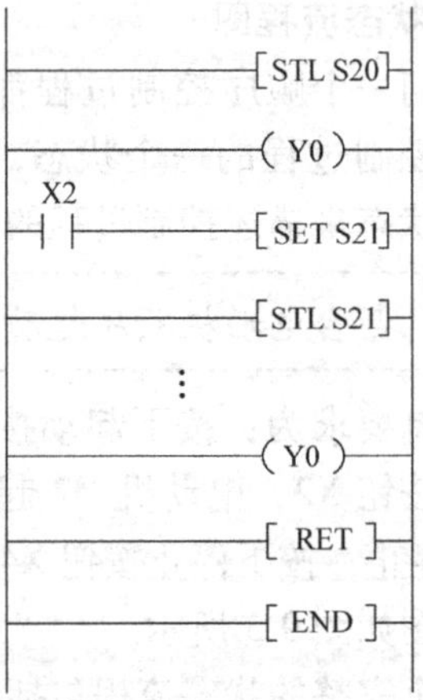

图 9-6　RET 指令的应用

注意事项：

1）在每条步进指令之后不必都加一条步进返回指令，只在最后加一条步进返回指令即可，但必须有步进返回指令。

2）同一编号线圈可以在不相邻的状态下使用。

4. STL 指令的操作元件。

STL 指令的操作元件为状态继电器 S。

1）通用型状态继电器：S0 ~ S499 共 500 点，其中 S0 ~ S9 共 10 点，用于初始状态；S10 ~ S19 共 10 点，用于回零状态。

2）失电保持型状态继电器：S500 ~ S899 共 400 点，可在失电时保持原来的状态不变。

5. 辅助继电器 M8002 与区间复位指令 ZRST

1）M8002 的功能：PLC 开机运行时瞬间接通一个扫描周期。

在步进程序中的作用：在 PLC 开始运行时，其常开触点瞬间闭合后断开，使状态转移到 S0，以接通 S0 的状态任务。

2）区间复位指令 ZRST 的功能：区间复位。

在步进程序中的作用：区间性地对状态继电器进行复位。

6. 步进指令驱动输出继电器

如图 9-7 所示，当步进接点 STL S20 被接通时，输出继电器 Y0 线圈得电，这时，由于状态继电器 S20 被置位，所以当前状态下会持续得电，Y0 线圈也会持续得电。当输入继电器 X1 的常开触点闭合时，输出继电器 Y1 也会得电。当输入继电器 X2 的常开触点闭合时，状态继电器 S21 会被置位，这时，S20 的状态将被自动复位。所以，步进接点 STL S20 失电，会导致 Y0、Y1 线圈失电。同时，步进接点 STL S21 接通，使得输出继电器 Y3 得电。当输入继电器 X3 得电时，状态继电器 S22 被置位，所以 S21 状态自动被复位，使得步进接点 STL S21 断开，输出继电器 Y3 失电。

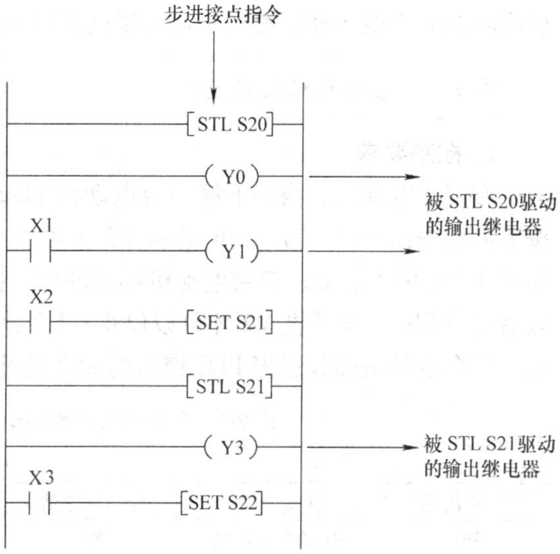

图 9-7　驱动输出继电器

7. 步进指令驱动定时器

如图 9-8 所示，当步进接点 STL S20 接通时，输出继电器 Y0 线圈得电，同时定时器 T0 开始计时。当到达定时器 T0 的时间设定值（此处假定为 5s）时，T0 的常开触点闭合，状态继电器 S21 得电，状态继电器 S20 自动复位，步进接点 STL S20 断开，输出继电器断电。同时，步进接点 STL S21 接

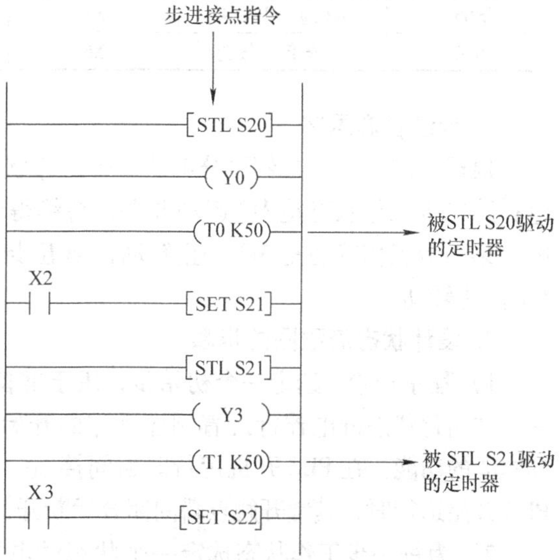

图 9-8　驱动定时器

通，使输出继电器 Y3 和定时器 T1 同时得电，定时器 T1 开始计时。当到达定时器 T1 的时间设定值（此处假定为 5s）时，T1 的常开触点闭合，状态继电器 S22 得电，状态继电器 S21 自动复位，使得步进接点 STL S21 断开。

使用步进指令驱动定时器时要注意，同一标号的定时器不要在相邻的状态下使用，可以隔开一个状态再次使用。

三、步进指令相关例题

步进状态编程的一般思路为：将一个复杂的程序过程分解成若干小的工作状态，明确各个状态任务、状态转移条件和状态转移方向，再根据总的控制顺序要求，将这些状态组合，形成状态流程图，最后根据一定的规则将状态流程图转换成程序梯形图。

例 1 三台电动机顺起逆停。

1. 控制要求

有三台电动机，当按下第一台电动机的起动按钮 SB1 时，电动机 M1 起动；M1 起动后按下起动按钮 SB2，第二台电动机 M2 才可以起动；M2 起动后按下起动按钮 SB3，第三台电动机 M3 才可以起动；三台电动机都起动后，按下停止按钮 SB4，电动机 M3 停止；M3 停止以后按下 SB5，电动机 M2 才可以停止；M2 停止后按下停止按钮 SB6，电动机 M1 才可以停止。三台电动机顺起逆停 PLC 控制的 I/O 地址表见表 9-1。

表 9-1 三台电动机顺起逆停 PLC 控制的 I/O 地址表

输入			输出		
元件代号	作用	输入继电器	元件代号	作用	输出继电器
SB1	M1 的起动按钮	X1	KM1	接触器（M1）	Y1
SB2	M2 的起动按钮	X2	KM2	接触器（M2）	Y2
SB3	M3 的起动按钮	X3	KM3	接触器（M3）	Y3
SB4	M3 的停止按钮	X4			
SB5	M2 的停止按钮	X5			
SB6	M1 的停止按钮	X6			

2. 步进状态思路

根据控制要求，本例可分解成 6 个工作状态：第一步工作状态是 M1 起动并保持持续得电；第二步工作状态是 M2 起动并保持持续得电；第三步工作状态是 M3 起动并保持持续得电；第四步工作状态是 M3 停止转动；第五步工作状态是 M2 停止转动；第六步工作状态是 M1 停止转动。

3. 设计状态流程图的步骤

1）程序开始，选定一个初始步，用于准备或者程序回原位，选定一个初始状态继电器。一个初始化状态继电器标志着顺序动作的开始。一般初始状态继电器都是由 M8002 导通的。M8002 的功能：在 PLC 开机运行时瞬间接通一个扫描周期。M8002 在步进程序中的作用：在 PLC 开始运行时，其常开触点瞬间闭合后断开，使初始状态 S0 得电，如图 9-9 所示。

2）为每一步工作状态选定一个状态继电器（初始状态继电器除外），一般根据状态继电器的符号连续选用，如图 9-10 所示。

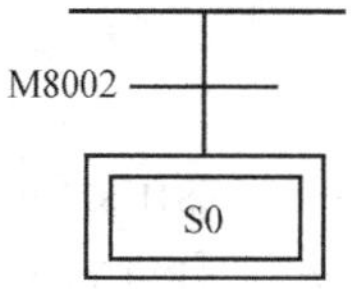

图 9-9　初始状态的驱动方式

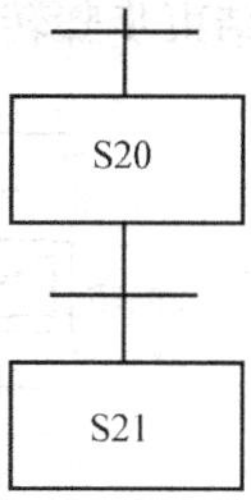

图 9-10　工作状态的驱动方式

3）把每一步转移到下一步的条件用 PLC 的内部元件来表示，通常是定时器、计数器的触点或对应的按钮等主令电器所连接的输入继电器的触点，如图 9-11 所示。

4）把每一步要想驱动的负载全部用 PLC 内部的元件表示，通常是各类继电器的线圈（输入继电器除外），如图 9-12 所示。

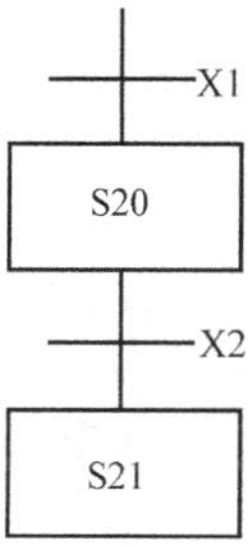

图 9-11　转移到下一步的条件表示方式

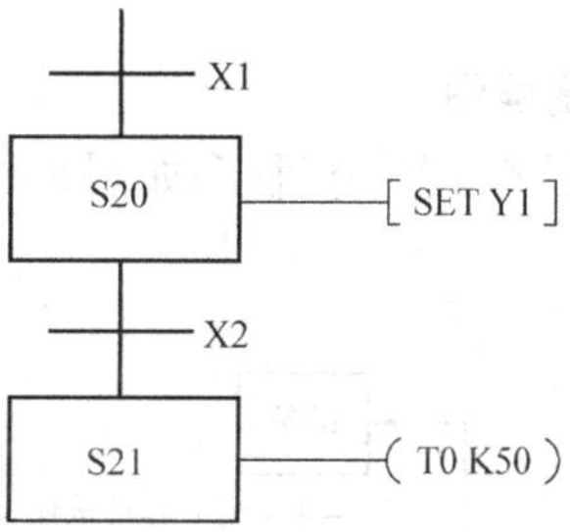

图 9-12　每一步的任务驱动方式

4. 流程图转换梯形图

（1）初始状态转换梯形图　如图 9-13 所示。

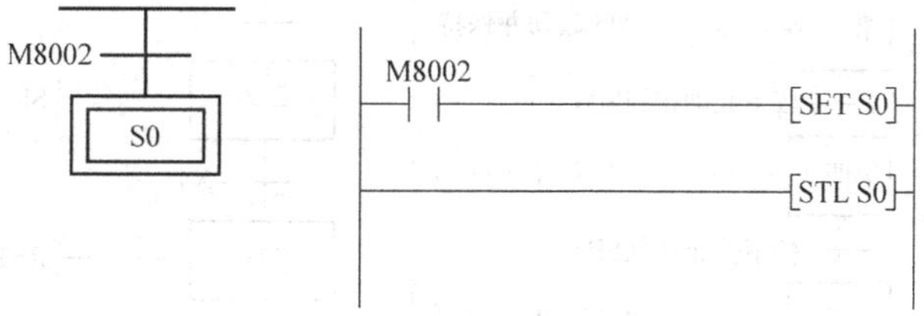

图 9-13　初始状态转换梯形图

（2）工作步骤转换梯形图　如图 9-14 所示。

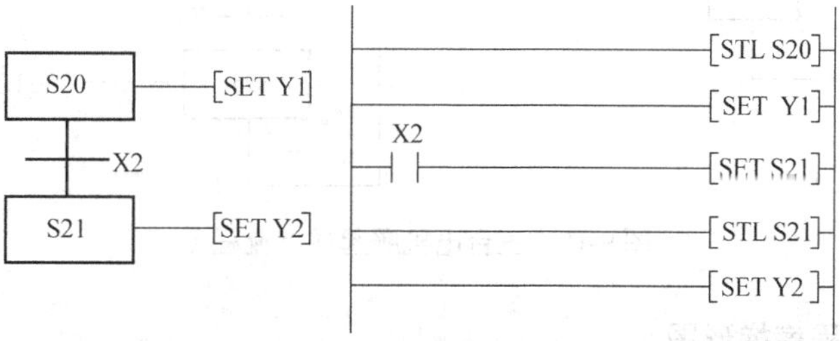

图 9-14　工作步骤转换梯形图

(3) 步进结束步骤转换梯形图　如图 9-15 所示。

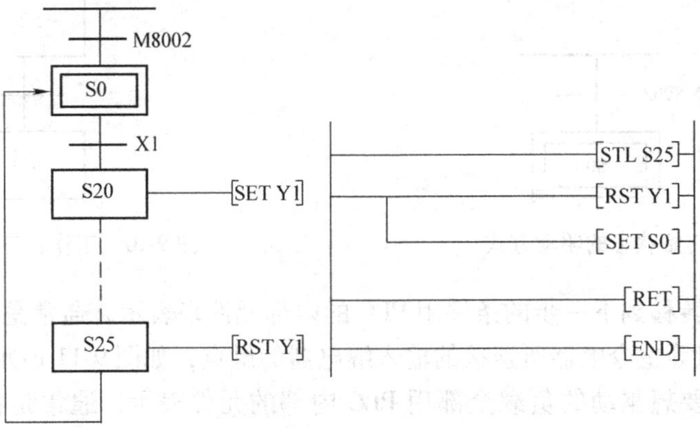

图 9-15　步进结束步骤转换梯形图

5. 编写流程图

三台电机顺起逆停流程图如图 9-16 所示。

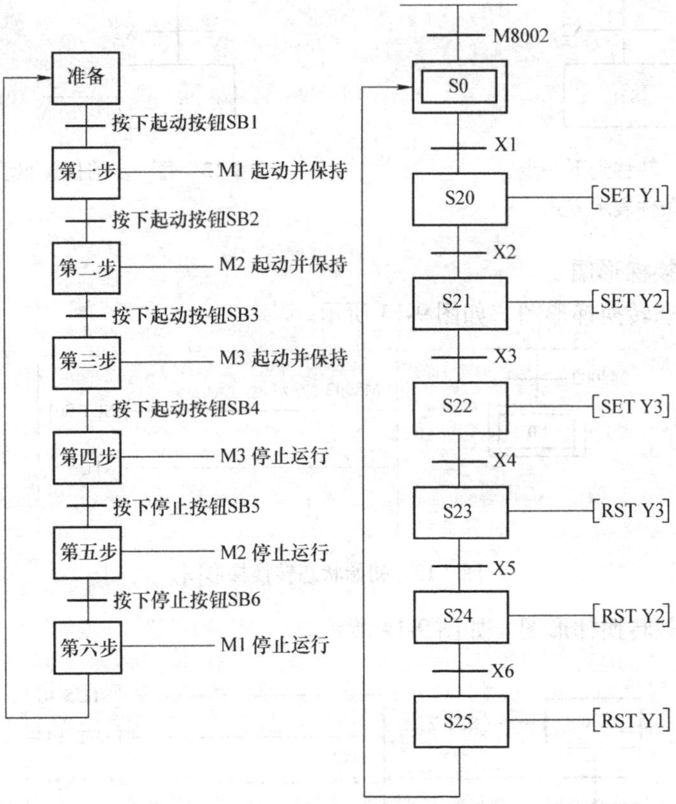

图 9-16　三台电机顺起逆停流程图

6. 编写完整的程序梯形图

三台电动机顺起逆停的程序梯形图如图 9-17 所示。

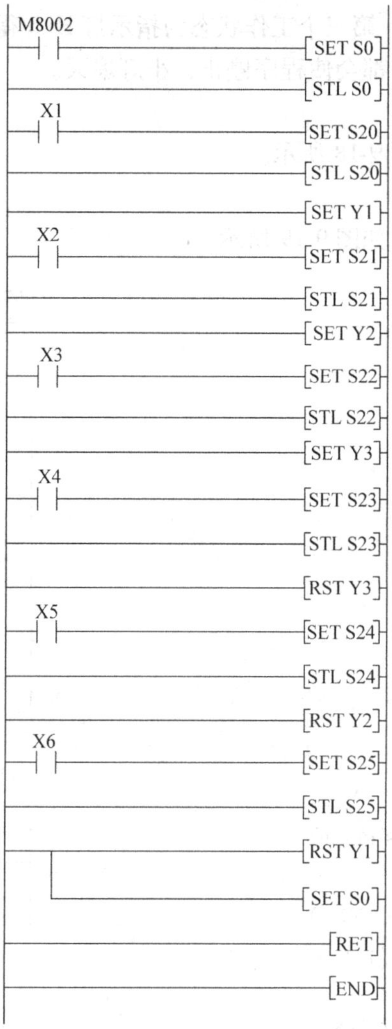

图 9-17　三台电动机顺起逆停的程序梯形图

例 2　三个小灯 1s 亮一盏。

1. 控制要求

有三个指示灯，按下起动按钮 SB1 后，三个指示灯一次亮 1s，并不断循环，按下停止按钮后，指示灯停止工作。三个小灯 1s 亮一盏 PLC 控制的 I/O 地址表见表 9-2。

表 9-2　三个小灯 1s 亮一盏 PLC 控制的 I/O 地址表

输　入			输　出		
元件代号	作　用	输入继电器	元件代号	作　用	输出继电器
SB1	起动按钮	X1	HL1	第一个指示灯	Y1
SB2	停止按钮	X2	HL2	第二个指示灯	Y2
			HL3	第三个指示灯	Y3

2. 步进状态思路

根据控制要求可分为三个工作状态：第一个工作状态为指示灯 HL1 得电 1s，第二个工作状态为指示灯 HL2 得电 1s，第三个工作状态为指示灯 HL3 得电 1s 并循环。按下停止按钮时不管程序运行到哪一步骤，都会使程序停止，小灯熄灭。

3. 编写流程图

三盏小灯控制流程图如图 9-18 所示。

4. 编写完整的梯形图

三盏小灯控制程序梯形图如图 9-19 所示。

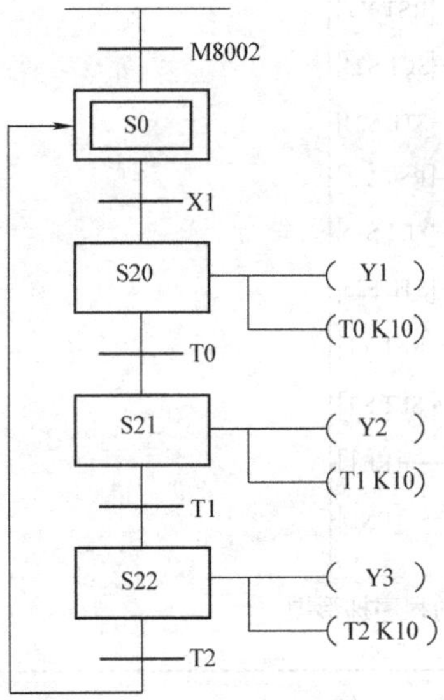

图 9-18 三盏小灯控制流程图

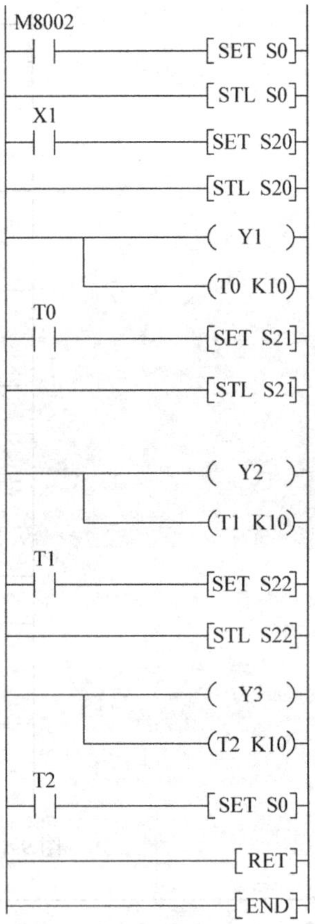

图 9-19 三盏小灯控制程序梯形图

5. 停止程序

根据程序要求，停止按钮不放在步进流程里，因为停止是在步进流程控制过程以外进行控制的，所以停止程序要放在步进流程的外面，可以放在第一个“STL”指令逻辑行的上面，或者放在“RET”指令逻辑行的下面。

如果想使小灯熄灭，就要使梯形图中输出继电器的线圈失电。图 9-19 中的输出继电器是在每一步的状态继电器得电以后才得电的，也就是说只要能给每一步的状态继电器断电就能使小灯熄灭。梯形图中每一步的状态继电器都是用“SET”置位指令来驱动的，如果想停止状态继电器，就要用“RST”复位指令进行复位。但是要想使所有的状态继电器失电，至少需要三个复位指令，可以利用其他指令来复位。

区间复位指令的符号为“ZRST”，可以同时对同一类型的多个元件进行复位。区间复位指令在使用时要求后面跟两个操作元件，且前面元件的编号必须要大于后面元件的编号，如图 9-20 所示。

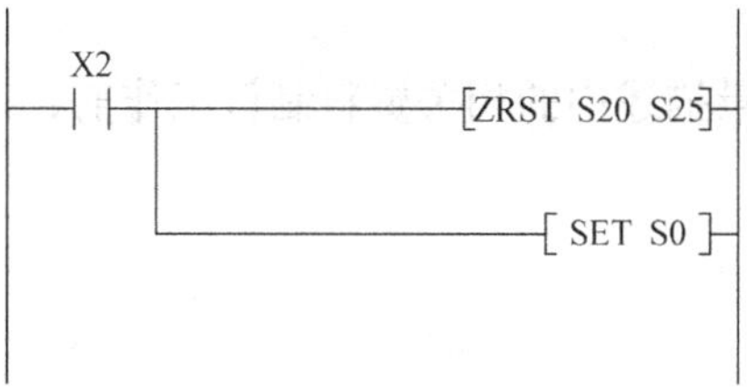

图 9-20　区间复位指令的应用梯形图

注意：编写停止程序时，利用区间复位指令复位的同时需要重新使程序回到准备状态，以使程序停止后还能重新启动。

四、任务分析

机械手动作过程从原点开始：按下起动按钮后，下降电磁阀通电，机械手下降，下降到底时，碰到下限位开关，下降电磁阀断电，机械手下降停止；夹紧电磁阀通电，机械手夹紧；夹紧后，上升电磁阀通电，机械手上升，上升到顶时，碰到上限位开关，上升电磁阀断电，机械手上升停止；右移电磁阀通电，机械手右移，右移到位时，碰到右限位开关，右移电磁阀断电，机械手右移停止；下降电磁阀通电，机械手下降，下降到底时，碰到下限位开关，下降电磁阀断电，机械手下降停止；夹紧电磁阀断电，机械手放松；放松后，上升电磁阀通电，机械手上升，上升到顶时，碰到上限位开关，上升电磁阀断电，机械手上升停止；左移电磁阀通电，机械手左移，左移到原点时，碰到左限位开关，左移电磁阀断电，机械手左移停止。至此，机械手经过 8 步完成一个动作周期。

机械手控制流程图如图 9-21 所示。

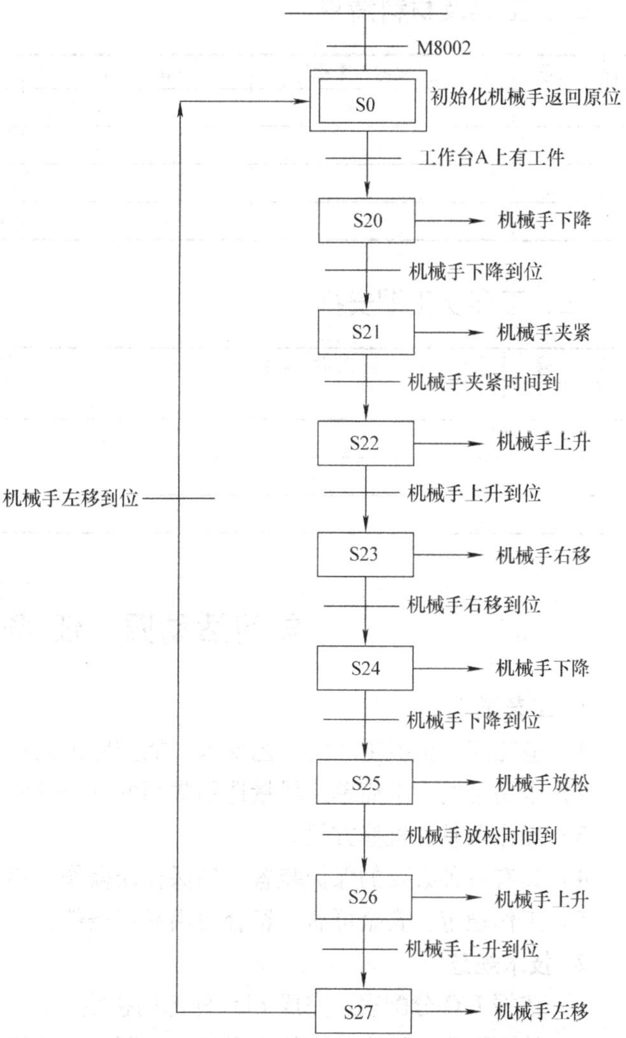

图 9-21　机械手控制流程图

学习活动三　制订工作计划

根据工作任务要求及情景描述中的相关资料制订工作前、工作中、工作后计划。

一、人员分工

1. 小组负责人：
2. 小组成员及分工

姓　名	分　工

二、工具及材料清单

序　号	工具或材料名称	单　位	数　量	备　注

三、工序及工期安排

序　号	工作内容	完成时间	备　注

学习活动四　任 务 实 施

1. 工艺要求

1）应能满足机械生产的工艺要求，能按照工艺顺序准确而可靠地工作。

2）电路结构力求简单，尽量选用常用的且经过实际考验的电路。

3）操作调整和检修方便。

4）具有各种必要的保护装置，确保在误操作时不会发生重大事故。

5）工作稳定，安全可靠，符合使用环境条件。

2. 技术规范

1）依据 I/O 分配表，完成 PLC 外部的接线。

2）检查插头、插座的簧片有无松动、断裂、掉线等情况。

3）接地极和接地系统施工完毕，接地电阻测试合格。

4）在控制室内搬运机柜、操作台等设备时，应预先铺胶皮地板，防止水平运输时损坏室内设施。搬运时，设备倾斜角度不得超过允许值。

5）应做好防潮、防火、防震等措施，存放条件应符合产品说明书要求。

3. 安全要求

1）运行中的电气设备，必须按操作规程操作，如分断电源时应先断开负荷开关；后断开隔离开关；接通电源时，应先合隔离开关，后合负荷开关。

2）严格遵守停送电制度，切实做好各项应急的安全措施。

3）对现场电气设备及线路不熟悉者，不得拆卸或安装电气设备和零件。

4）在靠近带电体进行电工操作时，人与带电体应保持一定的安全距离（当电压为400V以下时安全距离为0.3m以上，当电压为6～10kV时安全距离为0.7m以上）。

5）不可用湿手触摸开关及带电设备，禁止用湿布擦拭运行中的电气设备。

6）任何带电设备，未经验明无电时，一律视为有电，不准用手触及。

7）必须在低压配电设备上操作时，要经老师批准，并有专人监护。

4. 评分标准

以小组为单位，展示本组制订的工作计划，然后在老师点评基础上将工作计划修改完善，并根据以下评分标准进行评分。

◆ 评分表

评价内容	分值	评分			
		自我评价	小组评价	老师评价	平均分
计划制订得是否合理、完善	20				
任务要求是否明确	20				
工具清单是否正确、完善	20				
材料清单是否正确、完整	20				
人员分工是否合理、团结协作	20				
合计					

学习活动五　总结评价

◆ 综合评价表

评价项目	评价内容	评价标准	评价主体		
			自我	同学	老师
职业素养	安全意识 责任意识	A. 作风严谨，自觉遵守纪律，出色地完成任务 B. 能够遵守规章制度，较好地完成工作任务 C. 遵守规章制度，没完成工作任务 D. 不遵守规章制度，没完成工作任务			
	学习态度	A. 积极参与学习活动，全勤 B. 缺勤达到任务总学时的10% C. 缺勤达到任务总学时的20% D. 缺勤达到任务总学时的30%			

（续）

评价项目	评价内容	评价标准	评价主体		
			自我	同学	老师
职业素养	团队合作	A. 与同学协作融洽，团队合作意识强 B. 与同学能沟通，协同工作能力较强 C. 与同学能沟通，协同工作能力一般 D. 与同学沟通困难，协同工作能力较差			
专业能力	明确工作任务	A. 学习活动评价成绩为 90 ~ 100 分 B. 学习活动评价成绩为 75 ~ 89 分 C. 学习活动评价成绩为 60 ~ 74 分 D. 学习活动评价成绩为 0 ~ 59 分			
	学习相关知识	A. 学习活动评价成绩为 90 ~ 100 分 B. 学习活动评价成绩为 75 ~ 89 分 C. 学习活动评价成绩为 60 ~ 74 分 D. 学习活动评价成绩为 0 ~ 59 分			
	制订工作计划	A. 学习活动评价成绩为 90 ~ 100 分 B. 学习活动评价成绩为 75 ~ 89 分 C. 学习活动评价成绩为 60 ~ 74 分 D. 学习活动评价成绩为 0 ~ 59 分			
	任务实施	A. 学习活动评价成绩为 90 ~ 100 分 B. 学习活动评价成绩为 75 ~ 89 分 C. 学习活动评价成绩为 60 ~ 74 分 D. 学习活动评价成绩为 0 ~ 59 分			
创新能力	学习过程中提出具有创新性、可行性的建议		加分		
班级		姓名		综合评价等级	

课后思考

1. 常见的顺序控制包括（　　　　）流程、（　　　　）流程、（　　　　）流程。
2. 什么是电磁铁？什么是行程开关？其作用是什么？什么是接近开关？其作用是什么？
3. 状态流程图的三要素是什么？
4. 步进指令是由哪两个指令组成的？助记符分别是什么？操作元件分别是什么？
5. 在使用步进指令时，一定要先使用（　　　　）指令，进行（　　　　）。

任　务　十

全自动电镀生产线控制程序设计

学习目标：

1. 掌握 STL 和 RET 指令的注意事项。
2. 能够设计电镀生产流程的控制系统。
3. 掌握单流程顺序步进指令的编程思路。
4. 能设计步进指令编程的循环程序。
5. 能设计步进指令编程的停止程序。

情境描述：

全自动电镀生产线是按照一定的工艺要求，将有关的各种电镀处理槽、行车、机架、电气系统、电源设备、抽风系统、循环过滤系统、温控加热系统、空气搅拌系统、液位控制系统、阴极移动装置等构成一个完整的多功能自动控制系统。

学习活动一　明确工作任务

电镀生产线采用专用行车，行车架上装有可升降的吊钩，行车和吊钩各由一台电动机拖动，行车进退和吊钩升降由限位开关控制。生产线定为三槽位，工作循环为：起动后，吊钩由下向上移动，遇到上限位开关后，行车从左向右移动，到 3 号限位开关后（中间遇到 1 号和 2 号限位开关不响应），停止，吊钩下降，碰到下限位开关后停止，工件被放入电镀槽，电镀 30s 后，吊钩上升，遇到上限位开关后停止，停放 15s 后，行车左行，到 2 号限位开关位置时，行车停止，吊钩下降，遇到下限位开关后，停止，工件被放入回收槽，浸 1min 后，吊钩上升，遇到上限位开关，停 8s，接着左行，到 1 号限位开关位置时，吊钩下降，遇到下限位后停止，放入清水槽清洗 16s，然后吊钩上升，遇到上限位开关后停 6s，行车接着左行，当左限位开关弹起时，停止，吊钩下行，遇到下限位开关后，原位指示发光二极管点亮，指示回到原位。电镀生产线模拟控制如图 10-1 所示。

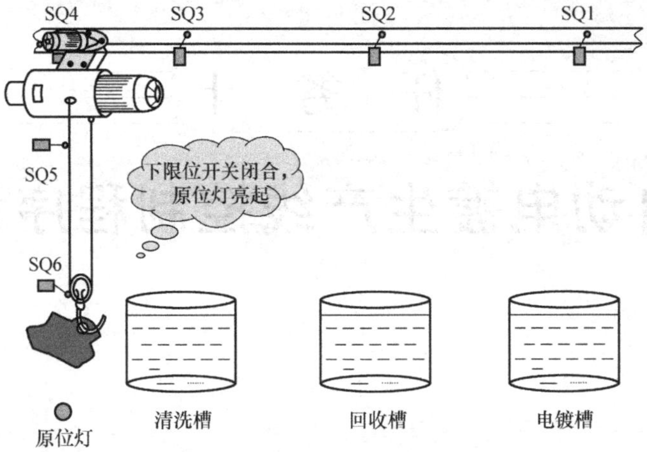

图 10-1 电镀生产线模拟控制

学习活动二 学习相关知识

◆ 引导问题：

1. 什么是电镀？你认为在日常生活中有哪些物品是通过电镀工艺完成的？
2. 如果你来设计这一套全自动电镀生产线，你都需要哪些设备？如何来放置？
3. 根据控制要求，整个工艺流程需要多少步骤？请画出状态流程图。
4. 根据你对控制流程的理解，整个系统需要多少个输入设备？分别是什么？
5. 整个系统需要多少个输出设备？分别是什么？

◆ 咨询资料：

一、什么是电镀

电镀是一种电化学过程，也是一种氧化还原过程。电镀的基本过程是：将零件浸在金属盐的溶液中作为阴极，金属板作为阳极，接直流电源后，在零件上沉积出所需的镀层。

电镀时，镀层金属或其他不溶性材料做阳极，待镀的工件做阴极，镀层金属的阳离子在待镀工件表面被还原，形成镀层。为排除其他阳离子的干扰且使镀层均匀、牢固，需用含镀层金属阳离子的溶液做电镀液，以保持镀层金属阳离子的浓度不变。电镀的目的是在基材上镀上金属镀层，改变基材表面的性质或尺寸。电镀能增强金属的耐蚀性（镀层金属多采用耐腐蚀的金属），增加硬度，防止磨耗，提高导电性、润滑性、耐热性和表面美观程度。

二、电镀的作用

电镀是利用电解作用在机械制品上沉积出附着良好但性能和基体材料不同的金属覆层的技术。电镀层比热浸层均匀，一般都较薄，从几个微米到几十微米不等。通过电镀，可以在机械制品上获得装饰保护性和各种功能性的表面层，还可以修复磨损和加工失误的工件。

此外，各种电镀有不同的作用，举例如下：

（1）镀铜　打底用，增进电镀层附着能力及耐蚀能力（铜容易氧化，氧化后，铜绿不再导电，所以镀铜产品一定要做铜保护）。

（2）镀镍　打底用或做外观，增进耐蚀能力及耐磨能力（其中化学镍的耐磨能力超过镀铬）。注意，现在许多电子产品，不再使用镍打底，主要是由于镍有磁性，会影响电性能里面的无源互调。

（3）镀金　改善导电接触阻抗，增进信号传输（金最稳定，也最贵）。

（4）镀钯镍　改善导电接触阻抗，增进信号传输，耐磨性高于金。

（5）镀锡铅　增进焊接能力。

（6）镀银　改善导电接触阻抗，增进信号传输（银性能最好，容易氧化，氧化后也导电）。

三、使用步进指令编程时的注意事项

1. 关于顺序

状态三要素的表达要按先任务再转移的方式编程，顺序不能颠倒。

2. 关于母线

STL 步进接入指令建立新母线功能，其后进行的输出及状态转移操作元件都在新母线上进行。

3. 关于元器件的使用

允许同一元器件的线圈在不同的 STL 接点后多次使用。但要注意，同一定时器不要在相邻的状态中使用，可以隔开一个状态使用。在同一程序段中，同一状态继电器也只能使用一次。

图 10-2a 所示的梯形图有错误。错误一，状态继电器 S20 在第一个逻辑行中已被使用，但在下面的逻辑行中又重复出现。错误二，同一定时器 T0 在状态继电器 S20 和 S21 中重复输出，状态继电器 S20 和 S21 为相邻的两个状态继电器，而同一定时器不可以在相邻的状态中使用，但可以隔开一个使用。图 10-2b 所示梯形图正确。

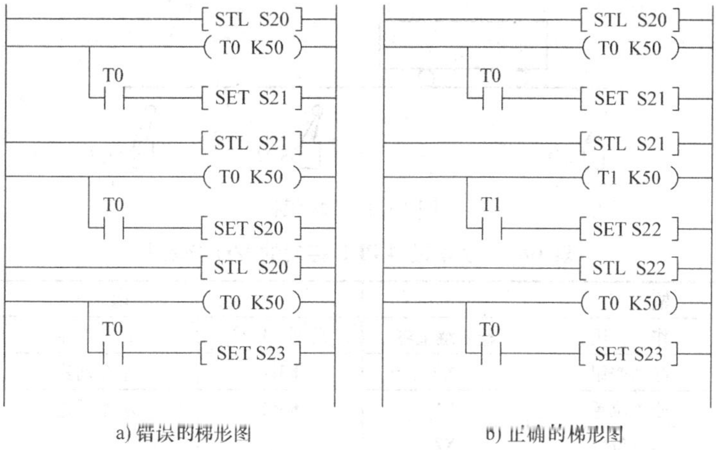

图 10-2　程序梯形图（一）

4. 状态继电器的自动复位

在一个步进状态继电器得电后，其对应的步进接点接通，其步进接点接通时具有主控作用，此时步进接点后面的电路块才动作，而步进接点断开时，其后的电路块不动作。在下一个状态继电器得电后，上一步进状态继电器自动复位，其对应的负载也复位，如要想让上一状态的线圈在下一状态继续保持得电，那么必须在上一状态时用置位指令 SET 对其负载线圈进行置位，如图 10-3 所示。

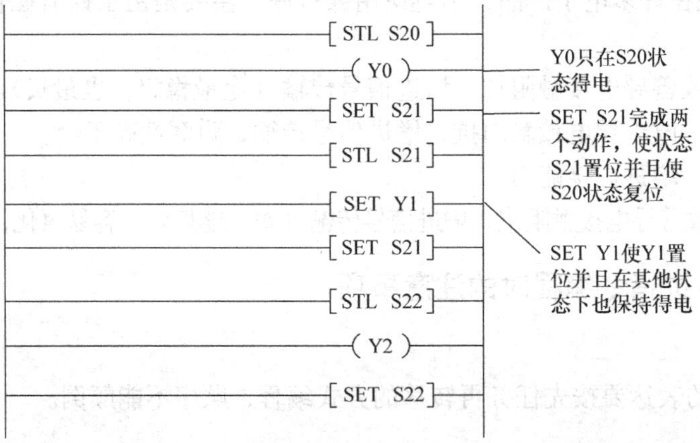

图 10-3　程序梯形图（二）

四、编程举例

例　小车运料。

1. 控制要求

如图 10-4 所示，小车动作要求为：在 SQ1 处按起动按钮后，小车前进至 SQ2 处，停止 6min 后，前进至 SQ3 处停 8min，然后后退至 SQ2 处停 6min，再后退至 SQ1 处完成一个工作循环小车运料 PLC 控制的 I/O 分配表见表 10-1。

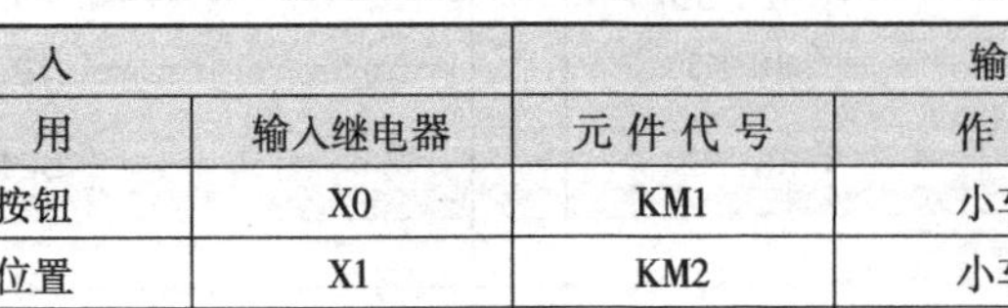

图 10-4　例题图

表 10-1　小车运料 PLC 控制的 I/O 分配表

输　入			输　出		
元件代号	作　用	输入继电器	元件代号	作　用	输出继电器
SB1	起动按钮	X0	KM1	小车前进	Y1
SQ1	原始位置	X1	KM2	小车后退	Y2
SQ2	停止位置	X2			
SQ3	停止位置	X3			

2. 步进状态思路

根据控制要求，可分为七个工作状态：第一步工作状态是在 SQ1 处时按下起动按钮，小车前进；第二步工作状态是小车前进到 SQ2 处时停止 6min；第三步工作状态是小车从 SQ2 位置前进至 SQ3 处；第四步工作状态是小车在 SQ3 处停止 8min；第五步工作状态是小车从 SQ3 处返回到 SQ2 处；第六步工作状态是小车在 SQ2 处停止 6min；第七步工作状态是小车从 SQ2 处返回到原位 SQ1 处。小车控制流程图如图 10-5 所示。

3. 编写程序梯形图

小车控制程序梯形图如图 10-6 所示。

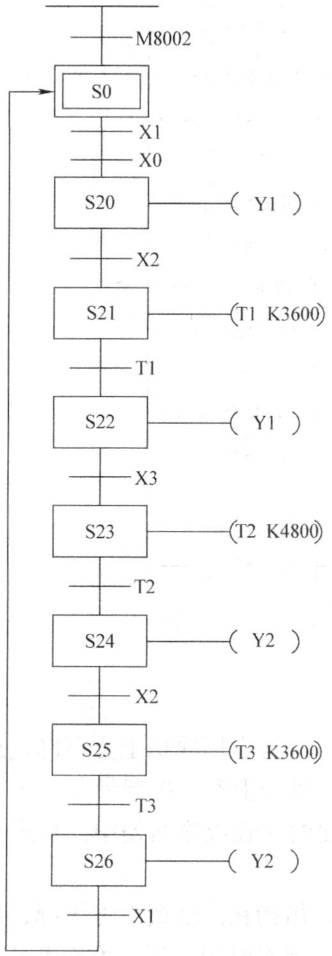

图 10-5　小车控制流程图

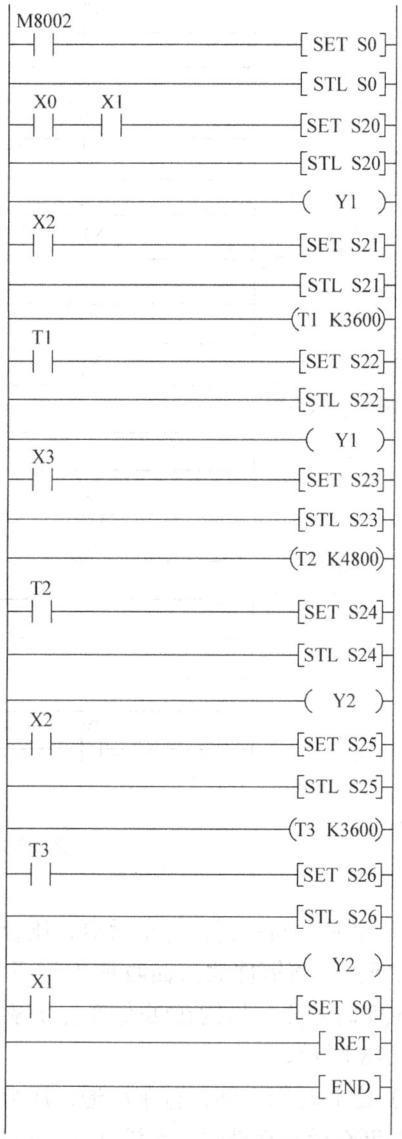

图 10-6　小车控制程序梯形图

五、任务分析

1）原位：行车停在 SQ4 位置，吊钩停在 SQ6 位置，工件挂到吊钩上。按下起动按钮，吊钩上升压合行程开关 SQ5 后，转到行车前进，直到压合行程开关 SQ1 时停止，吊钩在电镀槽上方下降，压合行程开关 SQ6 时，停止下降，镀件浸入镀液中，电镀时间为 30s，定时时间一到，吊钩上升，提起镀件，压合形成开关 SQ5 时停止上升。吊钩在电镀槽上方停 15s，以便镀件表面镀液流回到电镀槽中。程序梯形图如图 10-7 所示。

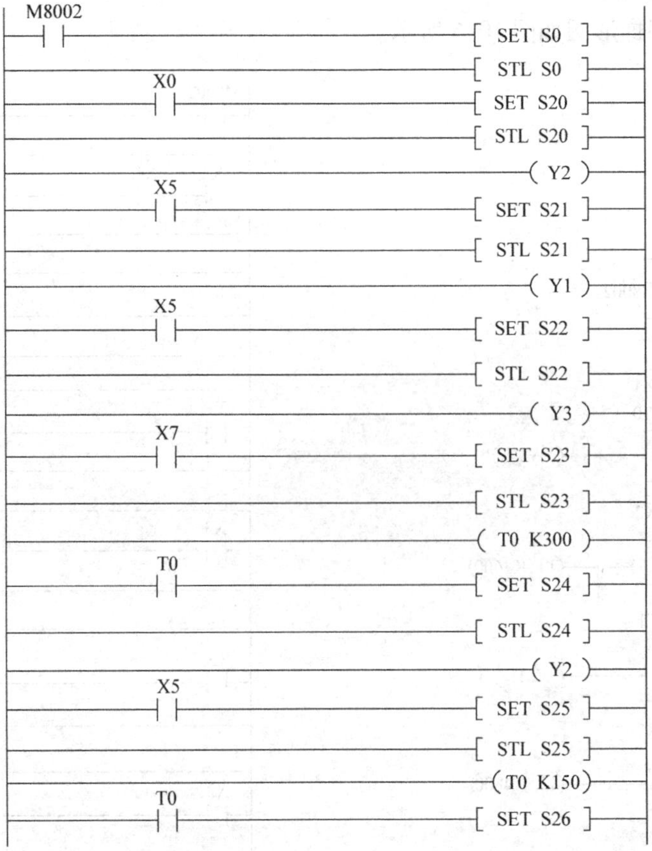

图 10-7　程序梯形图（三）

2）定时时间一到，行车后退，压合行程开关 SQ2 后，吊钩在回收槽上方下降，压合行程开关 SQ6，将镀件放入回收槽中停留 1min。时间一到，吊钩上升，提起镀件，压合行程开关 SQ5 时停止，吊钩在回收槽上方停 8s，以便镀件表面的回收液流回槽中。程序梯形图如图 10-8 所示。

3）定时时间一到，行车后退，压合行程开关 SQ3 后，吊钩在清洗槽上方下降，压合行程开关 SQ6 后将镀件放入清洗槽中进行清洗，时间为 16s。定时时间一到，吊钩上升，将镀件提起，直到压合行程开关 SQ5，吊钩停在清洗槽上方，让镀件表面的清水流回到清水槽，定时时间为 6s。程序梯形图如图 10-9 所示。

4）定时时间一到，行车后退，压合行程开关 SQ4 后，吊钩在原位上方下降，碰到行程开关 SQ6 停止，回到原位，操作人员将镀件取下，一个工作循环结束。程序梯形图如图 10-10 所示。

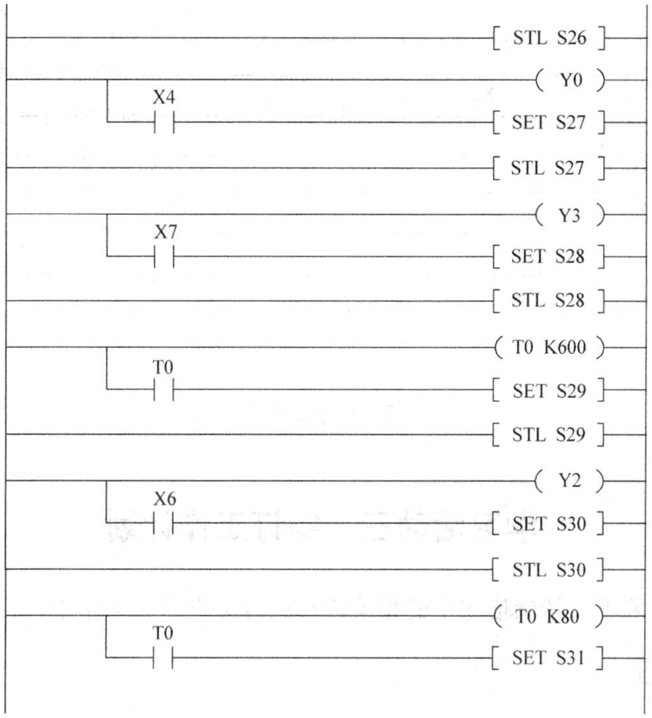

图 10-8　程序梯形图（四）

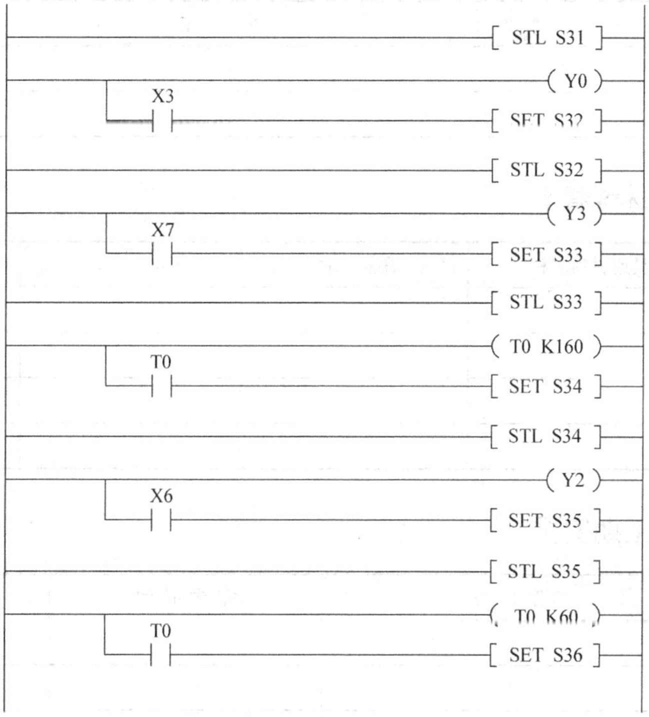

图 10-9　程序梯形图（五）

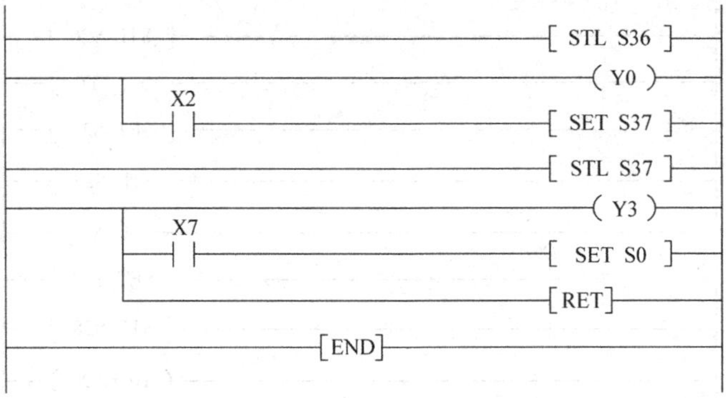

图 10-10　程序梯形图（六）

学习活动三　制订工作计划

根据工作任务要求及情景描述中的相关资料制订工作前、工作中、工作后计划。

一、人员分工

1. 小组负责人：
2. 小组成员及分工

姓　名	分　工

二、工具及材料清单

序　号	工具或材料名称	单　位	数　量	备　注

三、工序及工期安排

序　号	工作内容	完成时间	备　注

学习活动四　任务实施

1. 工艺要求

1）应能满足机械生产的工艺要求，能按照工艺顺序准确而可靠地工作。

2）电路结构力求简单，尽量选用常用的且经过实际考验的电路。

3）操作调整和检修方便。

4）具有各种必要的保护装置，确保在误操作时不会发生重大事故。

5）工作稳定，安全可靠，符合使用环境条件。

2. 技术规范

1）依据 I/O 分配表，完成 PLC 外部的接线。

2）检查插头、插座的簧片有无松动、断裂、掉线等情况。

3）接地极和接地系统施工完毕，接地电阻测试合格。

4）在控制室内搬运机柜、操作台等设备时，应预先铺胶皮地板，防止水平运输时损坏室内设施。搬运时，设备倾斜角度不得超过允许值。

5）应做好防潮、防火、防震等措施，存放条件应符合产品说明书要求。

3. 安全要求

1）运行中的电气设备必须按操作规程操作，如分断电源时应先断开负荷开关，后断开隔离开关；接通电源时，应先合隔离开关，后合负荷开关。

2）严格遵守停送电制度，切实做好各项应急的安全措施。

3）对现场电气设备及线路不熟悉者，不得拆卸或安装电气设备和零件。

4）在靠近带电体进行电工操作时，人与带电体应保持一定的安全距离（当电压为 400V 以下时安全距离为 0.3m 以上，当电压为 6～10kV 时安全距离为 0.7m 以上）。

5）不可用湿手触摸开关及带电设备，禁止用湿布擦拭运行中的电气设备。

6）任何带电设备，未经验明无电时，一律视为有电，不准用手触及。

7）必须在低压配电设备上操作时，要经老师批准，并有专人监护。

4. 评分标准

以小组为单位，展示本组制订的工作计划，然后在老师点评基础上将工作计划修改完善，并根据以下评分标准进行评分。

◆ 评分表

评价内容	分值	评分			
		自我评价	小组评价	老师评价	平均分
计划制订得是否合理、完善	20				
任务要求是否明确	20				
工具清单是否正确、完善	20				
材料清单是否正确、完整	20				
人员分工是否合理、团结协作	20				
合计					

学习活动五　总结评价

◆ 综合评价表

<table>
<tr><th rowspan="2">评价项目</th><th rowspan="2">评价内容</th><th rowspan="2">评价标准</th><th colspan="3">评价主体</th></tr>
<tr><th>自我</th><th>同学</th><th>老师</th></tr>
<tr><td rowspan="3">职业素养</td><td>安全意识
责任意识</td><td>A. 作风严谨，自觉遵守纪律，出色地完成任务
B. 能够遵守规章制度，较好地完成工作任务
C. 遵守规章制度，没完成工作任务
D. 不遵守规章制度，没完成工作任务</td><td></td><td></td><td></td></tr>
<tr><td>学习态度</td><td>A. 积极参与学习活动，全勤
B. 缺勤达到任务总学时的 10%
C. 缺勤达到任务总学时的 20%
D. 缺勤达到任务总学时的 30%</td><td></td><td></td><td></td></tr>
<tr><td>团队合作</td><td>A. 与同学协作融洽，团队合作意识强
B. 与同学能沟通，协同工作能力较强
C. 与同学能沟通，协同工作能力一般
D. 与同学沟通困难，协同工作能力较差</td><td></td><td></td><td></td></tr>
<tr><td rowspan="4">专业能力</td><td>明确工作任务</td><td>A. 学习活动评价成绩为 90 ~ 100 分
B. 学习活动评价成绩为 75 ~ 89 分
C. 学习活动评价成绩为 60 ~ 74 分
D. 学习活动评价成绩为 0 ~ 59 分</td><td></td><td></td><td></td></tr>
<tr><td>学习相关知识</td><td>A. 学习活动评价成绩为 90 ~ 100 分
B. 学习活动评价成绩为 75 ~ 89 分
C. 学习活动评价成绩为 60 ~ 74 分
D. 学习活动评价成绩为 0 ~ 59 分</td><td></td><td></td><td></td></tr>
<tr><td>制订工作计划</td><td>A. 学习活动评价成绩为 90 ~ 100 分
B. 学习活动评价成绩为 75 ~ 89 分
C. 学习活动评价成绩为 60 ~ 74 分
D. 学习活动评价成绩为 0 ~ 59 分</td><td></td><td></td><td></td></tr>
<tr><td>任务实施</td><td>A. 学习活动评价成绩为 90 ~ 100 分
B. 学习活动评价成绩为 75 ~ 89 分
C. 学习活动评价成绩为 60 ~ 74 分
D. 学习活动评价成绩为 0 ~ 59 分</td><td></td><td></td><td></td></tr>
<tr><td>创新能力</td><td colspan="2">学习过程中提出具有创新性、可行性的建议</td><td colspan="3">加分</td></tr>
<tr><td>班级</td><td></td><td>姓名</td><td colspan="2">综合评价等级</td><td></td></tr>
</table>

课后思考

1. 要求用步进指令编辑：当触发开关 X0 时小灯 Y0 亮，触发 X1 时 Y1 亮、Y0 灭，触发 X2 时小灯 Y0 亮、Y1 灭，同时步进程序结束。

2. 要求用步进指令编辑：按下起动按钮后 3 台电动机顺序起动，每 5s 起动一台，并且后级起动时前级不能停止。

任务十一

数控钻床控制程序流程设计

学习目标：

1. 掌握用 PLC 编程软件 GX Developer 编写顺序功能图的技能。
2. 能够用顺序功能图（SFC）设计机械手的生产流程控制系统。
3. 掌握单流程结构顺序功能图的编程方法。
4. 掌握多流程结构顺序功能图的编程方法。

情境描述：

钻床是用钻头在工件上加工孔的机床。通常钻头旋转为主运动，钻头轴向移动为进给运动，即工件固定不动，刀具做旋转运动。由于操作要求的特殊性，需要编程控制刀具（即钻头）的运动，而且钻头应能根据钻孔的程度做出相应的响应。

学习活动一　明确工作任务

某专用数控钻床用来加工圆盘状零件上均匀分布的 6 个孔，操作人员放好工件后，按下起动按钮 X0，Y0 的状态变为 ON，工件被夹紧，夹紧后压力继电器 X1 的状态为 ON，Y1 和 Y3 使两个钻头同时开始工作，钻到由限位开关 X2 和 X4 设定的深度时，Y2 和 Y4 使两个钻头同时上行，升到由限位开关 X3 和 X5 设定的起始位置时停止上行。两个钻头都到位后，Y5 使工件旋转 60°，旋转到位时，X6 为 ON，同时设定值为 3 的计数器 C0 的当前值加 1，旋转结束后，又开始钻第 2 对孔。3 对孔都钻完后，计数器的当前值等于设定值 3，Y6 使工件松开，松开到位时，限位开关 X7 的状态为 ON，系统返回初始状态。据此编写出顺序功能图。

学习活动二　学习相关知识

◆ 引导问题：

1. 什么是顺序功能图？你认为在编程过程中什么时候能够用到顺序功能图？
2. 钻床的工作原理是什么？你都需要哪些 PLC 的基本元器件来完成钻孔操作？
3. 根据控制要求，整个工艺流程需要多少步骤？请画出状态流程图。

4. 根据你对控制流程的理解，整个系统需要多少个输入？分别是什么？

5. 整个系统需要多少个输出设备？分别是什么？给出 I/O 图。

◆ **咨询资料：**

使用三菱 PLC 编程软件 GX Developer 编制 SFC 顺序功能图的方法。

一、单序列 SFC 程序的编制方法

在此举例介绍单序列 SFC 程序的编制方法。

自动闪烁信号的生成：PLC 通电后 Y0、Y1 以 1s 为周期交替闪烁。梯形图和指令表如图 11-1 所示。

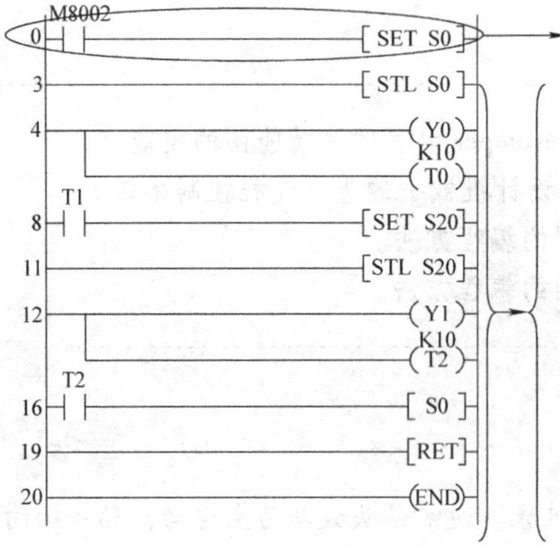

a) 梯形图

0	LD	M8002	
1	SET	S0	
3	STL	S0	
4	OUT	Y0	
5	OUT	T0	K10
8	LD	T1	
9	SET	S20	
11	STL	S20	
12	OUT	Y1	
13	OUT	T2	K10
16	LD	T2	
17	OUT	S0	
19	RET		
20	END		

启动初始步

b) 指令表

图 11-1　梯形图和指令表

下面对图 11-2 所示的 SFC 程序做总体介绍。一个完整的 SFC 程序由初始状态、方向线、转移条件和转移方向组成。在 SFC 程序中，初始状态必须是有效的，所以要有启动初始状态的条件在 SFC 程序中启动初始步要用梯形图，本例中梯形图的第一行表示启动初始步。下面介绍具体的程序输入。

图 11-2　SFC 程序

启动 GX Develop 编程软件，单击“工程”菜单，选择“创建新工程”菜单项或单击“新建工程”按钮 🗋（见图 11-3），弹出“创建新工程”对话框，如图 11-4 所示。

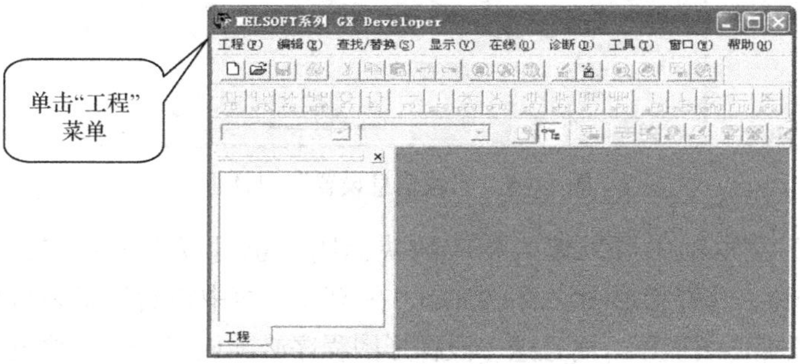

图 11-3　GX Develop 编程软件窗口

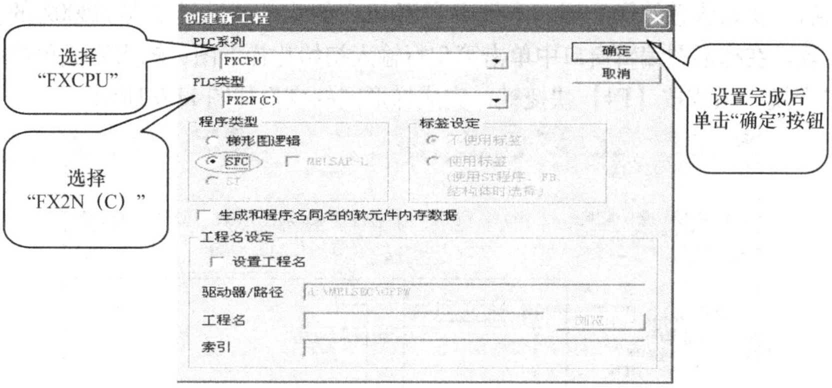

图 11-4　“创建新工程”对话框

在此介绍三菱系列 PLC，所以在“PLC 系列”下拉列表框中选择“FXCPU”，在“PLC 类型”下拉列表框中选择“FX2N（C）”，在“程序类型”项中选择“SFC”，在工程设置项中设置好工程名和保存路径之后单击“确定”按钮。

弹出块列表窗口，如图 11-5 所示。

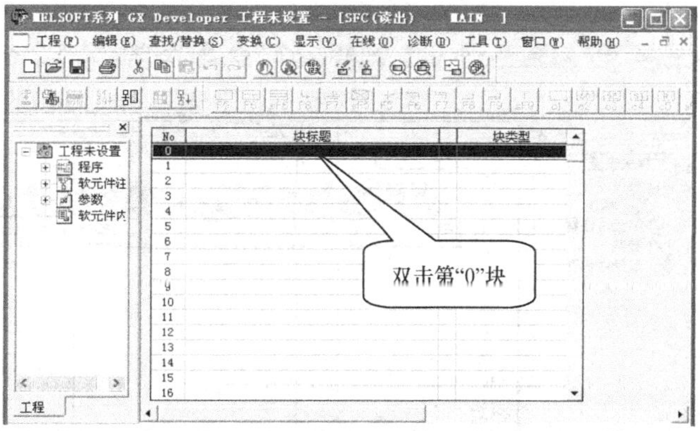

图 11-5　块列表窗口

双击第“0”块或其他块，弹出“块信息设置”对话框，如图 11-6 所示。

图 11-6 “块信息设置”对话框

在“块标题”文本框中可以填入相应的块标题（也可以不填），在“块类型”中选中“梯形图块”单选钮，选择梯形图块的原因是，在 SFC 程序中初始状态必须是激活的，而激活的方法是利用一段梯形图程序，而且这一段梯形图程序必须放在 SFC 程序的开头部分。在以后的 SFC 编程中，初始状态的激活都是利用一段梯形图程序，放在 SFC 程序的第一部分（即第一块），单击“执行”按钮，弹出梯形图编辑窗口（见图 11-7 和图 11-8），在右边梯形图编辑窗口中输入启动初始状态的梯形图。本例中利用 PLC 的一个辅助继电器 M8002 的上电脉冲使初始状态生效。在梯形图编辑窗口中单击第 0 行输入初始化梯形图，输入完成单击“变换”菜单，选择“变换”项或按【F4】快捷键，完成梯形图的变换如图 11-9 所示。

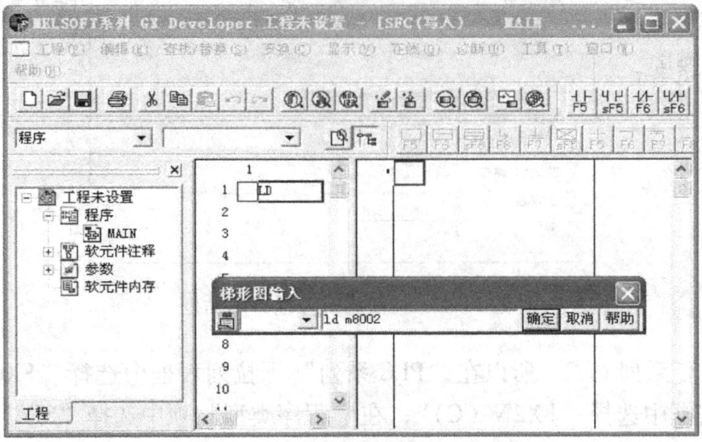

图 11-7 梯形图编辑窗口（一）

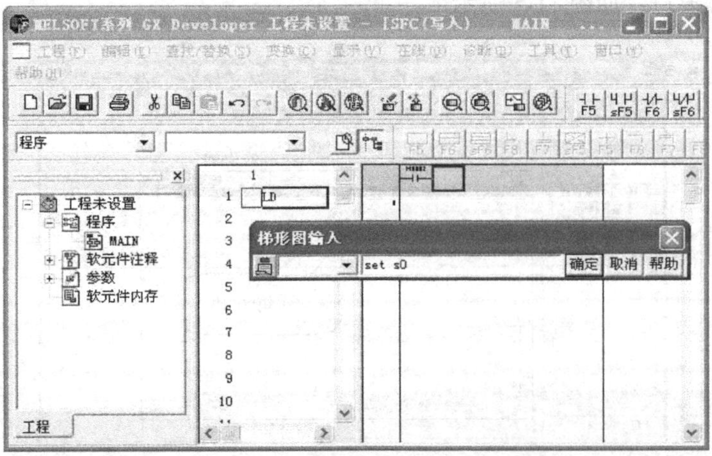

图 11-8 梯形图编辑窗口（二）

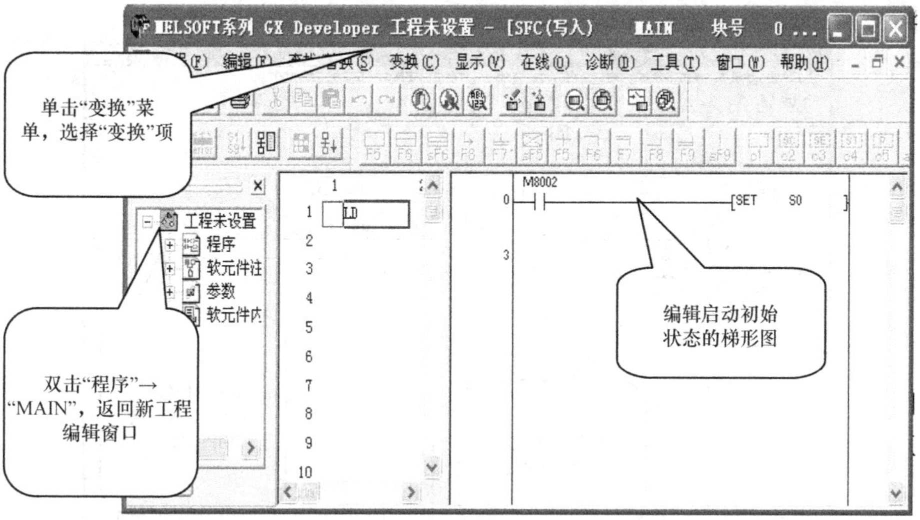

图 11-9　梯形图输入完毕窗口

注意：如果想使用其他方式启动初始状态，只需要改动上图中的起动脉冲 M8002 即可；如果有多种方式启动初始化，进行触点的并联即可。需要说明的是，在每一个 SFC 程序中至少有一个初始状态，且初始状态必须在 SFC 程序的最前面。在 SFC 程序的编制过程中，每一个状态中的梯形图编制完成后只有进行变换，才能进行下一步工作，否则将弹出出错信息，如图 11-10 所示。

图 11-10　梯形图输入未变换弹出窗口

以上完成了程序的第一块（梯形图块），双击工程数据列表窗口中的“程序”→“MAIN”，返回块列表窗口（见图 11-5）。双击第一块，在弹出的“块信息设置”对话框中选中“SFC 块”单选钮（见图 11-11），在“块标题”文本框中可以填入相应的标题或什么也不填，单击“执行”按钮，弹出 SFC 程序编辑窗口（见图 11-12），在 SFC 程序编辑窗口中光标变成空心矩形。

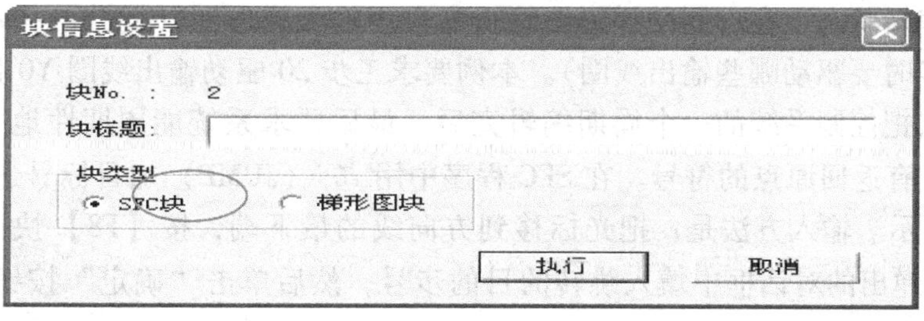

图 11-11　“块信息设置”对话框

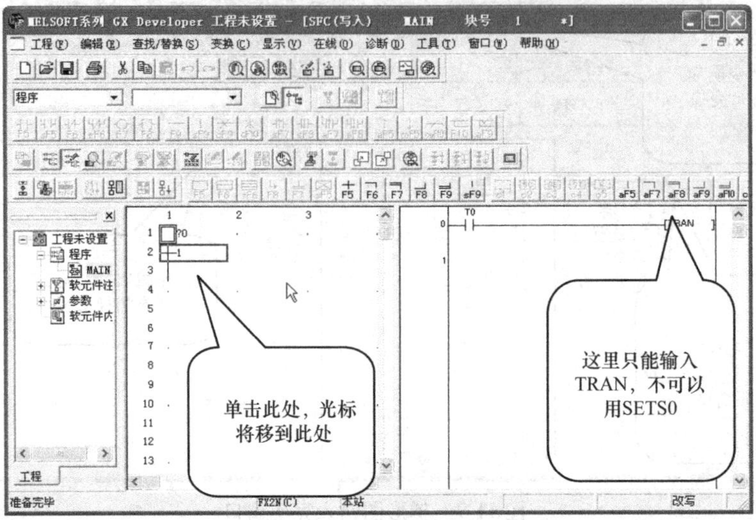

图 11-12　SFC 程序编辑窗口

说明：在 SFC 程序中每一个状态或转移条件都是以 SFC 符号的形式出现在程序中，每一种 SFC 符号都对应有图标和图标号。下面输入使状态发生转移的条件，在 SFC 程序编辑窗口中将光标移到第一个转移条件符号处（如图 11-11 中的标注），在右侧梯形图编辑窗口中输入使状态转移的梯形图。细心的读者从图 11-11 中可以看出，T0 触点驱动的不是线圈，而是 TRAN 符号，表示转移（Transfer）。在 SFC 程序中所有的转移都用 TRAN 表示，不可以用 SET + S0 语句表示，这一点请注意。在这里梯形图的编辑不再赘述，编辑完一个条件后按【F4】快捷键转换，转换后梯形图由原来的灰色变成亮白色，这时 SFC 程序编辑窗口中 1 前面的问号（?）不见了。下面输入下一个工步，在左侧的 SFC 程序编辑窗口中把光标下移到方向线底端，单击工具栏中的“工具”按钮或按【F5】快捷键，弹出“SFC 符号输入”对话框，如图 11-13 所示。

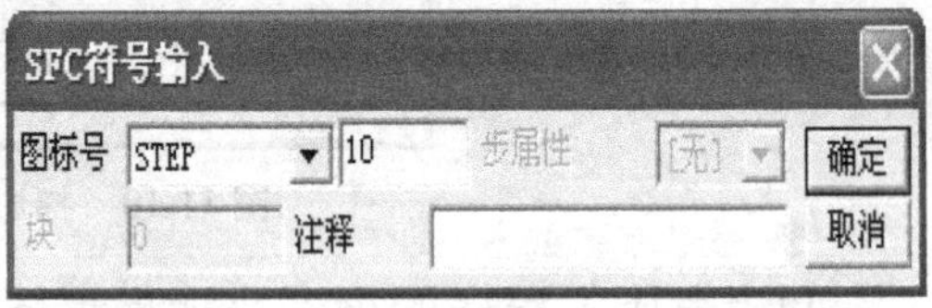

图 11-13　“SFC 符号输入”对话框

输入图标号后单击“确定”按钮，这时光标将自动向下移动，此时步图标号前面有一个问号（?），表示对此步还没有进行梯形图编辑，同时右边的梯形图编辑窗口是灰色的不可编辑状态，如图 11-14 所示。

下面对工步进行梯形图编程：将光标移到步符号处（在步符号处单击），此时右边的窗口变成可编辑状态，在右侧的梯形图编辑窗口中输入梯形图（此处的梯形图是指程序运行到此工步时要驱动哪些输出线圈）。本例要求工步 20 驱动输出线圈 Y0 以及 T0 线圈。用相同的方法把控制系统的一个周期编辑完后，最后要求系统能周期性地工作，所以在 SFC 程序中要有返回原点的符号。在 SFC 程序中用（JUMP）加目标号进行返回操作，如图 11-14 所示。输入方法是：把光标移到方向线的最下端，按【F8】快捷键或者单击按钮，在弹出的对话框中填入跳转的目的步号，然后单击“确定”按钮，如图 11-15 所示。

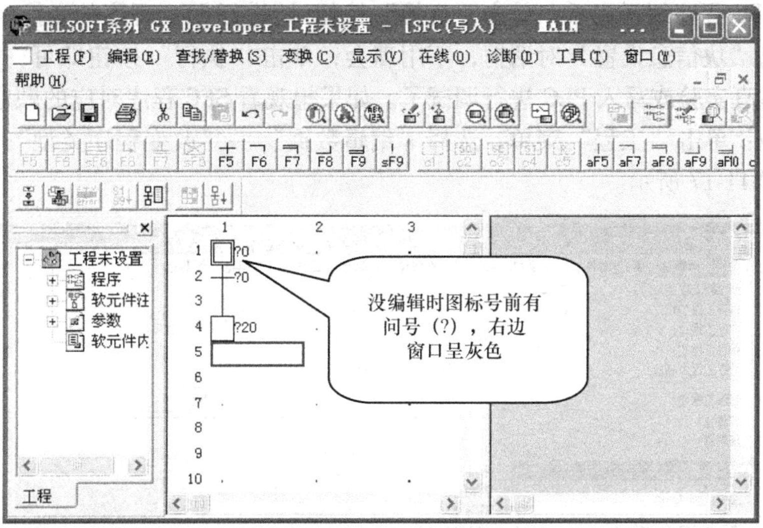

图 11-14　没编辑的步

图 11-15　输入跳转符号

如果在程序中有选择分支，要用 JUMP + “标号”来表示。此用法在后续的课程中有介绍，在此只编写了单序列的 SFC 功能图，如图 11-16 所示。

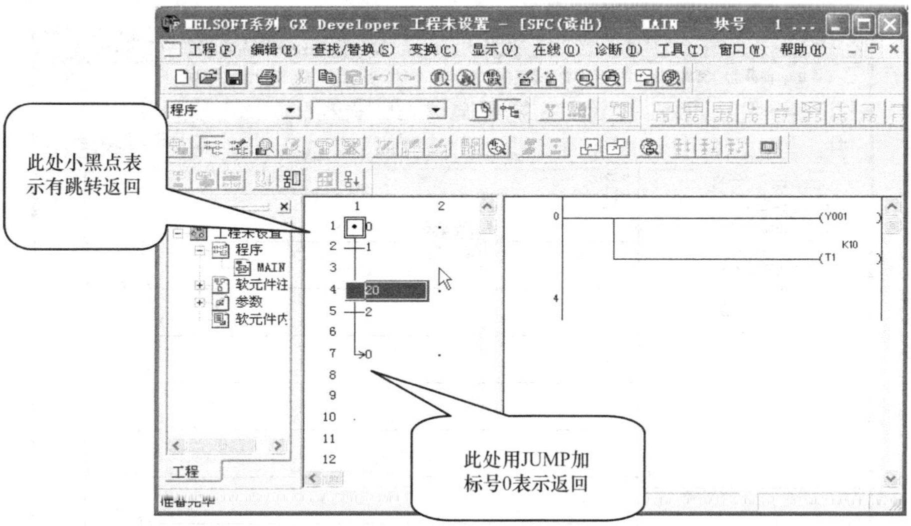

图 11-16　完整的 SFC 程序

在输入完跳转符号后，在 SFC 编辑窗口中可以看到有跳转返回步符号的方框中多了一个小黑点，这说明此工步是跳转返回的目标步，这为阅读 SFC 程序提供了方便。

所有的 SFC 程序编辑完后，单击“变换”按钮进行 SFC 程序的变换（编译）。如果在变换时弹出“块信息设置”对话框，不用理会，单击“执行”按钮即可，变换后的程序就可以进行仿真实验或写入 PLC 进行调试了。如果想观看 SFC 程序对应的顺序控制梯形图，则可以这样做：单击“工程”菜单，选择“编辑数据”→“改变程序类型”选项，进行数据变换，如图 11-17 所示。

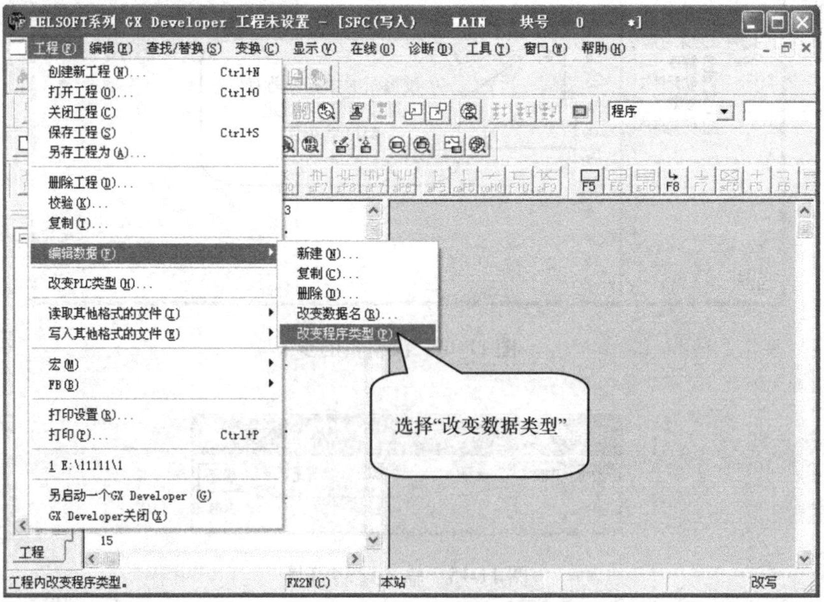

图 11-17　数据变换

改变后可以看到由 SFC 程序变换成的程序梯形图，如图 11-18 所示。

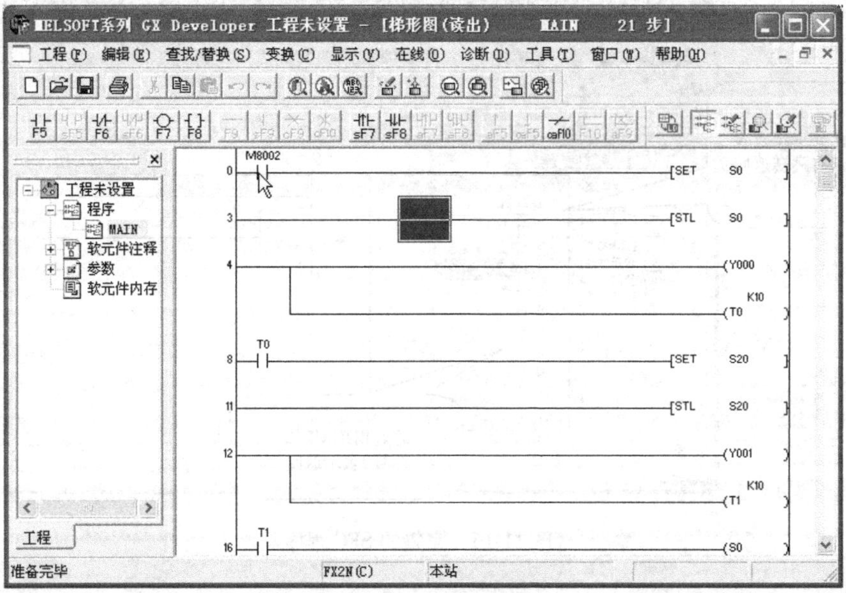

图 11-18　转化后的程序梯形图

小结：以上介绍了单序列的 SFC 程序的编制方法。在 SFC 程序中仍然需要进行梯形图的设计。SFC 程序中所有的状态转移都用 TRAN 表示，这一点一定要注意区别，在你明白了 TRAN 的用法后，你就会觉得 SFC 程序的设计是如此的简单。

二、多流程结构的编程方法

多流程结构是指状态与状态之间有多个工作流程的 SFC 程序。多个流程之间是通过并联方式进行连接的。并联连接的流程可以有选择性分支、并行分支、选择性汇合、并行汇合等连接方式。

首先根据工作任务可以在练习纸上编辑出顺序控制功能图。打开 GX Developer 软件，设置方法在前面已经介绍，在此不再赘述。在此仍然利用 M8002 作为启动脉冲，程序的第一块是输入梯形图，按照单序列 SFC 程序的输入方法操作。

根据任务要求，初始状态时要做的工作是复位 C0 计数器（见图 11-19），因此对初始状态做了一些处理，然后把光标移到初始状态符号处，在右边窗口中输入梯形图，接下来的状态转移程序的输入与单序列 SFC 程序相同。当程序运行到 X1 的状态为 ON 时（压力继电器敞开触点闭合），要求两个钻头同时开始工作，所以程序开始分支。

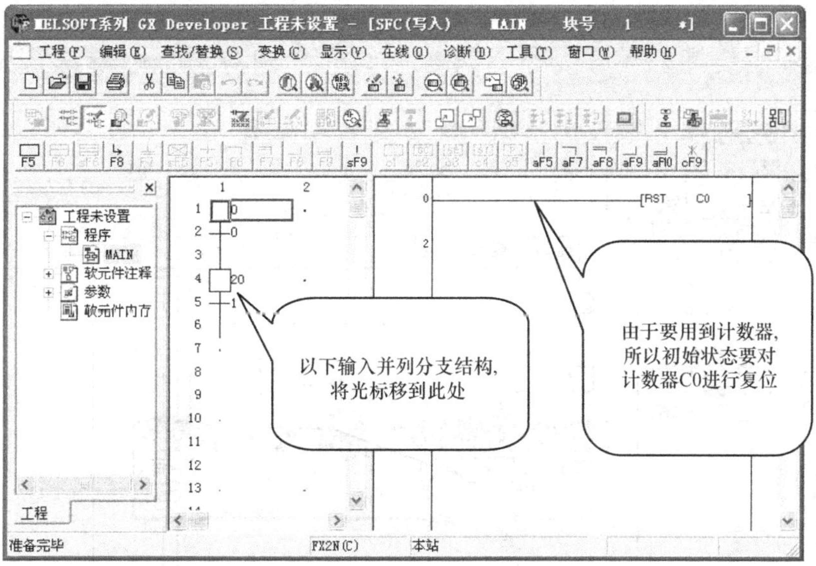

图 11-19　程序输入

接下来输入并行分支，控制要求 X1 触点接通，状态发生转移，将光标移到条件 1 方向线的下方，单击工具栏中的并列分支写入按钮 aF8 或者按【Alt】+【F8】快捷键，使并列分支写入按钮处于按下状态，在光标处按住鼠标左键横向拖动，直到出现一条细蓝线，放开鼠标，这样一条并列分支线就被输入了，如图 11-20 所示。

注意：在用鼠标进行划线写入时，只有出现蓝色细线时才可以放开鼠标，否则输入失败。

并列分支线也可以采用另一种方法输入。双击转移条件 1，弹出 SFC 符号输入对话框，如图 11-21 所示。

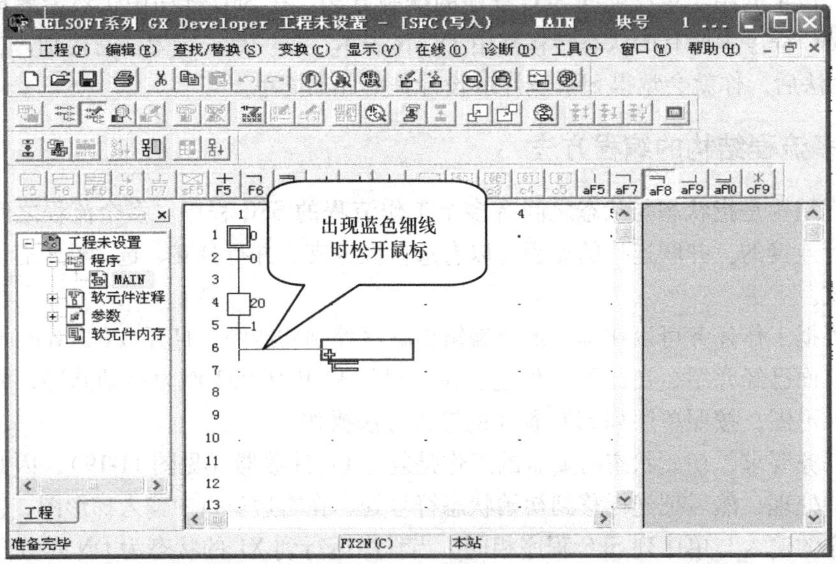

图 11-20　并列分支线的输入（方法一）

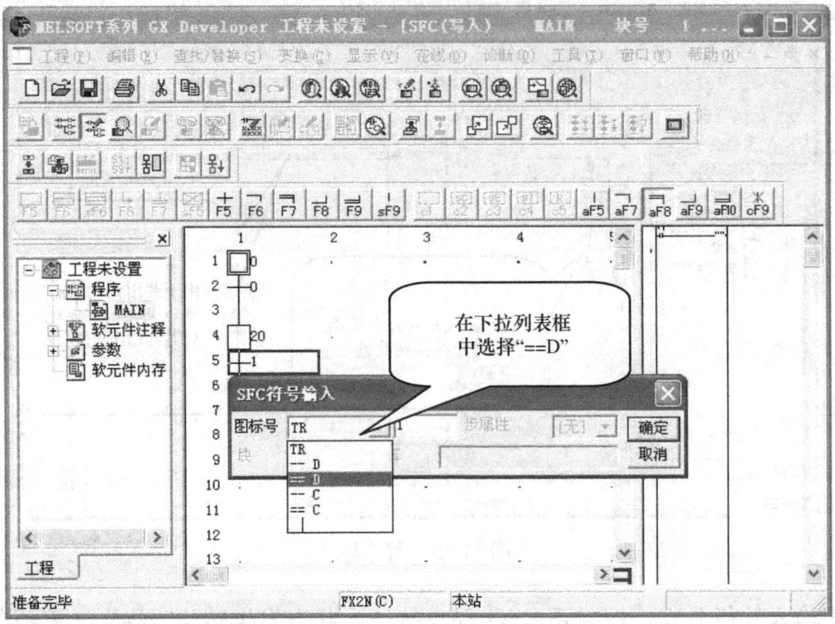

图 11-21　并列分支线的输入（方法二）

在“图标号”下拉列表框中选择第三行“= = D”项，单击“确定”按钮返回，完成一条并列分支线的输入，如图 11-22 所示。

利用单序列 SFC 程序的操作方法，分别在两个分支下面输入各自的状态符号和转移条件符号，如图 11-23 所示。图 11-23 中每条分支表示一个钻头的工作状态。

两个分支输入完成后要有分支汇合。将光标移到步符号 23 的下面，双击，弹出“SFC 符号输入”对话框，选择“= = C”项，单击“确定”按钮返回，如图 11-24 所示。

继续输入程序，在两条并列分支汇合完毕后，钻头都已回到初始位置，接下来使工件旋转60°，程序如图11-24所示。输入完成后程序又出现了选择分支。将光标移到步符号27的下端双击，弹出“SFC符号输入”对话框，在图标号下拉列表框中选择“--D”项，单击“确定”按钮返回SFC程序编辑区，这样一个选择分支的输入就完成了，如图11-25所示。如果利用鼠标选择分支符号，则单击工具栏中的“工具”按钮 aF7 或利用快捷键【Alt】+【F7】，此时选择分支划线写入按钮呈按下状态，把光标移到需要写入选择分支的地方按住鼠标左键并拖动鼠标，直到出现蓝色细线时放开鼠标左键，一条选择分支线的写入就完成了。

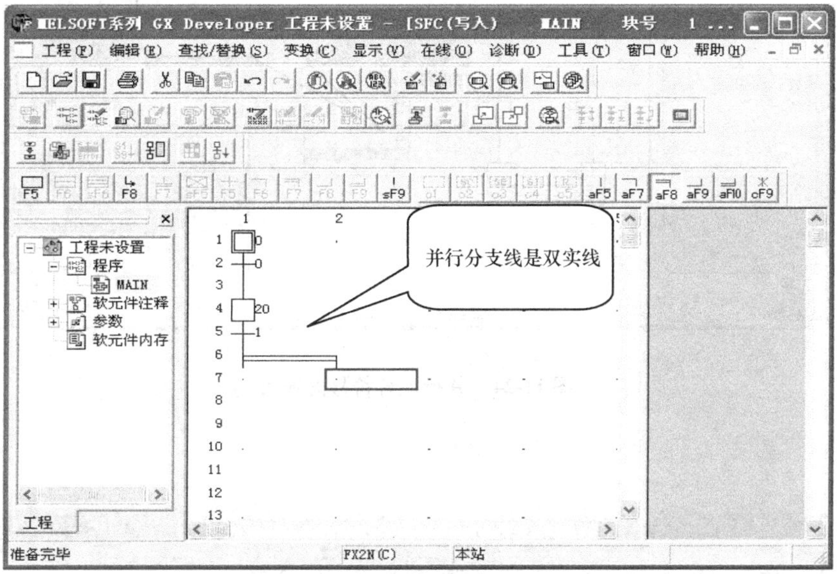

图11-22　并列分支线输入后

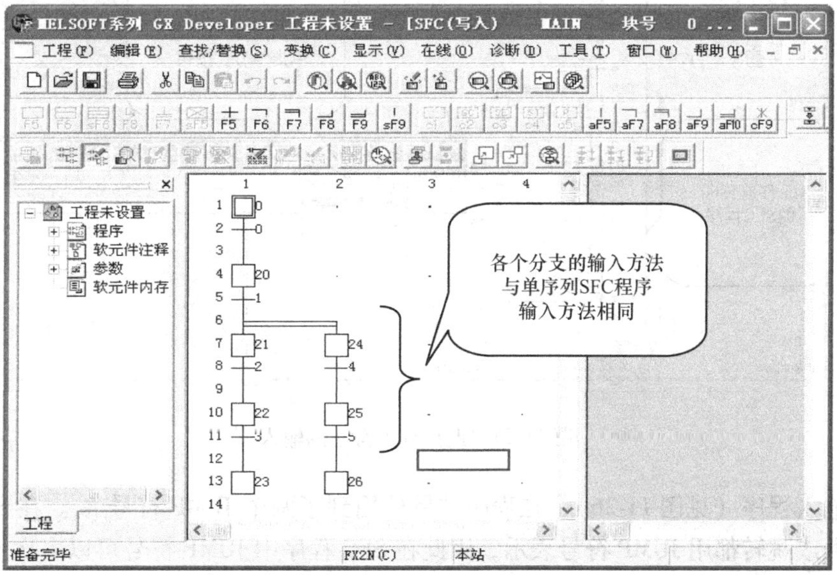

图11-23　分支符号的输入

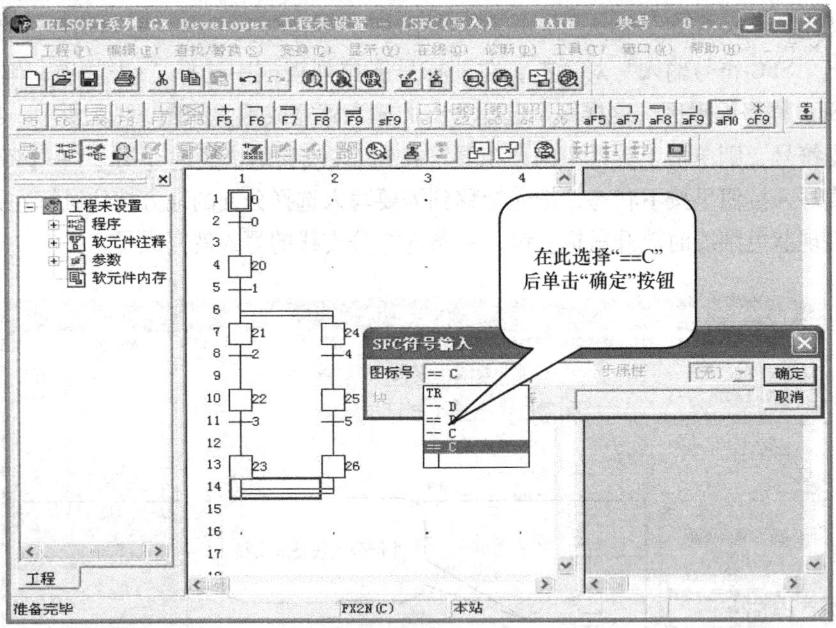

图 11-24　并行汇合符号的输入

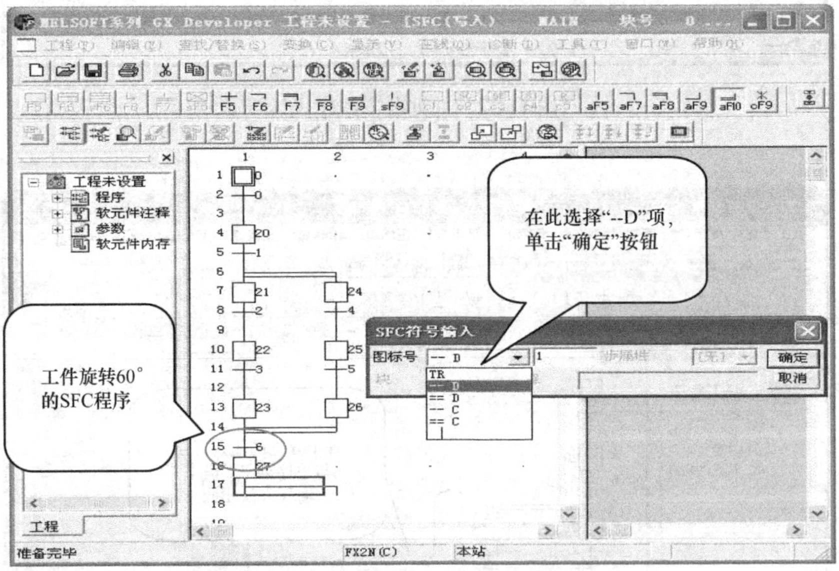

图 11-25　选择分支符号的输入

继续输入程序（见图 11-26），在程序结尾处用到了两个 JUMP 符号。在 SFC 程序中状态的返回或跳转都用 JUMP 符号表示，因此在 SFC 程序中 JUMP 符号可以多次使用，只需在 JUMP 符号后面加目的标号即可达到返回或跳转的目的。

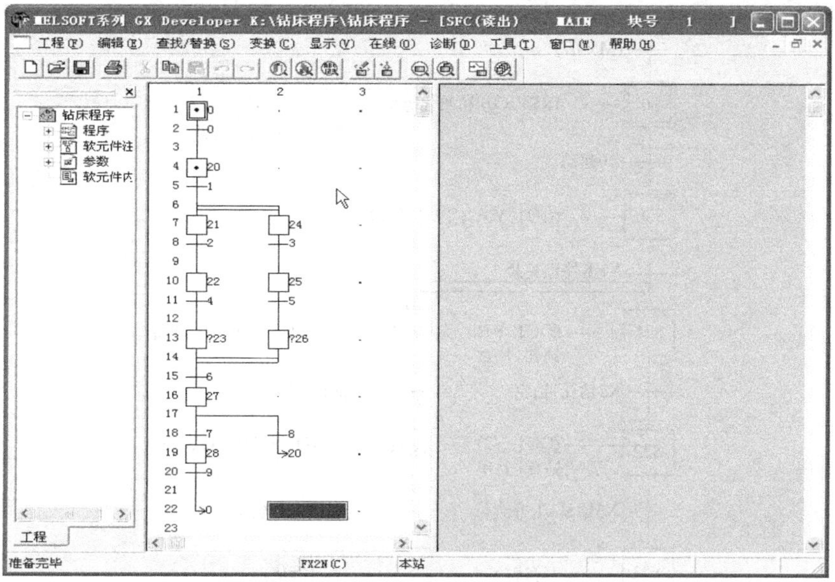

图 11-26　完整的程序

以上完成了整个程序的输入。

如果双击 JUMP 符号，则在弹出的 SFC 符号输入对话框（见图 11-27）中会看到步属性下拉框处于激活状态，而且两个选项分别是［无］和［R］。当选择［R］时，跳转符号由↳0变为↓。［R］表示复位操作，意思是复位目的标号处的状态继电器。利用［R］的复位作用可以在系统中增加暂停或急停等操作。

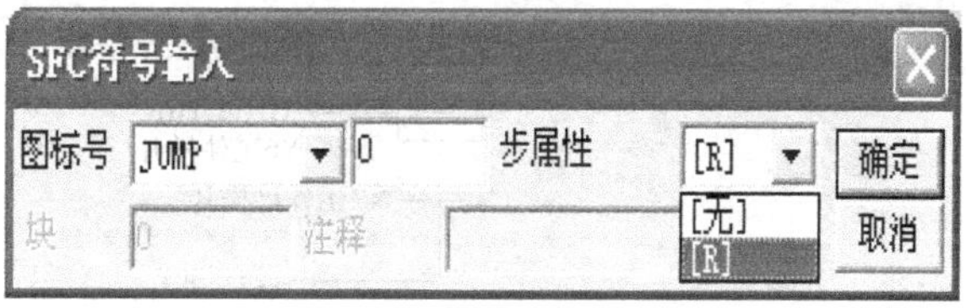

图 11-27　SFC 符号输入对话框

三、任务分析

根据工作任务要求，在练习纸上画出顺序控制功能图，如图 11-28 所示。

打开 GX developer 软件，利用 M8002 作为启动脉冲，程序的第一块输入梯形图，按照单序列 SFC 程序输入方法操作。

初始状态时要做的工作就是复位 C0 计数器，因此对初始状态做些处理，把光标移到初始状态符号处，在右边窗口中输入梯形图（见图 11-29），接下来的状态转移程序的输入与单序列 SFC 程序输入方法相同。程序运行到 X1 为 ON 时（压力继电器敞开触点闭合），要求两个钻头同时开始工作，所以程序开始分支。

接下来输入并行分支，控制要求 X1 触点接通后状态发生转移，将光标移到条件 1 方向线的下方，单击工具栏中的并列分支写入按钮 aF8 或者按【Alt】+【F8】快捷键，使并列分支写入按钮处于按下状态，在光标处按住鼠标左键横向拖动，直到出现一条细蓝线，放开鼠标左键，这样一条并列分支线就被输入了，如图 11-30 所示。

注意：在用鼠标进行划线写入操作时，只有出现蓝色细线时才可以放开鼠标左键，否则输入失败。

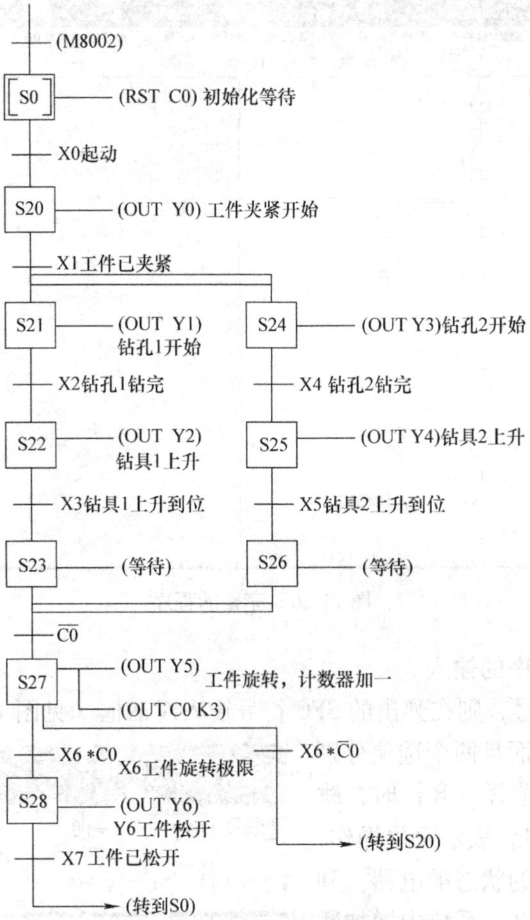

图 11-28　顺序控制功能图

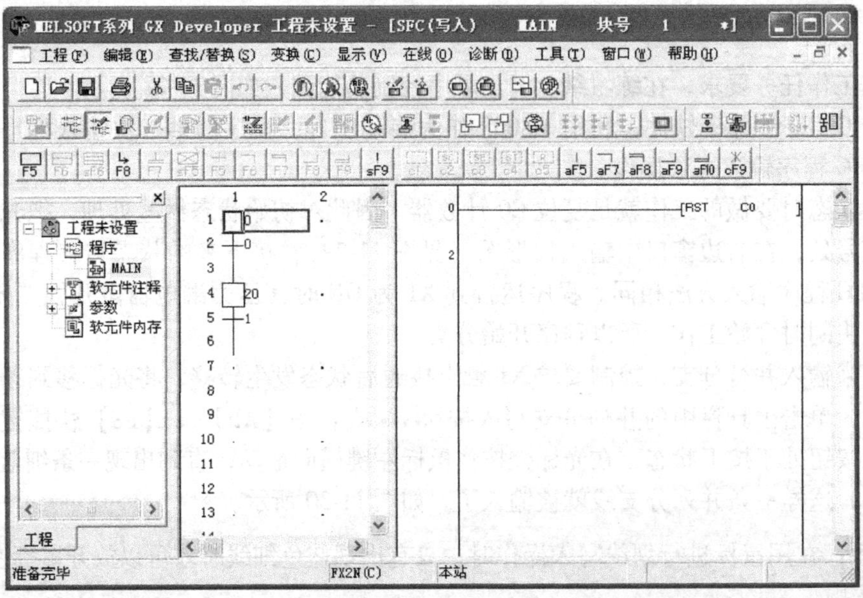

图 11-29　输入梯形图

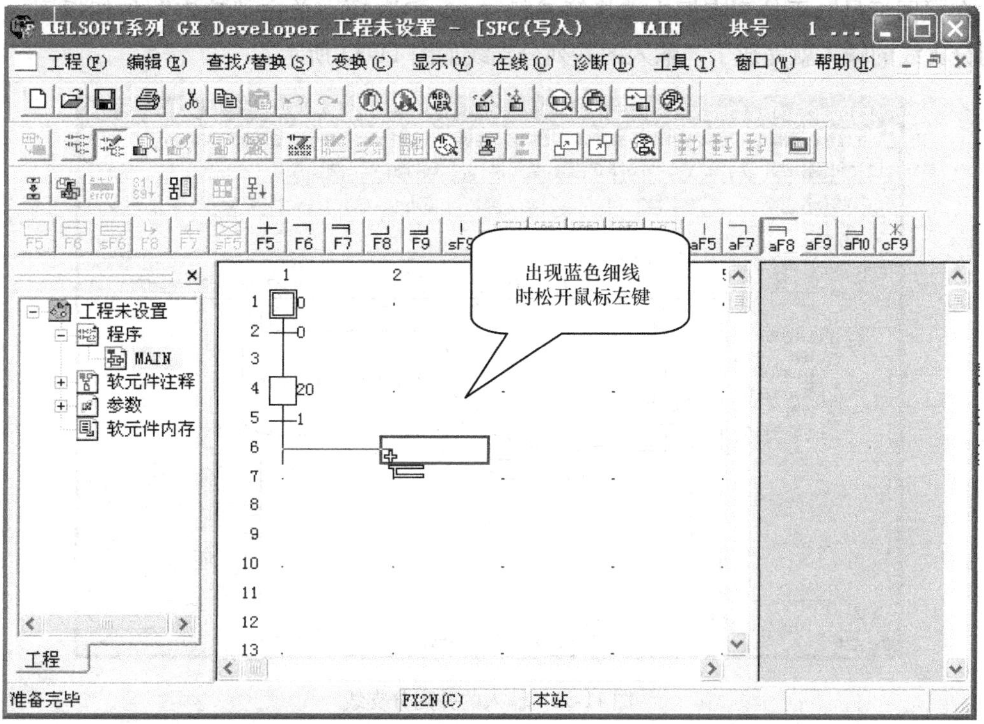

图 11-30　并列分支线的输入方法一

并列分支线也可以采用另一种方法输入，即双击转移条件 1，弹出“SFC 符号输入”对话框，如图 11-31 所示。

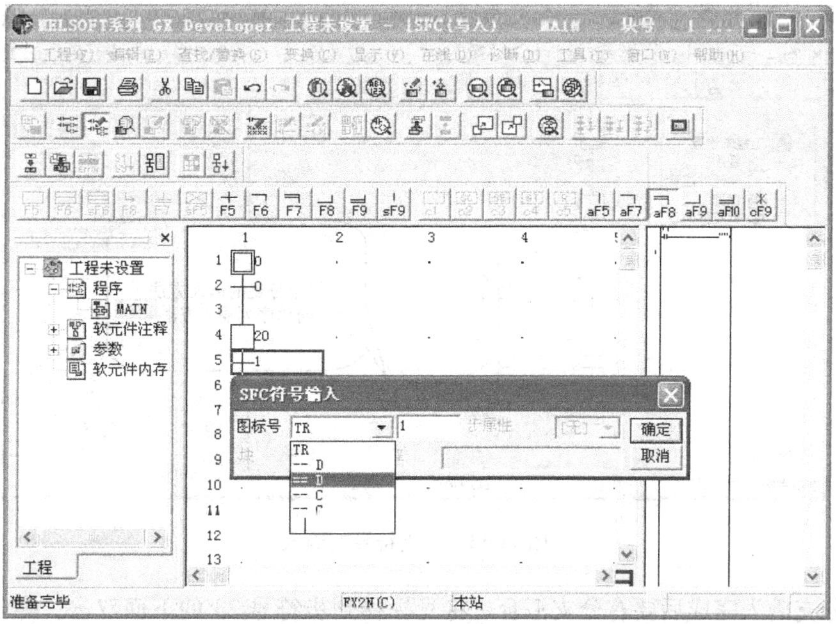

图 11-31　并列分支线的输入方法二

在“图标号”下拉列表框中选择第三行“==D”项，单击“确定”按钮返回，一条并列分支线的输入就完成了。输入的并列分支线如图 11-32 所示。

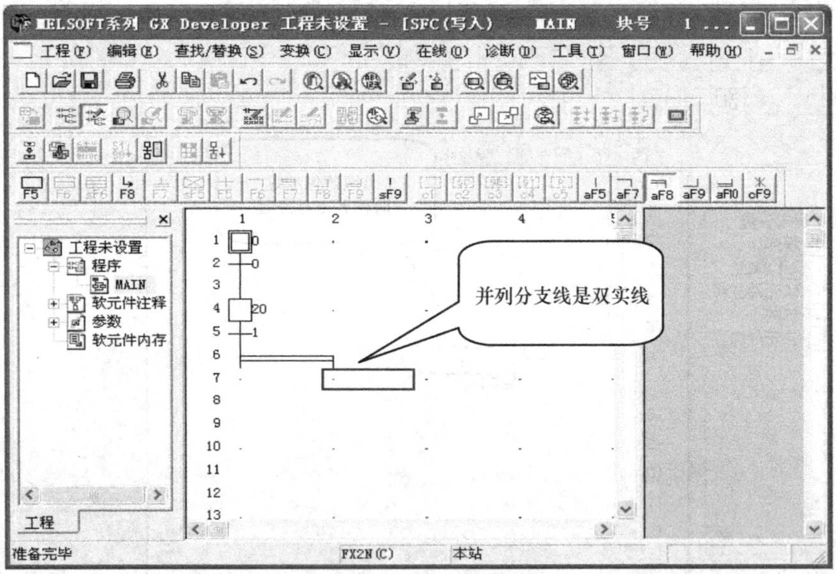

图 11-32 输入的并列分支线

分别在两个分支下面输入各自的状态符号和转移条件符号，如图 11-33 所示。图 11-33 中每条分支表示一个钻头的工作状态。

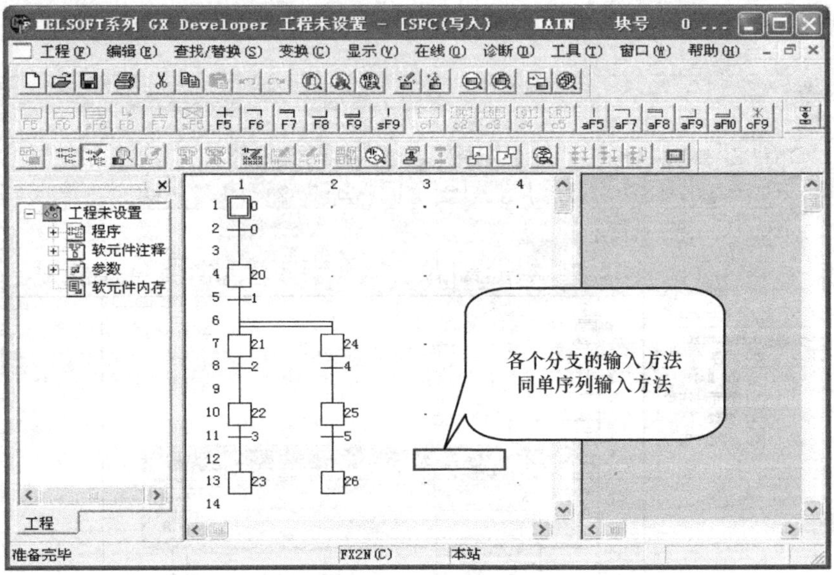

图 11-33 分支符号的输入

两个分支输入完成后要有分支汇合。将光标移到步符号 23 的下面双击，弹出“SFC 符号输入”对话框，选择“==C”项，单击“确定”按钮返回，如图 11-34 所示。

继续输入程序，在两条并列分支汇合完毕后，此时钻头都已回到初始位置，接下来是工

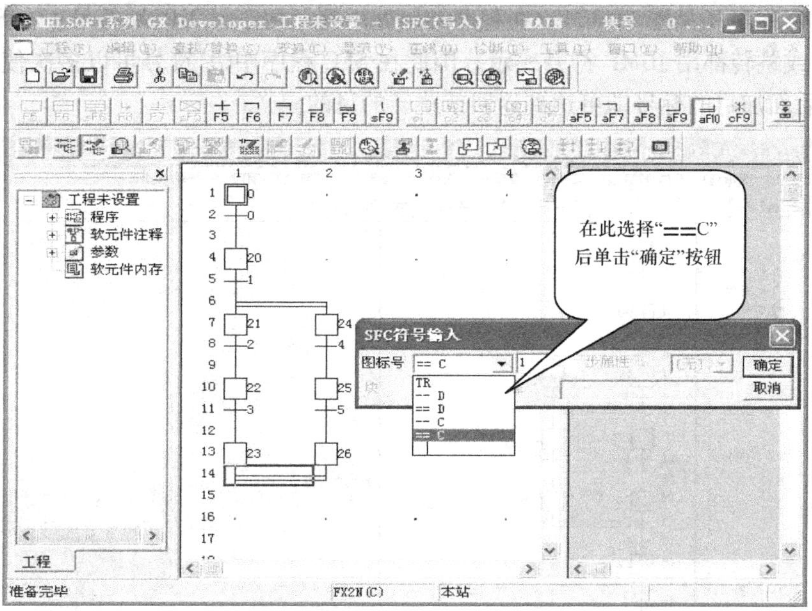

图 11-34　并列汇合符号的输入

件旋转 60°，程序如图 11-35。输入完成后程序又出现了选择分支。将光标移到步符号 27 的下端双击，弹出“SFC 符号输入”对话框，在“图标号”下拉列表框中选择“--D”项，单击“确定”按钮返回 SFC 程序编辑区，这样一个选择分支就输入了，如图 11-35 所示。如果利用鼠标输入选择分支符号，则单击工具栏中的工具按钮 aF7 或利用快捷键【Alt】+【F7】，此时选择分支划线写入按钮呈按下状态，把光标移到需要写入选择分支的地方，按住鼠标左键并拖动鼠标，直到出现蓝色细线时放开鼠标左键，一条选择分支线的写入就完成了。

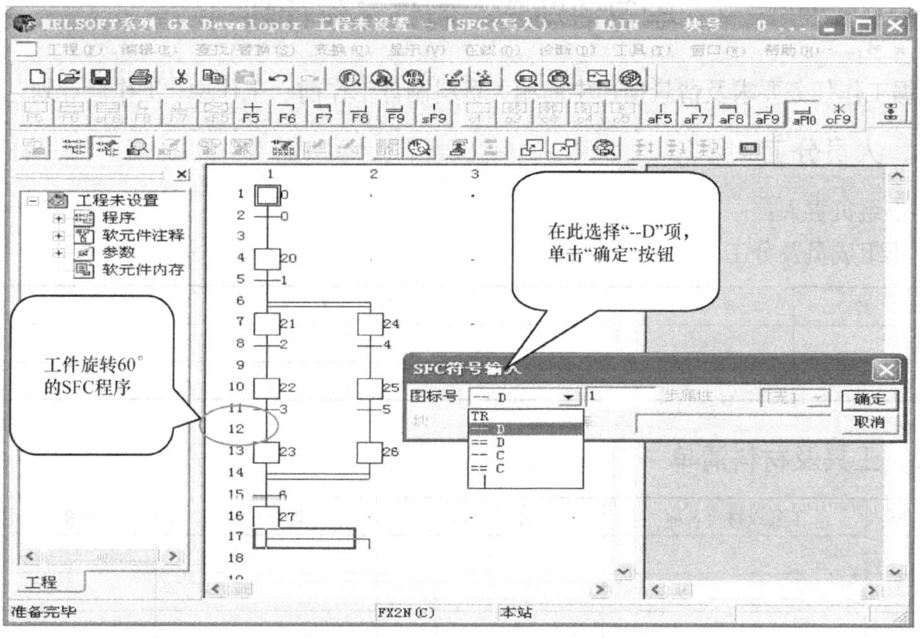

图 11-35　选择分支符号的输入

继续输入程序（见图 11-36），在程序结尾处用到了两个 JUMP 符号。在 SFC 程序中，状态的返回或跳转都用 JUMP 符号表示，因此在 SFC 程序中 符号可以多次使用，只需在 JUMP 符号后面加目的标号即可达到返回或跳转的目的。

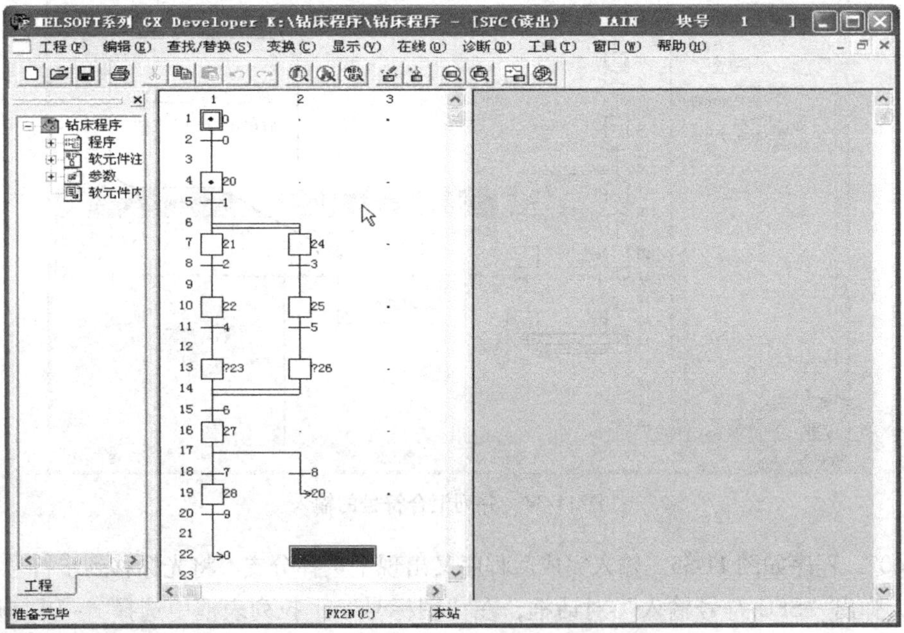

图 11-36　完整的程序

以上就完成了整个程序的输入。

学习活动三　制订工作计划

根据工作任务要求及情景描述中的相关资料制订工作前、工作中、工作后计划。

一、人员分工

1. 小组负责人：
2. 小组成员及分工

姓　名	分　工

二、工具及材料清单

序　号	工具或材料名称	单　位	数　量	备　注

三、工序及工期安排

序　号	工作内容	完成时间	备　注

学习活动四　任务实施

1. 工艺要求

1）应能满足机械生产的工艺要求，能按照工艺顺序准确而可靠地工作。

2）电路结构力求简单，尽量选用常用的且经过实际考验的电路。

3）操作调整和检修方便。

4）具有各种必要的保护装置，确保在误操作时不会发生重大事故。

5）工作稳定，安全可靠，符合使用环境条件。

2. 技术规范

1）依据I/O分配表，完成PLC外部的接线。

2）检查插头、插座的簧片有无松动、断裂、掉线等情况。

3）接地极和接地系统施工完毕后，接地电阻测试合格。

4）在控制室内搬运机柜、操作台等设备时，应预先铺胶皮地板，防止水平运输时损坏室内设施。搬运时，设备倾斜角度不得超过允许值。

5）应做好防潮、防火、防震等措施，存放条件应符合产品说明书要求。

3. 安全要求

1）运行中的电气设备，必须按操作规程操作，如分断电源时应先断开负荷开关；后断开隔离开关；接通电源时，应先合隔离开关，后合负荷开关。

2）严格遵守停送电制度，切实做好各项应急的安全措施。

3）对现场电气设备及线路不熟悉者，不得拆卸或安装电气设备和零件。

4）在靠近带电体进行电工操作时，人与带电体应保持一定的安全距离（电压在400V以下时距离保持在0.3m以上，电压为6~10kV时距离保持在0.7m以上）。

5）不可用湿手触摸开关及带电设备，禁止用湿布擦拭运行中的电气设备。

6）任何带电设备，未经验明无电时，一律视为有电，不准用手触及。

7）必须在低压配电设备上操作时，要经老师批准，并有专人监护。

4. 评分标准

以小组为单位，展示本组制订的工作计划，然后在老师点评基础上将工作计划修改完善，并根据以下评分标准进行评分。

◆ 评分表

评价内容	分值	评分			
		自我评价	小组评价	老师评价	平均分
计划制订得是否合理、完善	20				
任务要求是否明确	20				
工具清单是否正确、完善	20				
材料清单是否正确、完整	20				
人员分工是否合理、团结协作	20				
合计					

学习活动五 总结评价

◆ 综合评价表

评价项目	评价内容	评价标准	评价主体		
			自我	同学	老师
职业素养	安全意识 责任意识	A. 作风严谨，自觉遵守纪律，出色地完成任务 B. 能够遵守规章制度，较好地完成工作任务 C. 遵守规章制度，没完成工作任务 D. 不遵守规章制度，没完成工作任务			
	学习态度	A. 积极参与学习活动，全勤 B. 缺勤达到任务总学时的 10% C. 缺勤达到任务总学时的 20% D. 缺勤达到任务总学时的 30%			
	团队合作	A. 与同学协作融洽，团队合作意识强 B. 与同学能沟通，协同工作能力较强 C. 与同学能沟通，协同工作能力一般 D. 与同学沟通困难，协同工作能力较差			
专业能力	明确工作任务	A. 学习活动评价成绩为 90 ~ 100 分 B. 学习活动评价成绩为 75 ~ 89 分 C. 学习活动评价成绩为 60 ~ 74 分 D. 学习活动评价成绩为 0 ~ 59 分			
	学习相关知识	A. 学习活动评价成绩为 90 ~ 100 分 B. 学习活动评价成绩为 75 ~ 89 分 C. 学习活动评价成绩为 60 ~ 74 分 D. 学习活动评价成绩为 0 ~ 59 分			

（续）

评价项目	评价内容	评价标准	评价主体		
			自我	同学	老师
专业能力	制订工作计划	A. 学习活动评价成绩为 90 ~ 100 分 B. 学习活动评价成绩为 75 ~ 89 分 C. 学习活动评价成绩为 60 ~ 74 分 D. 学习活动评价成绩为 0 ~ 59 分			
	任务实施	A. 学习活动评价成绩为 90 ~ 100 分 B. 学习活动评价成绩为 75 ~ 89 分 C. 学习活动评价成绩为 60 ~ 74 分 D. 学习活动评价成绩为 0 ~ 59 分			
创新能力	学习过程中提出具有创新性、可行性的建议		加分		
班级		姓名		综合评价等级	

课后思考

1. 常见的顺序控制包括哪三种流程？分别是什么？
2. 利用 SFC 图来编辑单流程顺序控制的步骤有哪些？

任务十二

物料分拣系统控制程序设计

学习目标：

1. 掌握选择性流程的编程方法。
2. 学会编码器的使用方法及接线工艺。
3. 能利用 PLC 控制编码器。
4. 能应用置位指令与复位指令进行编程。
5. 学会直流电动机与编码器的连接方法。

情境描述：

自动分拣机是按照预先设定的计算机指令对物品进行分拣，并将分拣出的物品送达指定位置的机械。被检货物经由各种方式，如人工搬运、机械搬运、自动化搬运等送入分拣系统，经合流后汇集到一条输送机上。物品接受激光扫描器对其条码的扫描，或通过其他自动识别的方式，如光学文字读取装置、声音识别输入装置等方式，将分拣信息输入计算机中央处理器中，中央处理器将所获得的物品信息与预先设定的信息进行比较，然后将不同的被拣物品送到特定的分拣道口处，完成物品的分拣工作。分拣道口可暂时存放未被取走的物品。当分拣道口满载时，由光电控制，阻止分拣物品不再进入分拣道口。

学习活动一　明确工作任务

控制要求：有一个分拣工件的流水线，工厂里生产出的工件分为三种，即合格工件（颜色为蓝色，金属成分适中）、金属成分超标的工件、颜色不符的工件。按下起动按钮后，传送带运送工件。传送带上有三个传感器：第一个传感器感应工件金属成分是否超标，若超标，则 1 号机械手臂会自动把工件放到第一个废件筐里；第二个传感器感应工件的颜色是否符合，若不符合，则 2 号机械手臂会自动把工件推到第二个废件筐里；如果工件通过两个接近开关后没被推入任何废件筐里，则说明工件合格，当工件接近第三个开关时，3 号机械手臂会把工件推入到其他流水线上。

学习活动二　学习相关知识

◆ 引导问题：

1. 在步进指令运行程序之外的程序可以控制步进内的元件吗？
2. 电磁铁的原理是什么？怎样设计分拣系统的电磁铁装置？
3. 电磁铁只可以吸引铁制物体吗？为什么？
4. 在选择性流程的各个分支中，定时器的编号可以重复使用吗？为什么？
5. 在物料分拣项目中，如何分辨出蓝色物料和金属物料？你是怎样设计的？

◆ 咨询资料：

一、电磁铁的工作原理

1. 定义

电磁铁是线圈通电后对铁磁物质产生吸力，引起铁磁物质机械运动，把电能转换为机械能的一种电磁元件。在铁心的外部缠绕与其功率相匹配的导电绕组，这种通有电流的线圈像磁铁一样具有磁性，也叫做电磁铁。通常把电磁铁制成条形或蹄形，以使铁心更加容易磁化。另外，为了使电磁铁断电后立即消磁，往往采用消磁较快的软铁或硅钢材料来制作电磁铁。这样的电磁铁在通电时有磁性，断电后磁性就随之消失。电磁铁有许多优点：磁性的有无可以用通、断电流控制，磁性的大小可以用电流的强弱或线圈的匝数来控制。电磁铁是电流磁效应（电生磁）的一个应用，使发电机的功率得到了很大的提高。电磁铁在日常生活中有极其广泛的应用，如电磁继电器、电磁起重机、磁悬浮列车等。

2. 电磁铁的分类

电磁铁可以分为直流电磁铁和交流电磁铁两大类。电磁铁线圈中通入直流电的称为直流电磁铁。它由衔铁（吸片）、铁心、线圈和返回弹簧等组成。电磁铁的励磁绕组由交流电源供电的称为交流电磁铁。

如果按照用途来划分电磁铁，主要可分成以下五种：

（1）牵引电磁铁　主要用来牵引机械装置，开启或关闭各种阀门，以执行自动控制任务。

（2）起重电磁铁　用于起重装置来吊运钢锭、钢材、铁砂等铁磁性材料。

（3）制动电磁铁　主要用于对电动机进行制动，以达到准确停机的目的。

（4）自动电器的电磁系统　如电磁继电器和接触器的电磁系统、断路器的电磁脱扣器及操作电磁铁等。

（5）其他用途的电磁铁　如磨床的电磁吸盘以及电磁振动器等。

3. 电磁铁的磁性

电磁铁磁性的有无可以用通、断电流控制，磁性的大小可以用电流的强弱或线圈的匝数来控制，也可通过改变电阻控制电流大小来控制磁性大小。它的磁极可以通过改变电流的方向来控制。因此，电磁铁磁性的强弱可以改变、磁性的有无可以控制、磁极的方向可以改变、磁性可随电流的消失而消失。

在电压一定的情况下，电阻越小，电磁铁的吸合面越大，能吸合的重量就越大。电磁铁的吸力以安匝计算，吸力与空气隙距离成指数反比，即 N、S 极距离越远，吸力越弱，形成闭合磁路时吸力最大。

4. 简易的自制电磁铁

1）需要漆包线、铁钉来作其本体，蓄电池或电源供应器供给电流。

2）注意事项：要刮除漆包线末端的漆，或用火将其烧掉；要以相同的方向缠绕漆包线；要在漆包线的末端打结绑紧。

5. 电流的磁效应

（1）圆形线圈通入电流形成的磁场

1）线圈中心处磁场方向的判断方法是，将线圈上某一小段导线视为直线，由安培右手定则判定。

2）通有电流的圆形线圈上每一小段电流所产生的磁场，在线圈内都指向同一方向，故线圈内的磁场较直导线电流产生的磁场强度大。

3）圆形导线通入电流时，线圈外的磁场因各小段电流产生磁场的方向不一致，使产生的合成磁场较圈内磁场弱。

4）圆形线圈的电流越大，半径越小，则线圈中心处的磁场强度越大。

5）圆形线圈和圆盘形薄磁铁的磁力线形状相似。

（2）螺线形线圈通入电流形成的磁场

1）用一条长导线绕成螺线形的长线圈，相当于由很多个圆形线圈串联而成，每一圆形导线在中心处所建立的磁场均为同向，可以增强效应，故线圈中心处的磁场比单匝圆形线圈强。

2）线圈内部磁力线形成方向相同的直线，在线圈的两端磁力线则逐渐弯曲向外。

3）螺线形线圈的磁力线特性与棒形磁铁的磁力线特性相似，线圈内的磁力线与线圈外的磁力线方向恰相反。

4）线圈内的磁场强度与线圈上的电流及单位长度内线圈的圈数成正比。

在通电螺线管内部插入铁心后，铁心被通电螺线管的磁场磁化。磁化后的铁心也变成了一个磁体，这样由于两个磁场互相叠加，从而使螺线管的磁性大大增强。为了使电磁铁的磁性更强，通常将铁心制成蹄形。但要注意，蹄形铁心上线圈的绕向相反，一边顺时针，另一边必须逆时针。如果绕向相同，两线圈对铁心的磁化作用将相互抵消，使铁心不显磁性。另外，电磁铁的铁心用软铁制作，而不能用钢制作，否则钢一旦被磁化后，将长期保持磁性而不能退磁，则其磁性的强弱就不能用电流的大小来控制了，从而失去电磁铁应有的优点。

二、光纤传感器

光纤传感器的基本工作原理是：将来自光源的光经过光纤送入调制器，使待测参数与进入调制区的光相互作用后，使光的光学性质（如光的强度、波长、频率、相位、偏正态等）发生变化，称为被调制的信号光，再经过光纤送入光探测器，经解调后，获得被测参数。

（1）光纤传感器的测量原理

1）物性型光纤传感器的测量原理。物性型光纤传感器是利用光纤对环境变化的敏感性，将输入物理量变换为调制的光信号。其工作原理基于光纤的光调制效应，即光纤在外界环境因素（如温度、压力、电场、磁场等）改变时，其传光特性（如相位与光强）会发生变化的现象。

因此，如果能测出通过光纤的光相位和光强的变化，就可以知道被测物理量的变化。这类传感器又被称为敏感元件型光纤传感器或功能型光纤传感器。激光器的点光源光束扩散为平行波，经分光器分为两路，一路为基准光路，另一路为测量光路。外界参数（温度、压力、振动等）引起光纤长度的变化和光相位的变化，从而产生不同数量的干涉条纹，对它的模向移动进行计数，就可测量温度或压力等。

2）结构型光纤传感器的测量原理。结构型光纤传感器是由光检测元件（敏感元件）与光纤传输回路及测量电路组成的测量系统。其中，光纤仅作为光的传播媒质，所以又称为传光型或非功能型光纤传感器。

（2）光纤传感器的优点

1）灵敏度较高。

2）几何形状具有多方面的适应性，可以制成任意形状的光纤传感器。

3）可以制造传感各种不同物理信息（声、磁、温度、旋转等）的器件。

4）可以用于高压、电气噪声、高温、腐蚀或其他的恶劣环境。

5）具有与光纤遥测技术的内在相容性。

光纤传感器的优点是，与传统的各类传感器相比，光纤传感器用光作为敏感信息的载体，用光纤作为传递敏感信息的媒质，具有光纤及光学测量的特点，有一系列独特的优点。电绝缘性能好，抗电磁干扰能力强，非侵入性，高灵敏度，容易实现对被测信号的远距离监控，耐腐蚀，防爆，光路有可挠曲性，便于与计算机连接。

（3）光纤传感器的应用范围　磁、声、压力、温度、加速度、陀螺、位移、液面、转矩、光声、电流、光纤传感器可用于位移、震动、转动、压力、弯曲、应变、速度、加速度、电流、磁场、电压、湿度、温度、声场、流量、浓度、pH 值和应变等物理量的测量。光纤传感器的应用范围很广，主要表现在以下几个方面：

1）城市建设中桥梁、大坝、油田等的干涉陀螺仪和光栅压力传感器的应用。光纤传感器可预埋在混凝土、碳纤维增强塑料及各种复合材料中，用于测试应力松弛、施工应力和动荷载应力，从而评估桥梁短期施工阶段和长期营运状态的结构性能。

2）在电力系统中需要测定温度、电流等参数，如对高压变压器和大型电动机的定子、转子内的温度进行检测等。由于电类传感器易受电磁场的干扰，无法在这类场合中使用，因此只能用光纤传感器。分布式光纤温度传感器是近几年发展起来的一种用于实时测量空间温度场分布的高新技术。分布式光纤温度传感系统不仅具有普遍光纤传感器的优点，而且具有对光纤沿线各点的温度的分布传感能力，利用这种特点可以连续、实时地测量光纤沿线几公里内各点的温度，定位精度可达米的量级，测量精度可达 1°的水平。

3）应用于土木工程领域。随着光纤传感器技术的发展，在土木工程领域光纤传感器得到了广泛的应用，如用于测量混凝土结构变形及内部应力，检测大型结构、桥梁健康状况等。其中最主要的是将光纤传感器作为一种新型的应变传感器使用。

光纤传感器可以黏贴在结构物表面用于测量，同时也可以通过预埋实现结构物内部物理量的测量。利用预先埋入的光纤传感器，可以对混凝土结构内部损伤过程中的内部应变进行测量，再根据荷载-应变关系曲线斜率，确定结构内部损伤的形成和扩展方式。通过混凝土试验表明，光纤测试的载荷-应变曲线比应变片测试的线性度高。

4）应用于检测技术。光纤传感器在航天（飞机及航天器各部位压力测量、温度测量、陀螺等）、航海（声呐等）、石油开采（液位测量、流量测量、二相流中空隙度的测量）、电力传输（高压输电网的电流测量、电压测量）、核工业（放射剂量测量、原子能发电站泄漏剂量监测）、医疗（血液流速测量、血压及心音测量）、科学研究（地球自转）等众多领域都得到了广泛应用。

5）应用于石油工业。在石油测井技术中，可以利用光纤传感器实现井下石油流量、温度、压力和含水率等物理量的测量。较成熟的应用是采用非本征光纤 F-P 腔传感器测量井下的压力和温度。非本征光纤 F-P 腔传感器利用光的多光束干涉原理，当被测的温度或者压力发生变化时干涉条纹改变，光纤 F-P 腔的腔长也随之发生变化，通过计算腔长的变化实现对温度和压力的测量。

（4）E3X-DAC-S 数字式光纤传感器　E3X-DAC-S 数字式光纤传感器面板介绍如图 12-1 所示。

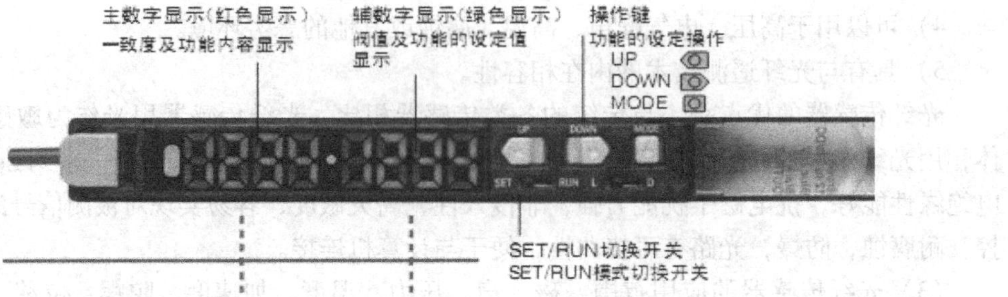

图 12-1　E3X-DAC-S 数字式光纤传感器面板介绍

1）操作参考。E3X-DAC-S 数字式光纤传感器功能设定见表 12-1。

表 12-1　E3X-DAC-S 数字式光纤传感器功能设定

SET/RUN 模式	操作键	操作内容	显示	
			主数字显示	辅数字显示
检测/调整 RUN （出厂时的设定）	UP / DOWM	阀值的调整	受光量 1000	阀值 ↑ 940 ↓
	MODE	执行用户指定的功能（出厂时：1 点自动示教）		
功能设定 SET	UP / DOWM	自动示教及设定内容的变更	设定项目 tEch ↓ 1-Fn	设定内容 HS ↑ Stnd
	MODE	设定项目的切换	↓ 2-tF ↓	↓ H-ES

2）功能一览表。E3X-DAC-S 数字式光纤传感器功能一览表见表 12-2。

表 12-2　E3X-DAC-S 数字式光纤传感器功能一览表

功能名称	设定内容（显示）
0. 动作模式	一致时 ON：Lon。不一致时：don
1. 检测功能	超高速：SHS。高速：HS。标准：Stnd。高精度：HrES
2. 定时器功能	无效：- - - -。延迟断开定时器：oFFd 延迟打开定时器：on-d。触发定时器：1Sht
定时器时间（定时器有效时）	1～5000ms：1～5000 (1～20：1 单位，20～200：5 单位，200～1000：100 单位，1000～5000：1000 单位)
3. MODE 键	1 点自动示教：1Pnt。工件有/无自动示教：2Pnt 归零：0rSt
4. 自动示教	0～99P：0～99
5. 显示切换	一致度/阀值：850 500 百分比/阀值：P123 500 峰值/谷值（根据固定时间进行更新）：PEAK botm 峰值/谷值（通过输出联动进行更新）：L-PE d-bt 模拟光量条显示： 一致度/谷值（通过固定时间进行更新）：850 PEAK 一致度/通道：850 2ch
6. 显示方向	通常显示：d123。上下反转显示：E21P
7. 输出设定	各通道：2OUT。AND：AND。OR：OR
定时器功能	无效：- - - -。延迟断开定时器：oFFd 延迟打开定时器：on-d。触发定时器：1Sht
定时器时间	1～5000ms：1～5000 (1～20：1 单位，20～200：5 单位，200～1000：100 单位，1000～5000：1000 单位)

3）便利的功能

① 将数值显示归零（归零设置）。E3X-DAC-S 数字式光纤传感器置零设置如图 12-2 所示。

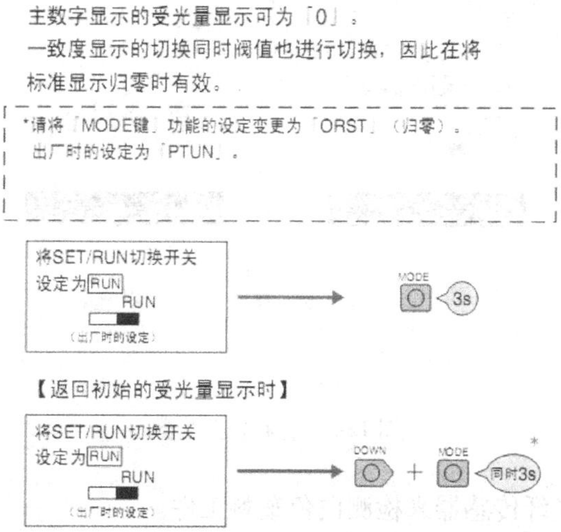

图 12-2　E3X-DAC-S 数字式光纤传感器置零设置

② 锁定设定键（按键锁定）。按键锁定功能设置如图 12-3 所示。

③ 初始化设定数据（初始化/重置）。初始化设定如图 12-4 所示。保存设定参数如图 12-5 所示。

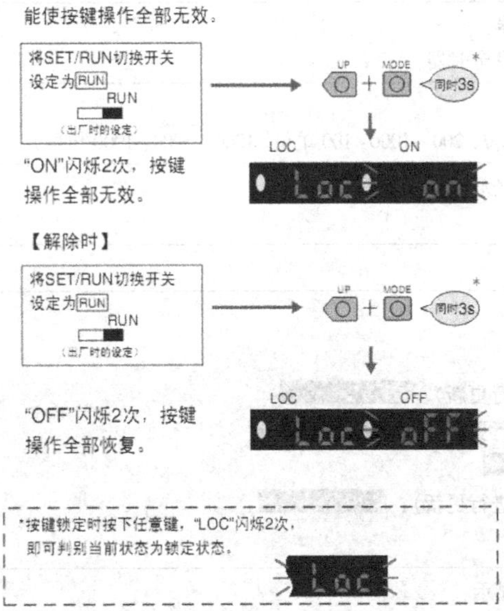

图 12-3　按键锁定功能设置

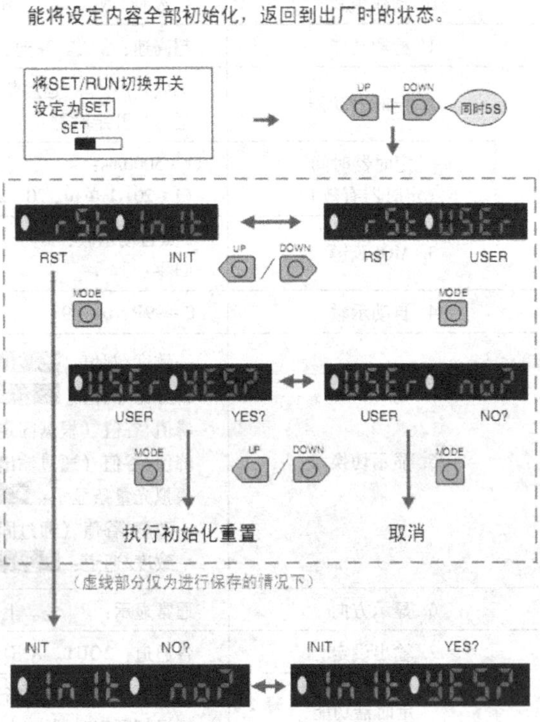

图 12-4　初始化设定

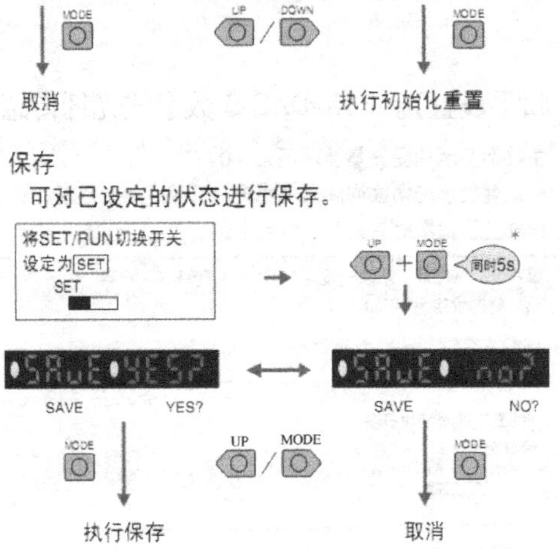

图 12-5　保存设定参数

4）举例说明。用光纤传感器来检测白色塑料工件。

① 解锁（若之前没锁定，则不需要此步）。解锁设定如图 12-6 所示。

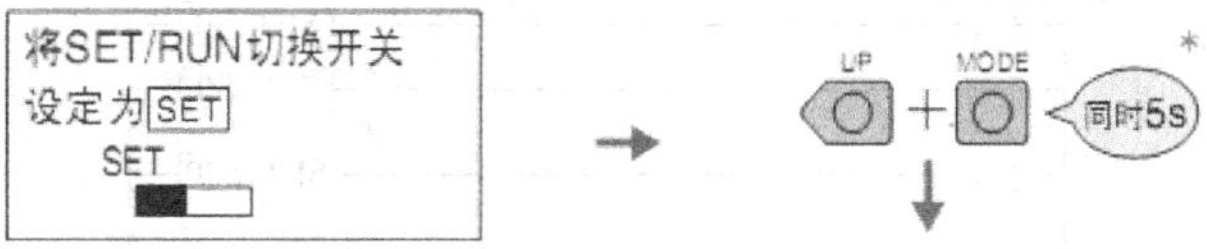

图 12-6　解锁设定

② 恢复出厂设置。按UP或DOWM选择USEr YES?，再按MODE确定即可。

③ 参数设置

a. 按MODE选择1-Fn模式，在该模式下根据要求按UP或DOWM选择检测功能（超高速为SHS，高速为HS，标准为Stnd，高精度为HrES），选择好后按MODE确定。

b. 按MODE选择tEch模式，将白色塑料工件放置检测处，取好值后按UP或DOWM（一般需按 2 次）选择2-tF开始取值，其闪烁 2 次即可，参数设置完成。

④ 锁定。一般先按MODE，再与UP同时按住 5s 即可。

三、选择性流程编程方法

有 6 个小灯，如果按下 SB1，则 HL1、HL2、HL4 小灯每 1s 亮一个，如此循环，按下停止按钮则全停；如果按下 SB2，则 HL1、HL3、HL5 每 2s 亮一个，按下停止按钮后全停。

1. 画出状态流程图

选择性状态流程图如图 12-7 所示。

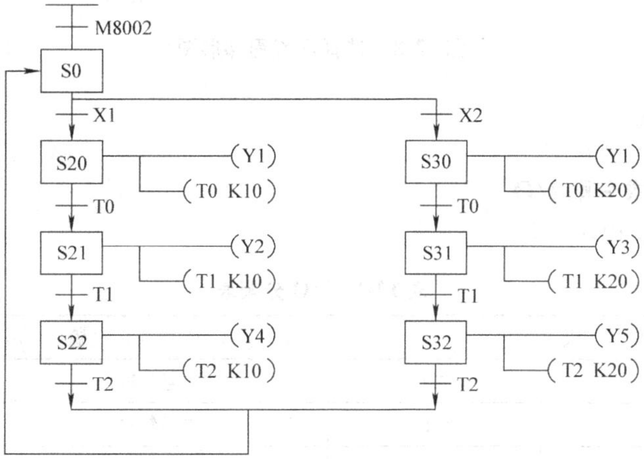

图 12-7　选择性状态流程图

2. 状态流程图转换成梯形图

选择性流程梯形图如图 12-8 所示。

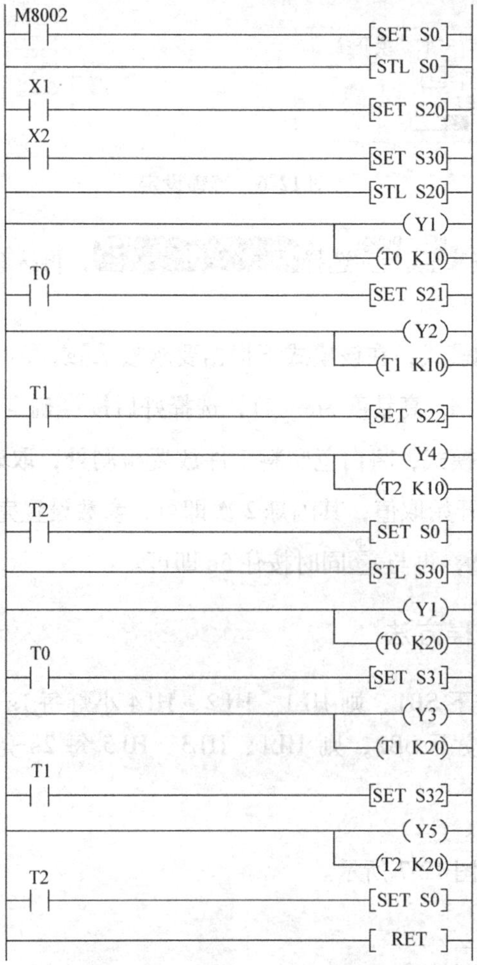

图 12-8 选择性流程梯形图

四、任务分析

1. 根据任务要求分配 I/O

I/O 分配表见表 12-3。

表 12-3 I/O 分配表

输 入		输 出	
SB0 起动按钮	X0	一号气缸	Y0
1 号传感器	X1	二号气缸	Y1
2 号传感器	X2	三号气缸	Y2
3 号传感器	X3	传送带旋转	Y3
SB1 停止按钮	X4		
一号气缸限位	X5		
二号气缸限位	X6		
三号气缸限位	X7		

2. 状态流程图

物料分拣自动控制状态流程图如图12-9所示。

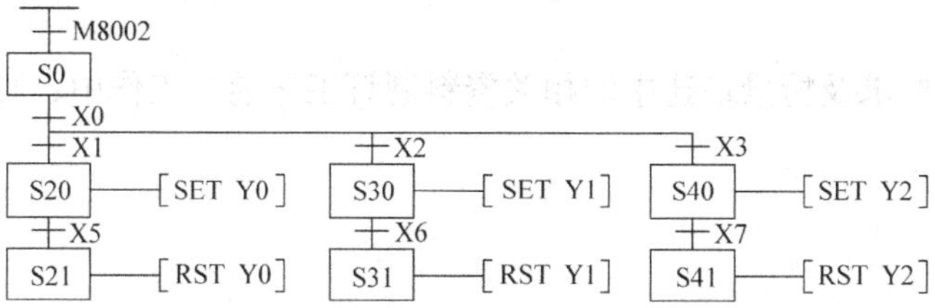

图12-9 物料分拣自动控制状态流程图

3. 梯形图设计

物料分拣自动控制程序梯形图如图12-10所示。

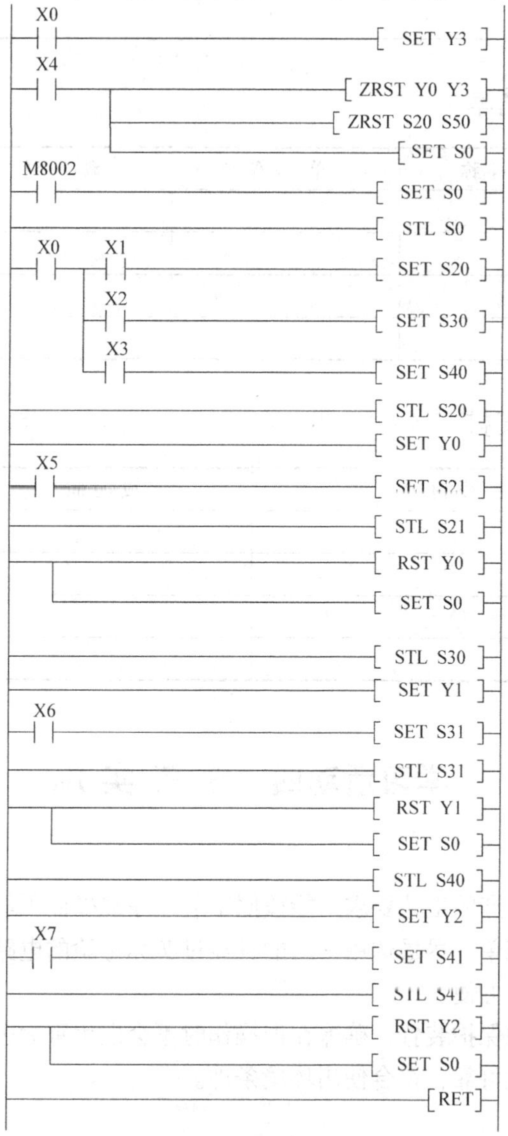

图12-10 物料分拣自动控制程序梯形图

学习活动三　制订工作计划

根据工作任务要求及情景描述中的相关资料制订工作前、工作中、工作后计划。

一、人员分工

1. 小组负责人：
2. 小组成员及分工

姓　名	分　工

二、工具及材料清单

序　号	工具或材料名称	单　位	数　量	备　注

三、工序及工期安排

序　号	工作内容	完成时间	备　注

学习活动四　任务实施

1. 工艺要求

1）应能满足机械生产的工艺要求，能按照工艺顺序准确而可靠地工作。

2）电路结构力求简单，尽量选用常用的且经过实际考验的电路。

3）操作调整和检修方便。

4）具有各种必要的保护装置，确保在误操作时不会发生重大事故。

5）工作稳定，安全可靠，符合使用环境条件。

2. 技术规范

1）依据 I/O 分配表，完成 PLC 外部的接线。

2）检查插头、插座的簧片有无松动、断裂、掉线等情况。

3）接地极和接地系统施工完毕后，接地电阻测试合格。

4）在控制室内搬运机柜、操作台等设备时，应预先铺胶皮地板，防止水平运输时损坏室内设施。搬运时，设备倾斜角度不得超过允许值。

5）应做好防潮、防火、防震等措施，存放条件应符合产品说明书要求。

3. 安全要求

1）运行中的电气设备，必须按操作规程操作，如分断电源时应先断开负荷开关；后断开隔离开关；接通电源时，应先合隔离开关，后合负荷开关。

2）严格遵守停送电制度，切实做好各项应急的安全措施。

3）对现场电气设备及线路不熟悉者，不得拆卸或安装电气设备和零件。

4）在靠近带电体进行电工操作时，人与带电体应保持一定的安全距离（电压在400V以下时距离保持在0.3m以上，电压为6～10kV时距离保持在0.7m以上）。

5）不可用湿手触摸开关及带电设备，禁止用湿布擦拭运行中的电气设备。

6）任何带电设备，未经验明无电时，一律视为有电，不准用手触及。

7）必须在低压配电设备上操作时，要经老师批准，并有专人监护。

4. 评分标准

以小组为单位，展示本组制订的工作计划，然后在老师点评基础上将工作计划修改完善，并根据以下评分标准进行评分。

◆ 评分表

评价内容	分值	评分			
		自我评价	小组评价	老师评价	平均分
计划制订得是否合理、完善	20				
任务要求是否明确	20				
工具清单是否正确、完善	20				
材料清单是否正确、完整	20				
人员分工是否合理、团结协作	20				
合计					

学习活动五　总结评价

◆ 综合评价表

评价项目	评价内容	评价标准	评价主体		
			自我	同学	老师
职业素养	安全意识 责任意识	A. 作风严谨，自觉遵守纪律，出色地完成任务 B. 能够遵守规章制度，较好地完成工作任务 C. 遵守规章制度，没完成工作任务 D. 不遵守规章制度，没完成工作任务			

（续）

评价项目	评价内容	评价标准	评价主体		
			自 我	同 学	老 师
职业素养	学习态度	A. 积极参与学习活动，全勤 B. 缺勤达到任务总学时的 10% C. 缺勤达到任务总学时的 20% D. 缺勤达到任务总学时的 30%			
	团队合作	A. 与同学协作融洽，团队合作意识强 B. 与同学能沟通，协同工作能力较强 C. 与同学能沟通，协同工作能力一般 D. 与同学沟通困难，协同工作能力较差			
专业能力	明确工作任务	A. 学习活动评价成绩为 90 ~ 100 分 B. 学习活动评价成绩为 75 ~ 89 分 C. 学习活动评价成绩为 60 ~ 74 分 D. 学习活动评价成绩为 0 ~ 59 分			
	学习相关知识	A. 学习活动评价成绩为 90 ~ 100 分 B. 学习活动评价成绩为 75 ~ 89 分 C. 学习活动评价成绩为 60 ~ 74 分 D. 学习活动评价成绩为 0 ~ 59 分			
	制订工作计划	A. 学习活动评价成绩为 90 ~ 100 分 B. 学习活动评价成绩为 75 ~ 89 分 C. 学习活动评价成绩为 60 ~ 74 分 D. 学习活动评价成绩为 0 ~ 59 分			
	任务实施	A. 学习活动评价成绩为 90 ~ 100 分 B. 学习活动评价成绩为 75 ~ 89 分 C. 学习活动评价成绩为 60 ~ 74 分 D. 学习活动评价成绩为 0 ~ 59 分			
创新能力	学习过程中提出具有创新性、可行性的建议		加分		
班级		姓名		综合评价等级	

课后思考

1. 常见的顺序控制包括（　　　　）流程、（　　　　）流程、（　　　　）流程。

2. 什么是电磁铁？

3. 任务说明：有一小车，由两个起动按钮 SB1、SB2 进行控制。小车在原点 SQ1 处，若按下 SB1 按钮，小车从 SQ1 处前进至 SQ2 处，到达 SQ2 处后停止 3min，然后前进到 SQ3 处，到达 SQ3 处后停止 5min，然后返回到 SQ1 处。若按下 SB2 按钮，小车从 SQ1 处直接前进到 SQ3 处，到达 SQ3 处后停止 3min，然后后退到 SQ2 处，到达 SQ2 处后停 5min，然后退回到 SQ1 处。请编写程序完成该工作任务。

任务十三

交通灯双位数码管计时控制程序设计

学习目标：

1. 能设计交通灯的外围电路。
2. 能使用 SEGD 指令编写程序。
3. 掌握 PLC 触点不足时所采取的方法。
4. 能实现多台 PLC 的连接。
5. 掌握数据寄存器的功能和使用方法。
6. 能正确使用传送指令进行编程。

情境描述：

十字路口交通灯控制系统实现红、绿、黄 3 种颜色的信号灯有条不紊地工作。当按下起动按钮 SB1 时，信号灯系统开始循环工作；当按下停止按钮 SB2 时，所有信号灯都熄灭。

学习活动一　明确工作任务

在文化路上有一个十字交叉路口，需要为其设计一套交通灯控制程序，每个方向设有 3 盏灯，颜色分别为红、绿、黄。按下起动按钮，东西方向的红灯亮 30s，然后绿灯亮 25s，接着绿灯闪烁 3s，最后黄灯亮 2s，依次循环；南北方向的绿灯亮 25s，然后绿灯闪 3s，然后黄灯亮 2s，最后红灯亮 30s，依次循环。按下起动按钮的同时要显示当前指示灯的时间倒计时，按下停止按钮后系统停止工作。要求使用步进指令编程。十字路口交通信号灯模拟控制如图 13-1 所示。

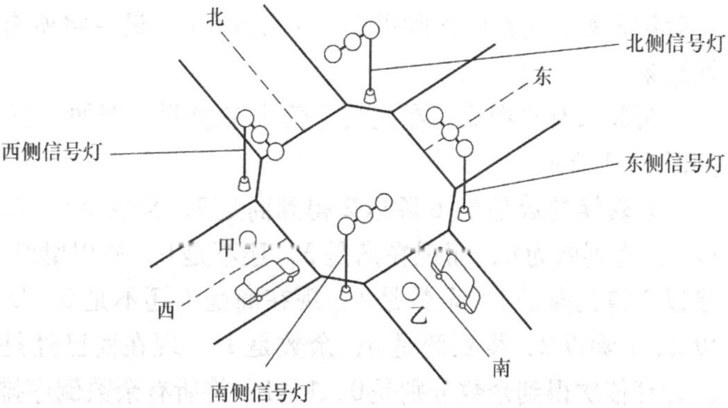

图 13-1　十字路口交通信号灯模拟控制

学习活动二　学习相关知识

◆ 引导问题：

1. 发光二极管的颜色应当选哪几种？工作电源应当选用交流电源还是直流电源？多少伏特？
2. 定时器在步进指令中使用时有哪些注意事项？
3. 在一个步进接点下可以驱动多个步进接点吗？
4. SEGD 代表什么意思？若想在数码显示管上显示数字“5”，应该怎样使用 SEGD 指令？若想让数码显示管熄灭，应该使用什么指令？
5. 当触点不够用时如何连接 PLC？
6. 在交通灯实训项目中，信号灯是如何变化的？应该编辑几套控制程序？
7. 怎样实现绿色信号灯闪烁？你是怎样设计的？
8. Mov 指令被称为什么指令？如何应用？

◆ 咨询资料：

一、进制的转换

我们平时所说的数字都是十进制的数字。所谓的十进制就是逢十进一位，就像我们数数 0，1，2，3，4，5，6，7，8，9，到这里个位已经到最大数值了，再往下数就要往十位上进一位，同时个位也要变为 0，这样就是 10 了，以此类推下去。除了十进制的数字之外还有二进制、八进制、十六进制数字。

那么二进制也就是逢二进一，说明个位只有 0 和 1 两个数。例如，0，1，由于只有两个数 0 和 1，所以个位数到这就数不下去了，只有往上一位进位，所以下一个数应该是 10，再下一个数是 11，这时第一位和第二位都是 1 了，再往下就数不下去了，所以下一个数就应该再往前一位进 1，应该是 100，以此规律数下去。

1. 十进制数转换成二进制数

十进制数转换成二进制数是一个十进制数连续除 2 的过程，即把要转换的数除以 2，得到商和余数，将商继续除以 2，直到商为 0，最后将所有余数按倒序排列，得到的数就是转换结果。

听起来有些糊涂？在此结合例子来说明。例如，要将十进制数“6”转换为二进制数，如图 13-2 所示。

要转换的数是 6，6 除以 2 得到商是 3，余数是 0。将商继续除以 2，直到商为 0，而现在商是 3，还不是 0，所以继续除以 2，3 除以 2 得到商是 1，余数是 1，现在商是 1 还不是 0，所以继续除以 2，1 除以 2，得到商是 0，余数是 1 ，现在商已经是 0 了。三次计算依次得到余数分别是 0、1、1，将所有余数倒序排列，那就是 110。所以，十进制数 6 转换成二进制，结果是 110。

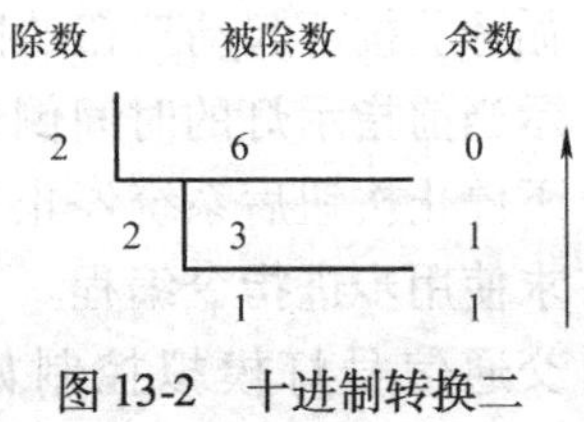

图 13-2　十进制转换二进制的换算方法

2. 二进制数转换成十进制数

二进制数第 0 位的权值是 2 的 0 次方，第 1 位的权值是 2 的 1 次方，依次类推。设有一个二进制数 0110 0100，转换为十进制的步骤如下：

1）第 1 位：$0\times2^0=0$。

2）第 2 位：$0\times2^1=0$。

3）第 3 位：$1\times2^2=4$。

4）第 4 位：$0\times2^3=0$。

5）第 5 位：$0\times2^4=0$。

6）第 6 位：$1\times2^5=32$。

7）第 7 位：$1\times2^6=64$。

8）第 8 位：$0\times2^7=0$。

用横式计算为

$$0\times2^0+0\times2^1+1\times2^2+0\times2^3+0\times2^4+1\times2^5+1\times2^6+0\times2^7=100$$

0 乘以多少都是 0，所以也可以直接跳过值为 0 的位，即

$$1\times2^2+1\times2^5+1\times2^6=100$$

3. 二进制数转换十六进制数

十六进制的数字也就是逢 16 进一，说明个位数字有 16 个，分别是 0～9 十个数字，再加上 A～F，A 表示 10，B 表示 11，C 表示 12，…，F 表示 16。

二进制数和十六进制数的互相转换比较重要。首先来看一个二进制数 1001101，把它转换成十六进制数是多少呢？

如图 13-3 所示，把二进制数每 4 位隔开，不够 4 位的用“0”补齐，用“8、4、2、1”分别标在每 4 位数上，把有“1”位的数乘以头上标有的数字，然后相加，前 4 位相加为 4，后 4 位相加为 13，13 在十六位数字中是 D，所以最后的结果为 4D。

4. 十六进制数转换成二进制数

例如，把十六进制数 H36A 转换成二进制数。

如图 13-4 所示，十六进制数转换成二进制数也是用“8、4、2、1”，先把十六进制数的每一位数都用 4 位二进制数表示，并且每一位要用“8、4、2、1”中的数加出来，如 3＝2＋1，6＝2＋4，A＝2＋8，由于 H36A 由三位组成，首先要列出三组“8、4、2、1”，然后把第一组“8、4、2、1”下面的“3”“1”下面标上“1”，第二组“8、4、2、1”下面的“2”“4”下面标上“1”，第三组“8、4、2、1”下面的“2”“8”下面标上“1”，所以最后的结果为 1101101010。

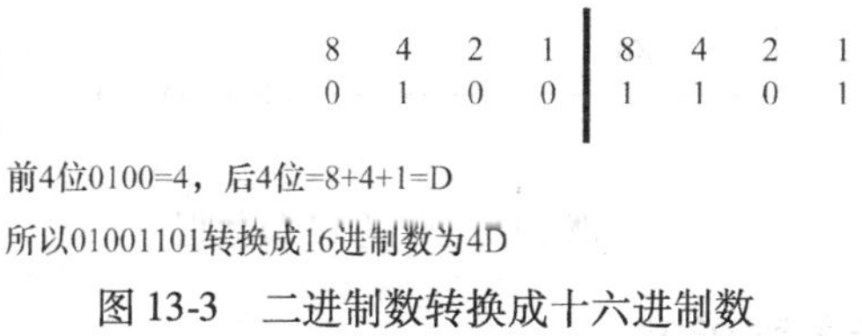

图 13-3　二进制数转换成十六进制数

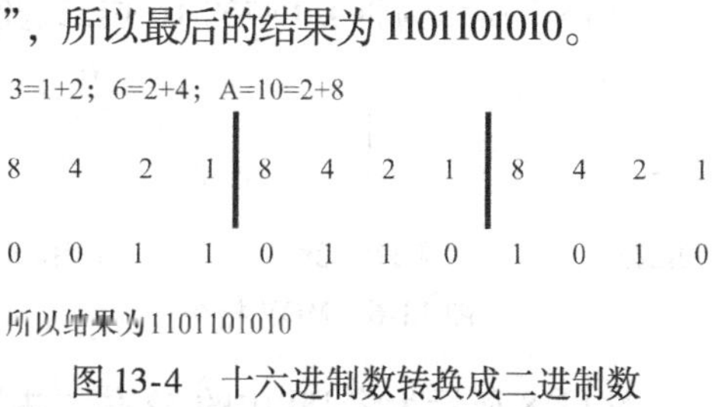

图 13-4　十六进制数转换成二进制数

二、数据寄存器

PLC 在进行输入/输出处理、模拟量控制、位置控制时，需要很多数据寄存器存储数据

和参数。图 13-5 所示的数据寄存器为 16 位，最高位为符号位。可用两个数据寄存器来存储 32 位数据，最高位仍为符号位。数据寄存器有以下几种类型：

1. 通用数据寄存器（D0～D199）

该数据寄存器共 200 点。当 M8033 为 ON 时，D0～D199 有断电保护功能；当 M8033 为 OFF 时，它们无断电保护功能，在这种情况下 PLC 由 RUN→STOP 或停电时，数据全部清零。

2. 断电保持数据寄存器（D200～D7999）

该数据寄存器共 7800 点，其中 D200～D511（共 312 点）有断电保持功能，可以利用外部设备的参数设定来改变通用数据寄存器与有断电保持功能数据寄存器的分配；D490～D509 供通信用；D512～D7999 的断电保持功能不能用软件改变，但可用指令清除它们的内容。根据参数设定可以将 D1000 以上作为文件寄存器。

3. 特殊数据寄存器（D8000～D8255）

该数据寄存器共 256 点。特殊数据寄存器的作用是监控 PLC 的运行状态，如扫描时间、蓄电池电压等。未加定义的特殊数据寄存器用户不能使用。

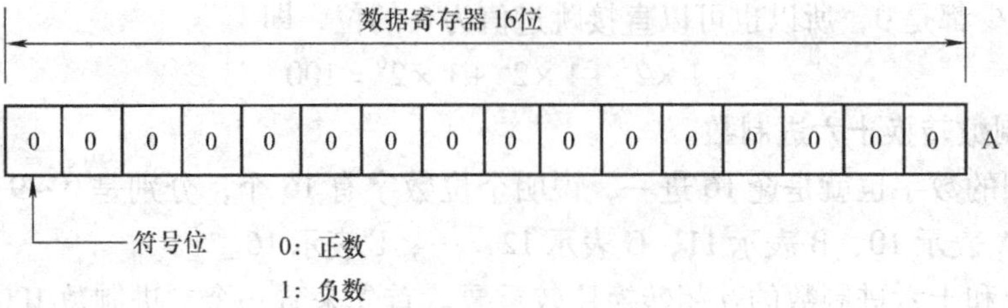

图 13-5　数据寄存器

三、指令介绍

1. 传送指令

传送指令（MOV 指令）的功能就是把源操作元件 S 中的数据传送到指定的目标操作元件 D 中，如图 13-6 所示。

源操作元件的操作元件是：K、H、K*n*X、K*n*Y、K*n*M、K*n*S、T、C、D、V、Z。

目标操作元件的操作元件是：K*n*X、K*n*Y、K*n*M、K*n*S、T、C、D、V、Z。

（1）元件的数据长度　FX_{2N}型 PLC 中的数据寄存器 D 为 16 位，用于存放 16 位二进制数。在功能指令的前面加字母 D 就变成了 32 位指令。

图 13-7 所示为将 D0 中的 16 位二进制数据传送到 D2 中。

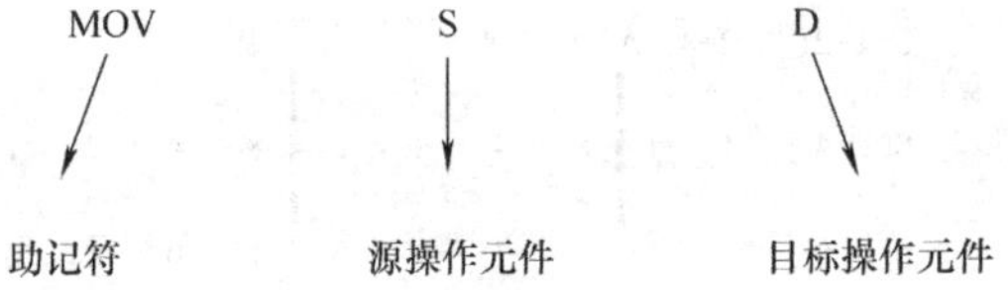

图 13-6　MOV 指令

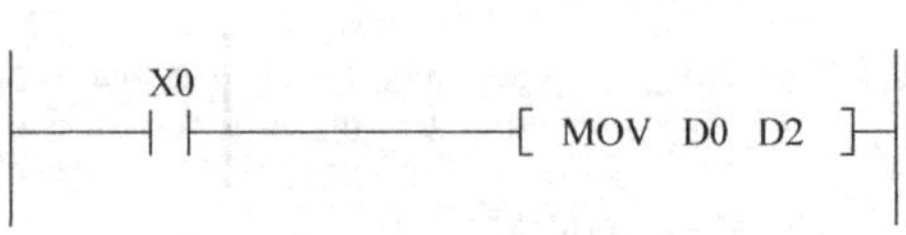

图 13-7　传送 16 位数据

图 13-8 所示为将 D0 中的 32 位二进制数据传送到 D2 中。

在指令格式中，功能指令中的“(D)”表示该指令加 D 为 32 位指令，不加 D 为 16 位指令。功能指令中的“D”表示该指令只能是 32 位指令。

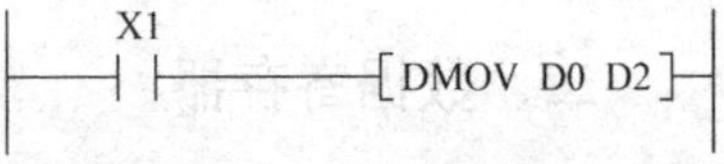

图 13-8　传送 32 位数据

(2) 执行形式　功能指令有脉冲执行型和连续执行型两种执行形式。

指令中标有“(P)”时，表示该指令既可以是脉冲执行型也可以连续执行型。如果在功能指令后面加P，则该指令为脉冲执行型，如图13-9所示。若在指令格式中没有P，则表示该指令只能是连续执行型。

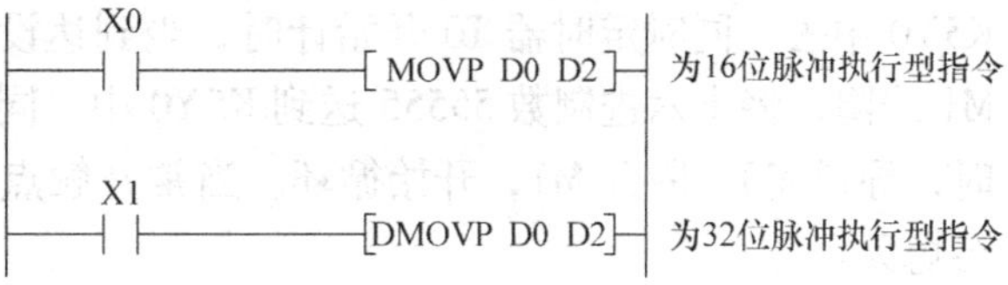

图13-9　脉冲执行型传送指令

脉冲执行型指令在执行条件满足时仅执行一个扫描周期，这点对数据处理有很重要的意义。比如一条加法指令，在脉冲执行时，只将加数和被加数做一次加法运算。而连续型加法运算指令在执行条件满足时，每一个扫描周期都要相加一次，这样就失去了控制。

(3) 传送指令的应用　如图13-10所示，当X0的常开触点闭合时，就会将十进制数1连续地传送到数据寄存器D0中；当X1的常开触点闭合时，就会将十六进制数6连续地传送到数据寄存器D2中；当X2的常开触点闭合时，就会将十六进制数A连续地传送到位元件组合K2Y0中。

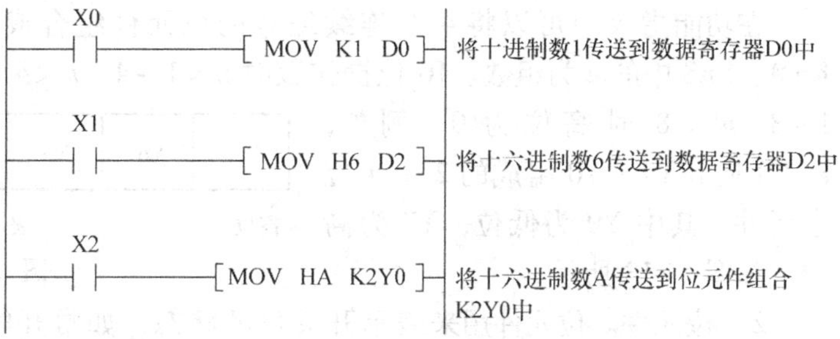

图13-10　连续执行型传送指令的应用

如图13-11所示，当X0的常开触点闭合时，就会将十进制数1传送到数据寄存器D0中，并且只传送一个扫描周期；当X1常开触点闭合时，就会把十六进制数6传送到数据寄存器D2中，并且只传送一个扫描周期；当X2的常开触点闭合时，会把十六进制数A传送到位元件组合K8Y0中，并且只传送一个扫描周期。

例如，有20盏小灯，要求在按下按钮SB1后，所有的小灯全亮，过1s后，单数灯亮，要循环；按下SB2时，所有亮的灯，都会熄灭。程序梯形图如图13-12所示。

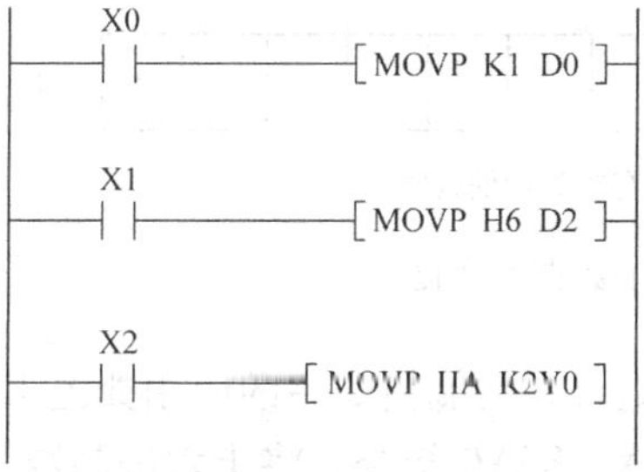

图13-11　脉冲执行型传送指令的应用

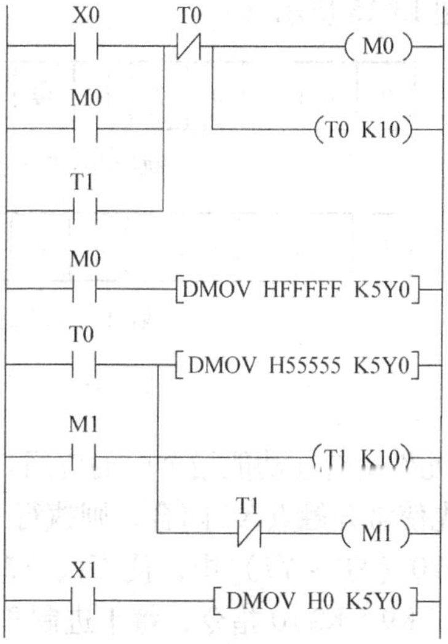

图13-12　程序梯形图

当常开触点 X0 闭合时，辅助继电器 M0 得电，会将十六进制数 FFFFF 送到位元件组 K5Y0 中去，同时定时器 T0 开始计时，当到达设定时间 1s 时，辅助继电器 M0 失电，导通 M1 线圈，将十六进制数 55555 送到 K5Y0 中，同时定时器 T1 开始计时，当到达设定时间 1s 时，导通 M0，断开 M1，开始循环。当常开触点 X1 闭合时，将 0 送到 K5Y0，所有小灯都会熄灭。

（4）字元件的介绍

1）字元件。处理数据的元件叫做字元件，包括 K、H、K*n*X、K*n*Y、K*n*M、K*n*S、C、T、D、V、Z。字元件有三种类型：

① 常数：“K”表示十进制常数，“H”表示十六进制常数，如 K1369 表示十进制数 1369，H06C8 表示十六进制数 06C8。

② 位元件组成的字元件：包括 K*n*X、K*n*Y、K*n*M、K*n*S，如 K1X0，K4M10，K3S3。

在功能指令中可以将 4 个连续编号的位元件组合成一组组合单元，如 K*n*X、K*n*Y、K*n*M、K*n*S 中的 n 为组数。16 位操作数时 $n=1\sim4$，$n<4$ 时高位为 0；32 位操作数时 $n=1\sim8$，$n<8$ 时高位为 0。例如，K2Y0 是由 Y7 ~ Y0 组成的 2 个 4 位字元件，其中 Y0 为低位，Y7 为高位，如图 13-13 所示。

Y7	Y6	Y5	Y4	Y3	Y2	Y1	Y7

高位　　　表示 K2Y0　　　低位

图 13-13　位元件组合

2）位元件。位元件用来表示开关量的状态，如常开触点的通、断，线圈的通电和断电，这两种状态分别用二进制数 1 和 0 来表示，或称该编程元件处于 ON 或 OFF 状态。

3）字元件应用举例

① 数据寄存器在功能指令中的应用。如图 13-14 所示，当常开触点 X0 闭合时，执行 MOV　K5　D0 指令，就是将十进制数 5 传送到数据寄存器 D0 中；当常开触点 X1 闭合时，执行 MOV　D0　K2Y0 指令，将数据寄存器中的数据传送到位元件组 K2Y0（Y0 ~ Y7）中。数据寄存器中数据的变化如图 13-15 所示。

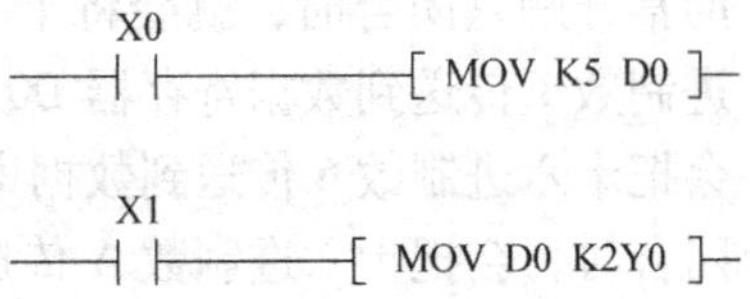

图 13-14　数据寄存器在功能指令中的应用

0	0	0	0	0	传	传	图	[	X	传	0	0	0	0	0	D0

执行传送指令之前的数据寄存器D0中的数据

0	0	0	0	0	0	0	0	0	0	0	0	1	1	1	1	D0

执行传送指令之后的数据寄存器D0中的数据

图 13-15　数据寄存器中数据的变化

② 位元件组合在功能指令中的应用。位元件组合在功能指令中的应用如图 13-16 所示。

如果先使常开触点 X0 闭合，则执行 MOV　HA　K2Y0 指令，将十六进制数 A 传送到位元件组 K2Y0（Y0 ~ Y7）中，使 Y1、Y3 得电，如图 13-17 所示；再使常开触点 X1 闭合，执行 MOV　K9　K2Y0 指令，将十进制 9 传送到位元件组 K2Y0（Y0 ~ Y7）中，使 Y0、Y3 得电，如图 13-18 所示。

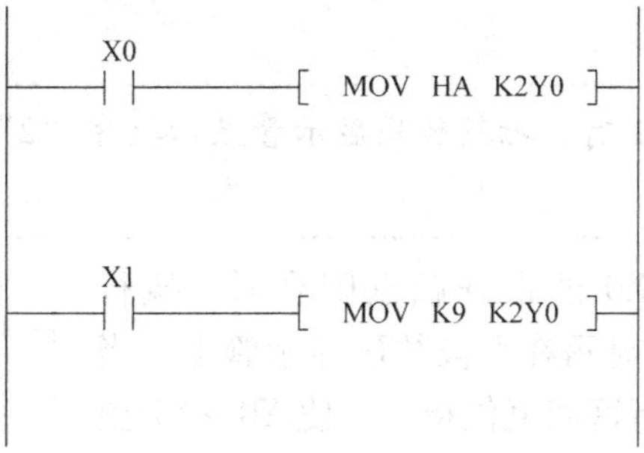

图 13-16　位元件组合在功能指令中的应用

	Y7	Y6	Y5	Y4	Y3	Y2	Y1	Y0
没执行指令时 K2Y0 中的数据	0	0	0	0	0	0	0	0
执行指令后 K2Y0中的数据	0	0	0	0	1	0	1	0

图 13-17　执行 MOV HA K2Y0 指令后 K2Y0 中数据的变化

	Y7	Y6	Y5	Y4	Y3	Y2	Y1	Y0
没执行指令时 K2Y0 中的数据	0	0	0	0	0	0	0	0
执行指令后 K2Y0中的数据	0	0	0	0	1	0	0	1

图 13-18　执行 MOV K9 K2Y0 指令后 K2Y0 中数据的变化

2. 七段译码指令

七段译码指令 SEGD 将源操作数指定元件的低 4 位中的十六进制数（0 ~ F）译码后送给七段显示器显示，译码信号存储于目标操作数指定的元件中，输出时要占用 7 个输出点。源操作数可以选所有的数据类型，目标操作数为 K*n*Y、K*n*S、K*n*M、T、C、D、V 和 Z，只有 16 位运算。

［S］指定元件的低 4 位（只用低 4 位）中的十六进制数（0 ~ F）经译码后驱动七段显示器，译码信号存于［D］指定的元件中，［D］的高 8 位不变。图 13-19 中七段显示器的 B0 ~ B6 分别对应于［D］的最低位（第 0 位 ~ 第 6 位），某段亮时［D］中对应的位为 1，反之为 0。例如，数码显示“0”时，B0 ~ B5 均为 1，B6 为 0，［D］的值为十六进制数 3FH。

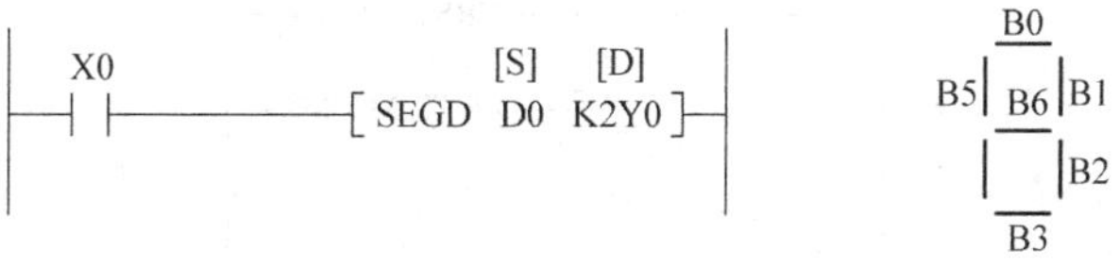

图 13-19　七段译码指令

3. SEGD 指令举例

例 1 当按下按钮 SB1 时，七段数码显示管显示数字“2”，当按下停止按钮时数字消失。用 SEGD 指令编程。

如图 13-20 所示，当 X0 的常开触点闭合时，执行 SEGD 指令，把十进制数 2 显示在七段数码显示管上；当 X1 的常开触点闭合时，执行区间复位指令，使 Y0 ~ Y7 全部复位，所以七段数码显示管上的数字“2”熄灭。

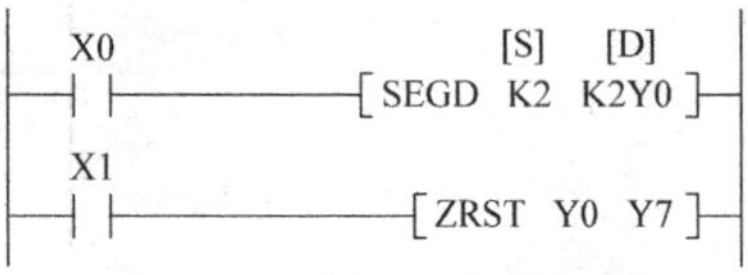

图 13-20 例 1 程序梯形图

例 2 当按下按钮 SB1 时，要求七段数码显示管从数字 0 ~ 2 以 1s 的间隔显示，可以循环，当按下按钮 SB2 时，无论显示到哪个数字，都会熄灭。用 SEGD 指令编写。

如图 13-21 所示，当常开触点 X0 闭合时，执行 SEGD K0 K2Y0 指令，使得数字“0”显示在七段数码显示管上，辅助继电器 M0 线圈得电，形成自锁，定时器 T0 开始计时；当到达设定时间 1s 时，定时器 T0 线圈得电，T0 常开触点闭合，执行 SEGD K1 K2Y0 指令，使得数字“1”显示在七段数码显示管上，辅助继电器 M1 线圈得电，形成自锁，定时器 T1 开始计时；当到达设定时间 1s 时；定时器 T1 线圈得电，T1 常开触点闭合，执行 SEGD K2 K2Y0 指令，将数字“2”显示在数码管上，辅助继电器 M2 线圈得电，形成自锁，定时器 T2 开始计时；当到达设定时间 1s 时，定时器 T2 线圈得电，T2 常开触点闭合，开始循环。当常开触点 X1 闭合时，执行 ZRST Y0 Y7 指令和 ZRST M0 M2 指令，使 Y0 ~ Y7 和 M0 ~ M2 全部复位。

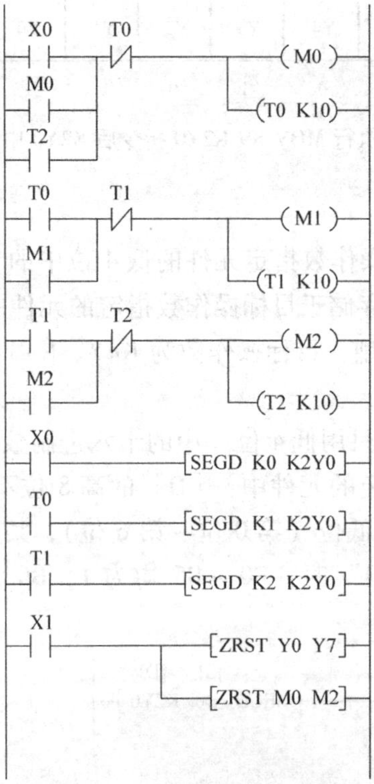

图 13-21 例 2 程序梯形图

四、PLC之间的通信

以十字路口交通灯控制程序设计为例，四个方向的灯需要6个输出点，四个方向的数码显示管需要28个输出点，一共需要34个输出点，但是FX_{2N}-48MR型PLC只含有24个输出点，所以，用一台PLC是无法实现控制的，这样就需要多台PLC的链接。多台PLC之间的链接有两种方法，即N：N链接通信协议与并行链接通信协议。

1. N：N链接

N：N链接通信协议最多用于8台FX系列PLC之间的自动数据交换，其中一台为主机，其余的为从机。

（1）与N：N网络有关的辅助继电器和数据寄存器　在每台PLC的辅助继电器和数据寄存器中分别有一片系统指定的共享数据区，网络中的每一台PLC都分配自己的共享辅助继电器和数据寄存器。与N：N网络有关的辅助继电器（只读）见表13-1。与N：N网络有关的数据寄存器见表13-2。

表13-1　与N：N网络有关的辅助继电器（只读）

属性	FX_{1S}	FX_{2N}和FX_{2NC}	描述	响应类型
只读	M8038		用于N：N网络参数设置	主、从站
只读	M501	M8183	有主站通信错误时为ON	主站
只读	M505～M511	M8184～M8190	有从站通信错误时为ON	主、从站
只读	M503	M8191	与别的站通信时为ON	主、从站

表13-2　与N：N网络有关的数据寄存器

属性	FX_{1S}	FX_{2N}和FX_{2NC}	描述	响应类型
只读	D8173		保存自己的站号	主、从站
只读	D8174		保存从站的个数	主、从站
只读	D8175		保存刷新范围	主、从站
只写	D8176		设置站号	主、从站
只写	D8177		设置从站个数	主
只写	D8178		设置刷新模式	主
读/写	D8179		设置重试次数	主
读/写	D8180		设置通信超时时间	主
只写	D201	D8201	网络当前扫描时间	主、从站
只写	D202	D8202	网络最大扫描时间	主、从站
只写	D203	D8203	主站通信错误条数	从站
只写	D204～D210	D8204～D8210	1～7号从站通信错误条数	主、从站
只写	D211	D8211	主站通信错误代码	从站
只写	D212～D218	D8212～D8218	1～7号从站通信错误代码	主、从站
—	D219～D255	—	用于内部处理	—

对于每一台PLC来说，分配给它的共享数据区数据自动地传送到其他站的相同区域，分配给其他PLC共享数据区中的数据是从其他站自动传送来的。对于某一台PLC的用户程

序来说，在使用其他站自动传送来的数据时，感觉就像读写自己内部的数据区一样方便。共享数据区中的数据与其他 PLC 里面的对应数据在时间上有一定的延迟，数据传送周期与网络中的站数和传送的数据量有关。

（2）N：N 网络的设置　N：N 网络的设置只有在程序运行或 PLC 起动运行时才有效。

1）设置工作站号（D8176）：D8176 的取值范围为 0～7，主站应设置为 0，从站设置为 1～7。

2）设置从站个数（D8177）：该设置只适用于主站，D8177 的设定范围为 1～7 之间的值，默认值为 7。

3）设置刷新范围（D8178）：刷新范围是指主站与从站共享的辅助继电器和数据寄存器的范围。刷新范围由主站的 D8178 来设置，可以设为 0、1、2（默认值为 0），对应的刷新范围见表 13-3。

表 13-3　N：N 网络的刷新模式

通信元件	刷新范围		
	模式 0	模式 1	模式 2
	FX_{0N}、FX_{1S}、FX_{2N}、FX_{2NC}	FX_{1N}、FX_{2N}、FX_{2NC}	FX_{1N}、FX_{2N}、FX_{2NC}
位元件（M）	0 点	32 点	64 点
字元件（D）	4 点	4 点	8 点

刷新范围只能在主站中设置，但是设置的刷新模式适用于 N：N 网络中所有的工作站。FX_{0N}，FX_{1S}系列应设置为模式 0，否则在通信时会产生通信错误。

表 13-4 中的辅助继电器和数据寄存器是供各站的 PLC 共享的。以模式 1 为例，如果主站想要 X0 控制 2 号站的 Y0，可以用主站的 X0 来控制它的 M1000。通过通信，各从站中的 M1000 的状态与主站的 M1000 相同。用 2 号站的 M1000 来控制它的 Y0，相当于用主站的 X0 来控制 2 号站的 Y0。

表 13-4　N：N 网络共享的辅助继电器和数据寄存器

站号	模式 0		模式 1		模式 2	
	位元件	4 点字元件	32 点位元件	4 点字元件	64 点位元件	8 点位元件
0	—	D0～D3	M1000～M1031	D0～D3	M1000～M1063	D0～D7
1	—	D10～D13	M1064～M1095	D10～D13	M1064～M1127	D10～D17
2	—	D20～D23	M1128～M1159	D20～D23	M1128～M1191	D20～D27
3	—	D30～D33	M1192～M1223	D30～D33	M1192～M1255	D30～D37
4	—	D40～D43	M1256～M1287	D40～D43	M1256～M1319	D40～D47
5	—	D50～D53	M1320～M1351	D50～D53	M1320～M1383	D50～D57
6	—	D60～D63	M1384～M1415	D60～D63	M1384～M1447	D60～D67
7	—	D70～D73	M1448～M1479	D70～D73	M1448～M1479	D70～D77

4）设置重试次数（D8179）：D8179 的取值范围为 0～10（默认值为 3），该设置仅用于主站。当通信出错时，主站就会根据设置的次数自动重试通信。

5）设置通信超时时间（D8180）：D8180 的取值范围为 5 ~ 255（默认值为 5），该值乘以 10ms 就是通信超时时间，该设置仅用于主站。

（3）N：N 网络编程举例

1）系统配置：系统硬件接线如图 13-22 所示。3 台 FX_{2N}系列 PLC 通过 N：N 网络交换数据。刷新范围设置为模式 1（可以访问每台 PLC 的 32 个位元件和 4 个字元件），重试次数为 3 次，通信超时时间为 50ms。

485BD 通信模块的接线方法如图 13-23 所示。

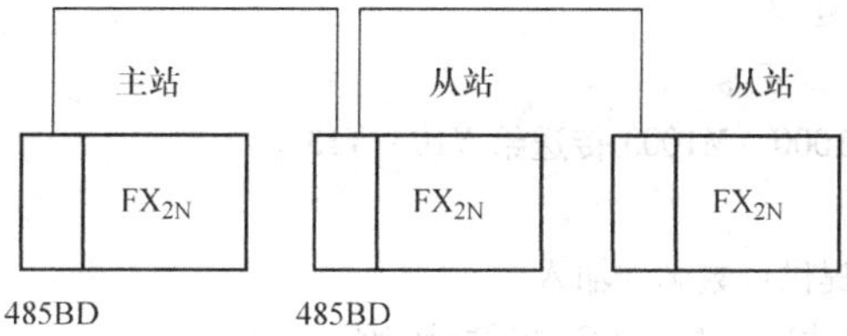

图 13-22　系统硬件接线

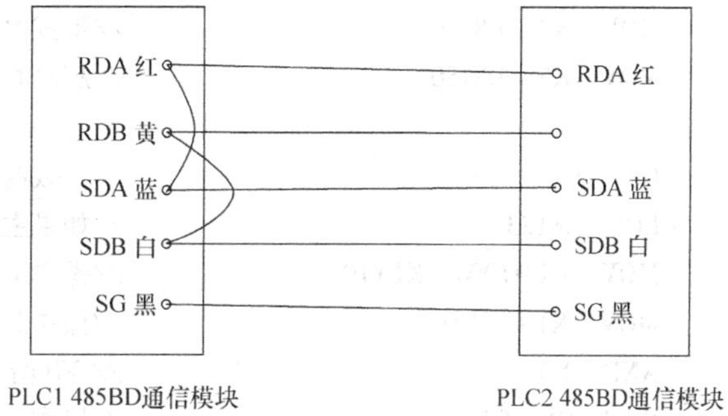

图 13-23　485BD 通信模块的接线方法

2）操作：在完成系统硬件配置后，进行以下操作：

① 通过 M1000 ~ M1003，用主站的 X0 ~ X3 来控制 1 号从站的 Y10 ~ Y13。

② 通过 M1064 ~ M1067，用 1 号从站的 X0 ~ X3 来控制 2 号从站的 Y14 ~ Y17。

③ 通过 M1128 ~ M1131，用 2 号从站的 X0 ~ X3 来控制主站的 Y20 ~ Y23。

④ 主站的数据寄存器 D1 给 1 号从站的计数器 C1 提供设定值。C1 的触点状态由 M1070 映射到主站的 Y5 输出点。

⑤ 1 号从站 D10 的值和 2 号从站 D20 的值在主站相加，运算结果存放到主站的 D3 中。

3）主站程序

```
LD   M8038                  //M8038 专门用于 N：N 网络的设置
MOV  K0    D8176            //设置主站站号为 0
MOV  K2    D8177            //该主站链接两台从站
MOV  K1    D8178            //刷新模式设置为 1
MOV  K3    D8179            //重试次数为 3 次
MOV  K5    D8180            //超时时间为 50ms
LD   M8000                  //PLC 运行时
MOV  K1X0  K1M1000          //操作 1，X0 ~ X3 传送给 M1000 ~ M1003
MOV  K5    D1               //操作 4，D1 给 1 号站的 C1 提供设定值
LDI  M8184                  //如果从站 1 通信正常
AND  M1070                  //并且从站 1 中计数器 C1 常开触点接通
OUT  Y5                     //操作 4
LDI  M8185                  //如果从站 2 通信正常
MOV  K1M1128  K1Y20         //操作 3
LDI  M8184                  //如果从站 1 通信正常
```

```
ANI  M8185                    //且从站 2 通信正常
ADD  D10  D20  D3             //操作 5
END
```

4）从站 1 的程序

```
LD  M8038                     //M8038 专门用于 N：N 网络的设置
MOV  K1  D8176                //设置从站站号为 1
MOV  K2  D8177                //该主站链接两台从站
MOV  K1  D8178                //刷新模式设置为 1
MOV  K3  D8179                //重试次数为 3 次
MOV  K5  D8180                //超时时间为 50ms
LD  X1
RST  C1                       //计数器 C1 复位
LDI  M8183                    //如果主站通信正常
MOV  K1M1000  K1Y10           //操作 1，M1000～M1003 传送给 Y10～Y13
MOV  K10  D10                 //操作 5
AND  X0                       // X0 给 C1 提供计数脉冲输入
OUT  C1  D1                   //操作 4，主站通过 D1 向 C1 提供设定值
LDI  M8183                    //如果主站通信正常
AND  C1
OUT  M1070                    //操作 4，C1 的常开触点通过 M1070 控制主站的 Y5
LDI  M8185                    //如果 2 号从站通信正常
MOV  K1X0  K1M1064            //操作 2
END
```

5）从站 2 的程序

```
LD  M8038                     //M8038 专门用于 N：N 网络的设置
MOV  K2  D8176                //设置从站站号为 2
MOV  K2  D8177                //该主站链接两台从站
MOV  K1  D8178                //刷新模式设置为 1
MOV  K3  D8179                //重试次数为 3 次
MOV  K5  D8180                //超时时间为 50ms
LDI  M8183                    //如果主站通信正常
MOV  K1X0  K1M1128            //操作 3
MOV  K15  D20                 //操作 5
LDI  M8184                    //如果从站 1 通信正常
MOV  K1M1064  K1Y14           //操作 2
END
```

2. 并行链接

并行链接用来实现两台同一组的 FX 系列 PLC 之间的数据自动传送。FX 系列 PLC 的分组见表 13-5。与并行链接有关的标志寄存器和特殊数据寄存器见表 13-6。

表 13-5　FX 系列 PLC 的分组

组　号	组 1	组 2	组 3	组 4	组 5
PLC 系列	FX_{2N}、FX_{2NC}	FX_{1N}	FX_{1S}	FX_{0N}	FX、FX_{2C}

表 13-6　与并行链接有关的标志寄存器和特殊数据寄存器

元件名	操作
M8070	为 ON 时 PLC 作为并行链接主站
M8071	为 ON 时 PLC 作为并行链接从站
M8072	PLC 运行在并行链接时为 ON
M8073	在并行链接时 M8070 和 M8071 中任何一个设置出错时为 ON
M8162	OFF 时为标准模式；ON 时为快速模式
M8070	并行链接的监视时间，默认值为 500ms

并行链接有标准模式和快速模式两种工作模式，通过特殊辅助继电器 M8162 来设置。主、从站之间通过周期性自动通信，由表 13-6 中的辅助继电器和数据寄存器来实现数据共享。并行链接两种工作模式的比较见表 13-7。

表 13-7　并行链接两种工作模式的比较

模式	通信设备	FX_{2N}，FX_{2NC}，FX_{1N}	FX_{1S}，FX_{0N}	监视时间
标准模式 M8162 为 OFF	主站→从站	M800 ~ M899（100 点） D490 ~ D499（10 点）	M400 ~ M449（50 点） D230 ~ D239（10 点）	70ms + 主站扫描时间 + 从站扫描时间
	从站→主站	M900 ~ M999（100 点） D500 ~ D509（10 点）	M450 ~ M499（50 点） D240 ~ D249（10 点）	
快速模式 M8162 为 ON	主站→从站	D490，D491（2 点）	D230，D231（2 点）	20ms + 主站扫描时间 + 从站扫描时间
	从站→主站	—	D240，D241（2 点）	

例 3　两台 FX_{1N}系列 PLC 通过并行链接交换数据，通过程序来实现下述功能：主站的 X0 ~ X7 通过 M800 ~ M807 控制从站的 Y0 ~ Y7；从站的 X0 ~ X7 通过 M900 ~ M907 控制主站的 Y0 ~ Y7；主站 D0 的值小于或等于 100 时，从站中的 Y10 为 ON；从站中 D0 的值用来作主站的 T0 的设定值。

（1）主站程序

```
LD     M8000                    //M8000 一直为 ON
OUT    M8070                    //设置为主站
MOV    K2X0    K2M800           //主站的 X0 ~ X7 的状态发送给从站的 Y0 ~ Y7
MOV    K2M900    K2Y0           //从站的 X0 ~ X7 的状态发送给主站的 Y0 ~ Y7
MOV    D0    D490               //主站的 D0≤100 时，从站中的 Y10 为 ON
LD     X10
OUT    T0    D500               //从站中的 D10 给主站的 T0 提供设定值
END
```

（2）从站程序

```
LD     M8000
OUT    M8071                    //设置为从站
MOV    K2M8000    K2Y0          //主站的 X0 ~ X7 的状态发送给从站的 Y0 ~ Y7
MOV    K2X0    K2M900           //从站的 X0 ~ X7 的状态发送给主站的 Y0 ~ Y7
```

```
AND < =  D490   K100              //主站的 D0≤100 时
OUT   Y10                         //从站中的 Y10 为 ON
MOV   D10   D500                  //从站中的 D10 给主站的 T0 提供设定值
END
```

并行链接快速模式的编程与正常模式的编程基本相同，其区别仅在于应将 M8162 设置为 ON。在主站和从站的程序中，快速模式都需要用 M8000 的常开触点接通 M8162 的线圈。

五、任务分析

任务要求：东西南北四个方向的交通信号灯按照顺序运行，同时数码显示牌显示当前信号灯的时间倒计时。

根据控制要求，6 个信号灯，四位数码显示，输出端子需要 34 个（6 + 4 × 7），而 FX_{2N}—48MR 型 PLC 只有 24 个输出端子，所以一台 PLC 的输出端子不够使用，这时应该使用两台 PLC 通信同时控制整个控制系统，以达到控制要求。

把其中一台 PLC 设为主站，主站中编辑 N 链接程序和南北方向的交通信号灯及数码显示程序；将另外一台 PLC 设为从站，从站中编辑东西方向的交通灯及数码显示程序。

1. 主站程序

```
LD    M8038                       //M8038 专门用于 N：N 网络的设置
MOV   K0   D8176                  //设置主站站号为 0
MOV   K1   D8177                  //该主站链接 1 台从站
MOV   K1   D8178                  //刷新模式设置为 1
MOV   K3   D8179                  //重试次数为 3 次
MOV   K5   D8180                  //超时时间为 50ms
LD    X0                          //起动按钮
OUT   M1000                       //主站与从站共同得电
LD    M1000                       //用 M1000 来起动主站交通灯及数码显示
⋮
END
```

2. 从站程序

```
LD    M8038                       //M8038 专门用于 N：N 网络的设置
MOV   K1   D8176                  //设置从站站号为 1
MOV   K1   D8177                  //该主站链接 1 台从站
MOV   K1   D8178                  //刷新模式设置为 1
MOV   K3   D8179                  //重试次数为 3 次
MOV   K5   D8180                  //超时时间为 50ms
LD    M1000                       //用 M1000 来起动从站交通灯及数码显示
⋮
END
```

学习活动三　制订工作计划

根据工作任务要求及情景描述中的相关资料制订工作前、工作中、工作后计划。

一、人员分工

1. 小组负责人：
2. 小组成员及分工

姓　名	分　工

二、工具及材料清单

序　号	工具或材料名称	单　位	数　量	备　注

三、工序及工期安排

序　号	工作内容	完成时间	备　注

学习活动四　任务实施

1. 工艺要求

1）应能满足机械生产的工艺要求，能按照工艺顺序准确而可靠地工作。

2）电路结构力求简单，尽量选用常用的且经过实际考验的电路。

3）操作调整和检修方便。

4）具有各种必要的保护装置，确保在误操作时不会发生重大事故。

5）工作稳定，安全可靠，符合使用环境条件。

2. 技术规范

1）依据I/O分配表，完成PLC外部的接线。

2）检查插头、插座的簧片有无松动、断裂、掉线等情况。

3）接地极和接地系统施工完毕后，接地电阻测试合格。

4）在控制室内搬运机柜、操作台等设备时，应预先铺胶皮地板，防止水平运输时损坏室内设施。搬运时，设备倾斜角度不得超过允许值。

5）应做好防潮、防火、防震等措施，存放条件应符合产品说明书要求。

3. 安全要求

1）运行中的电气设备，必须按操作规程操作，如分断电源时应先断开负荷开关；后断开隔离开关；接通电源时，应先合隔离开关，后合负荷开关。

2）严格遵守停送电制度，切实做好各项应急的安全措施。

3）对现场电气设备及线路不熟悉者，不得拆卸或安装电气设备和零件。

4）在靠近带电体进行电工操作时，人与带电体应保持一定的安全距离（电压在400V以下时距离保持在0.3m以上，电压为6～10kV时距离保持在0.7m以上）。

5）不可用湿手触摸开关及带电设备，禁止用湿布擦拭运行中的电气设备。

6）任何带电设备，未经验明无电时，一律视为有电，不准用手触及。

7）必须在低压配电设备上操作时，要经老师批准，并有专人监护。

4. 评分标准

以小组为单位，展示本组制订的工作计划，然后在老师点评基础上将工作计划修改完善，并根据以下评分标准进行评分。

◆ **评分表**

评价内容	分值	评分			
		自我评价	小组评价	老师评价	平均分
计划制订得是否合理、完善	20				
任务要求是否明确	20				
工具清单是否正确、完善	20				
材料清单是否正确、完整	20				
人员分工是否合理、团结协作	20				
合计					

学习活动五　总结评价

◆ **综合评价表**

评价项目	评价内容	评价标准	评价主体		
			自我	同学	老师
职业素养	安全意识 责任意识	A. 作风严谨，自觉遵守纪律，出色地完成任务 B. 能够遵守规章制度，较好地完成工作任务 C. 遵守规章制度，没完成工作任务 D. 不遵守规章制度，没完成工作任务			
	学习态度	A. 积极参与学习活动，全勤 B. 缺勤达到任务总学时的10% C. 缺勤达到任务总学时的20% D. 缺勤达到任务总学时的30%			

（续）

评价项目	评价内容	评价标准	评价主体		
			自我	同学	老师
职业素养	团队合作	A. 与同学协作融洽，团队合作意识强 B. 与同学能沟通，协同工作能力较强 C. 与同学能沟通，协同工作能力一般 D. 与同学沟通困难，协同工作能力较差			
专业能力	明确工作任务	A. 学习活动评价成绩为 90～100 分 B. 学习活动评价成绩为 75～89 分 C. 学习活动评价成绩为 60～74 分 D. 学习活动评价成绩为 0～59 分			
	学习相关知识	A. 学习活动评价成绩为 90～100 分 B. 学习活动评价成绩为 75～89 分 C. 学习活动评价成绩为 60～74 分 D. 学习活动评价成绩为 0～59 分			
	制订工作计划	A. 学习活动评价成绩为 90～100 分 B. 学习活动评价成绩为 75～89 分 C. 学习活动评价成绩为 60～74 分 D. 学习活动评价成绩为 0～59 分			
	任务实施	A. 学习活动评价成绩为 90～100 分 B. 学习活动评价成绩为 75～89 分 C. 学习活动评价成绩为 60～74 分 D. 学习活动评价成绩为 0～59 分			
创新能力	学习过程中提出具有创新性、可行性的建议		加分		
班级		姓名		综合评价等级	

课后思考

1. MOV 指令称为(　　　)指令，其功能是将（　　　）中的数据传送到（　　　）中去。

2. 七段译码指令的助记符是（　　　　）。

3. N：N 链接通信协议最多用于（　　　）个 FX 系列 PLC 之间的自动数据交换，其中一台为（　　　　），其余的为从机。

4. （　　　　）用来实现两台同一组的 FX 系列 PLC 之间的数据自动传送。

5. 位元件是指（　　　　）；字元件是指（　　　　）。

6. 数据存储器的符号是（　　　　），一个数据存储器最多可以存储（　　　　）位数据。

7. 功能指令的得电方式有（　　　　）、（　　　　）两种。

8. 功能指令中如果想处理 32 位数据，需要在指令前加（　　　　）。

9. 根据要求编写程序梯形图

当按下按钮 SB1 时，七段数码显示管会从“0”显示到“9”，以 1s 为间隔，当按下按钮 SB2 时，数码显示管上的数字消失。用 MOV 指令进行编程。

任务十四

货物自动存储系统控制程序设计

学习目标：

1. 掌握三菱 PLC 晶体管输出继电器的使用方法。
2. 能利用脉冲输出指令和脉宽调制指令进行编程。
3. 能对步进电动机进行正确的外部接线。
4. 能够利用 PLC 控制步进电动机。
5. 掌握步进电动机的使用领域。

情境描述：

货架自动化仓库，一般是指采用几层、十几层乃至几十层高的货架储存单元货物，用相应的货物搬运设备进行货物入库和出库作业的仓库。由于这类仓库能充分利用空间储存货物，故常形象地将其称为立体仓库。

随着高层立体仓库的推广应用，单件货物装卸堆垛将被整体集装箱、托盘装卸堆垛取代。库存货物运转全部实现机械化，充分利用叉车、牵引车、起重机、托盘搬运车、堆垛机、自动拣选机、快速管道输送机等实现流水作业。机械化、智能化的作业方式，提高了货物存储过程的效率，也有利于货物的分类。

学习活动一　明确工作任务

在包装机械中，很多情况下需要控制执行机构的运行速度和运行位置。以前都是通过机械或其他方式来完成的，机构复杂、调节不易。改用步进电动机后，不仅能使包装机械结构变得简单、调节方便、可靠性增加，而且速度会得到很大提高。

用三菱 FX_{2N}系列 PLC 控制一台步进电动机，要求：按下起动按钮后，步进电机以频率为 1000Hz 的脉冲，脉冲数为 100 个，向前推进。

学习活动二　学习相关知识

◆ **引导问题：**

1. 什么是步进电动机？步进电动机与三相异步电动机的区别是什么？

2. 步进电动机在进行外部连接时需要利用什么器件？
3. PLC 在控制步进电动机时需要用什么指令？这些指令的功能是什么？
4. PLC 在控制步进电动机时输出继电器需要哪种输出类型？为什么？
5. FX_{2N}系列 PLC 有几个晶体管输出？

◆ 咨询资料：

一、步进电动机与步进电动机驱动器

1. 定义

步进电动机是将电脉冲信号转变为角位移或线位移的开环控制元件。在非超载的情况下，步进电动机的转速、停止的位置只取决于脉冲信号的频率和脉冲数，而不受负载变化的影响，即给步进电动机加一个脉冲信号，步进电动机则转过一个步距角。可以通过控制脉冲个数来控制角位移量，从而达到准确定位的目的。也可以通过控制脉冲频率来控制步进电动机转动的速度和加速度，从而达到调速的目的。这一线性关系的存在，加上步进电动机只有周期性的误差而无累积误差等特点，使得速度、位置等电动机的控制变得非常简单。

2. 特点

1）输入脉冲数严格和步进电动机的角位移成正比，步进电动机运转一周后没有积累误差，因此具有良好的跟随特性。

2）由于其良好的跟随特性，步进电动机可以与驱动器电路组成开环数字控制系统，同时，也可以与角度反馈环节组成高性能的闭环数字控制系统。

3）步进电动机的动态响应快，易于起动、停止、正反转和变速。

4）速度可以在相当宽的范围内平滑调节，在低速动作状态下仍能保证获得大的转矩。

步进电动机温度过高时首先会使电动机的磁性材料退磁，从而导致力矩下降乃至于失步，因此步进电动机外表允许的最高温度应取决于不同电动机磁性材料的退磁点。一般来讲，磁性材料的退磁点都在130℃以上，有的甚至高达200℃，所以步进电动机外表温度在80～90℃完全正常。

步进电动机的力矩随转速的升高而下降的原因为：当步进电动机转动时，各相绕组的电感将形成一个反向电动势，频率越高，反向电动势越大，在它的作用下，随着频率（或速度）的增大，相电流减小，从而导致力矩下降。

步进电动机有一个技术参数——空载起动频率，即步进电动机在空载情况下能够正常起动的脉冲频率。如果脉冲频率高于该值，步进电动机不能正常起动，可能发生丢步或堵转现象。在有负载的情况下，起动频率应更低。如果要使步进电动机高速转动，脉冲频率应该有加速过程，即起动频率较低，然后按一定加速度升到所希望的高频（电动机转速从低速升到高速）。

3. 步进电动机的工作原理

1）控制方式是脉冲控制，而不是电平控制。

2）控制信号一般为低电平信号，而不是高电平信号。

3）度量单位为步进角，就是一个脉冲步进电动机转动的角度。步进电动机的步进角一般为1.8°、0.9°、0.72°、0.36°、0.0288°等。步进角越小，说明步进电动机的控制精度越高。根据步进角可以控制步进电动机行走的精确距离。比如说，步进角为0.72°，电动机旋

转一周需要的脉冲数为360°/0.72° =500，也就是对步进电动机驱动器发出500个脉冲信号，步进电动机才旋转一周。

所以，根据以上步进电动机的工作原理，需要选择合适的PLC。若用FX_{2N}的PLC，则需要MT晶体管型，而MR为继电器型，不可以发高速脉冲。

4. 驱动方式

步进电动机的控制和驱动方法很多，按照使用的控制装置可分为普通集成电路控制、单片机控制、工控机控制、PLC控制等几种，按照控制结构可分为硬脉冲生成器硬脉冲分配结构、软脉冲生成器软脉冲分配器结构、软脉冲生成器硬脉冲分配器结构。由于步进电动机具有无累积误差、跟踪性能好的优点，因此其控制以组成开环控制系统居多。

步进电动机能作出响应而不失步的最高步进频率称为起动频率。与此类似，停止频率是指系统控制信号突然关断，步进电动机不冲过目标位置的最高步进频率。而步进电动机的起动频率、停止频率和输出转矩都要和负载的转动惯量相适应。有了这些数据，就能有效地对步进电动机进行变速控制了。采用PLC控制步进电动机时，应计算出系统的脉冲当量、脉冲频率上限和最大脉冲数量，进而选择PLC及其相应的功能模块。根据脉冲频率可以确定PLC高速脉冲输出时需要的频率，根据脉冲数量可以确定PLC的位宽。

5. 驱动器

步进电动机驱动器把控制系统发出的脉冲信号转化为步进电动机的角位移，或者说控制系统每发一个脉冲信号，通过驱动器就使步进电动机旋转一个步距角。也就是说步进电动机的转速与脉冲信号的频率成正比。所以控制步进脉冲信号的频率，就可以对步进电动机精确地调速；控制步进脉冲的个数，就可以对步进电动机精确地定位。步进电动机驱动器有很多，应以实际的功率要求合理地选择。

（1）型号　BY-2HB03M。

（2）使用说明

1）驱动器工作电压：DC 0~24V。

2）驱动器相电流的调节。通过电位器调节，电流增加时步进电动机顺时针旋转，电流减小时步进电动机逆时针旋转。

3）各接线口的作用：CP+为脉冲信号输入端，CP-为脉冲信号输入负端，V/D+为步进电动机正反转控制正端，V/D-为步进电动机正反转控制负端，FREE+为步进电动机脱机控制正端，FREE-为步进电动机脱机控制负端。

4）步进电动机绕组的连接：A连接步进电动机绕组A正相，A-连接步进电动机绕组A负相，B连接步进电动机绕组B正相，B-连接步进电动机绕组B负相。

5）工作电压的连接：VH连接直流电源正极，GND连接直流电源负极。

6）驱动器细分数：通过调整开关的ON和OFF位置设定驱动器的细分数，以改变步进电动机的步距角。

7）适配电动机：适配86mm机座及以下的且有相电流小于或等于6A的二相混合式步进电动机。

8）步进电动机、步进驱动器和PLC间的硬件接线。

步进电动机及驱动器如图14-1所示。PLC与步进电动机及驱动器的接线如图14-2所示。

图14-1　步进电动机及驱动器

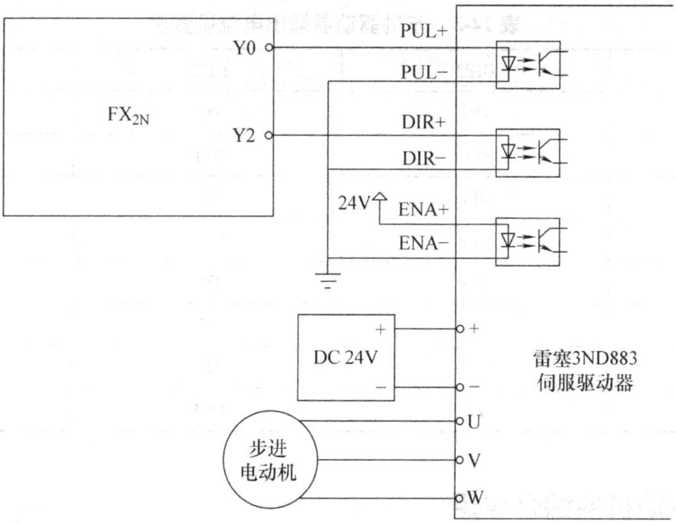

图 14-2　PLC 与步进电动机及驱动器的接线

6. 步进驱动器有关细分的设置

为了提高步进电动机的精度，现在的步进驱动器都有细分的功能。所谓细分，就是通过驱动器中的电路把步距角减小。

比如把步进驱动器设置成 5 细分，假设原来步距角为 1.8°，那么设成 5 细分后，步距角就是 0.36°。也就是说原来一步可以走完的，设置成细分后需要走 5 步。

当输出频率超过步进电动机的最高频率的时候，输出转矩会急速下降。

DIP 开关的功能见表 14-1。步进驱动器细分设置表见表 14-2。步进驱动器输出电流设置表见表 14 3。

表 14-1　DIP 开关的功能

开关序号	ON 功能	OFF 功能
DIP1 ~ DIP4	细分设置用	细分设置用
DIP5	静态电流半流	静态电流全流
DIP6 ~ DIP8	输出电流设置用	输出电流设置用

表 14-2　步进驱动器细分设置表

DIP2	DIP3	DIP4	DIP1 为 ON	DIP1 为 OFF
			细　分	细　分
ON	ON	ON	N/A	2
OFF	ON	ON	4	4
ON	OFF	ON	8	5
OFF	OFF	ON	16	10
ON	ON	OFF	32	25
OFF	ON	OFF	64	50
ON	OFF	OFF	128	100
OFF	OFF	OFF	256	200

表 14-3　步进驱动器输出电流设置表

DIP2	DIP2	DIP2	输出电流
ON	ON	ON	1.2A
ON	ON	OFF	1.5A
ON	OFF	ON	1.8A
ON	OFF	OFF	2.0A
OFF	ON	ON	2.5A
OFF	ON	OFF	2.8A
OFF	OFF	ON	3.0A
OFF	OFF	OFF	3.5A

二、步进电动机的综合应用

步进电动机 PLC 控制系统的硬件部分由控制面板、PLC 控制器、驱动器、步进电动机等组成。上位机是个人计算机，作为控制面板、人机交互界面和控制软件编制环境，通过与 PLC 的通信，实现操作监控功能；PLC 控制器发出脉冲、方向信号，通过驱动器控制步进电动机的运行状态。因为设计的步进电动机控制系统要求有手动盘车功能，在驱动器不断电的情况下，要求能够直接转动电动机轴，这时要利用驱动器的脱机信号功能，使电动机脱机，进行手动操作或调节，手动操作完成后，再将脱机信号去除，以继续自动控制。步进电动机在外部与丝杠的连接时需要的中间器件是联轴器和丝杠的支座 H 法兰轴承。

1. 联轴器

(1) 定义　联轴器是用来连接不同机构中的两根轴（主动轴和从动轴），使之共同旋转，以传递转矩的机械零件，如图 14-3 所示。在高速重载的动力传动中，有些联轴器还有缓冲、减振和提高轴系动态性能的作用。联轴器由两半部分组成，分别与主动轴和从动轴连接。一般动力机大都借助联轴器与工作机相连接。

图 14-3　联轴器

联轴器的最大径向尺寸和轴向尺寸，必须在机器设备允许的安装空间以内。应选择装拆方便、不用维护、维护周期长或者维护方便、更换易损件不用移动两轴、对中调整容易的联轴器。大型机器设备调整两轴对中时较困难，应选择使用寿命长和更换易损件方便的联轴器。金属弹性元件挠性联轴器一般比非金属弹性元件挠性联轴器的使用寿命长。需密封润滑和使用寿命短的联轴器，必然增加维护工作量。对于长期连续运转和经济效益较高的场合，如我国冶金企业的轧机传动系统的高速端，目前普遍采用的是齿式联轴器。齿式联轴器虽然理论上传递转矩大，但是必须在润滑和密封良好的条件下才能耐久工作，且需经常检查密封状况，注润滑油或润滑脂，维护工作量大，增加了辅助工时，减少了有效工作时间，从而影响生产效益。工业发达国家已普遍选用使用寿命长、不用润滑和维护的膜片联轴器取代鼓形齿式联轴器，不仅提高了经济效益，而且可以净化工作环境。

(2) 分类　联轴器种类繁多，按照被连接两轴的相对位置和位置的变动情况，可以分为：

1) 固定式联轴器：主要用于两轴要求严格对中并在工作中不发生相对位移的场合，结构一般较简单，容易制造，且两轴瞬时转速相同。这类联轴器主要有凸缘联轴器、套筒联轴器、夹壳联轴器等。

2）可移式联轴器：主要用于两轴有偏斜或在工作中有相对位移的场合。根据补偿位移的方法又可将其分为刚性可移式联轴器和弹性可移式联轴器。刚性可移式联轴器利用联轴器工作零件间构成的动连接具有某一方向或几个方向的活动度来补偿，如牙嵌联轴器（允许轴向位移）、十字沟槽联轴器（用来连接平行位移或角位移很小的两根轴）、万向联轴器（用于两轴有较大偏斜角或在工作中有较大角位移的场合）、齿轮联轴器（允许综合位移）、链条联轴器（允许有径向位移）等。弹性可移式联轴器（简称弹性联轴器）利用弹性元件的弹性变形来补偿两轴的偏斜和位移，同时弹性元件也具有缓冲和减振性能，如蛇形弹簧联轴器、径向多层板簧联轴器、弹性圈栓销联轴器、尼龙栓销联轴器、橡胶套筒联轴器等。联轴器有些已经标准化，选择时应先根据工作要求选定合适的类型，然后按照轴的直径计算转矩和转速，再从有关手册中查出适用的型号，最后对某些关键零件做必要的验算。

2. 法兰轴承

从打印机、传真机到监控器，在日常生活中使用的家庭用品中大都有法兰轴承（见图14-4）展现技术的空间。外轮上带有法兰轴承的系列产品，使轴向定位变得简单，并且不再需要轴承座，变得更经济。法兰轴承一般用在机器人、医疗器械、办公器械、检测仪器、减速和变速装置、电机光学、读卡器、电动机、激光雕刻等相关领域。

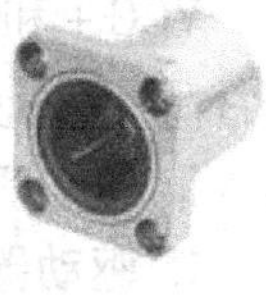

图14-4　法兰轴承

三、步进电动机选用时的注意事项

1）步进电动机应用于低转速场合，转速不超过1000r/min。

2）步进电动机最好不使用整步状态，整步状态时振动大。

3）由于历史原因，只有标称12V电压的步进电动机使用12V外，其他步进电动机的电压值不是驱动电压值，可根据驱动器选择驱动电压（建议：57BYG采用DC 24V～36V，86BYG采用DC 50V，110BYG采用大于DC 80V）。当然12V的电压除12V恒压驱动外也可以采用其他驱动电源，不过要考虑温升。

4）转动惯量大的负载应选择大机座号的步进电动机。

5）在较高转速或大惯量负载时，步进电动机一般不在工作速度起动，而采用逐渐升频提速，这样步进电动机不失步，而且可以减少噪声，同时可以提高停止的定位精度。

6）高精度时，应通过机械减速、提高电动机速度或采用高细分数的驱动器来解决，也可以采用5相电动机，不过其整个系统的价格较贵，生产厂家少。

7）步进电动机不应在振动区内工作，如果必须在振动压内工作，则可通过改变电压、电流或加一些阻尼的方式来解决。

8）步进电动机在600P/s（步距角为0.9°）以下工作时，应采用小电流、大电感、低电压来驱动。

9）应遵循先选电动机后选驱动的原则。

四、铭牌的读识

某步进电动机的铭牌上标注57BYGH276－3004B6A，其中57表示步进电动机的系列号，

BYGH 表示混合式，2 表示两相，76 表示电动机长度，300 表示额定电流为 3.00A；4 为引出线的条数，一般为 4 条、6 条、8 条；B 代表输出轴类型，A 为单轴，B 为双轴。

五、步进电动机驱动器的配用

根据电动机的电流，配用大于或等于此电流的驱动器。如果需要低振动或高精度，则可配用细分型驱动器。对于大转矩电动机，应尽可能用高电压型驱动器，以获得良好的高速性能。

2 相和 5 相步进电动机的区别：2 相步进电动机成本低，但在低速时的振动较大，高速时力矩下降快；5 相步进电动机的振动较小，高速性能好，比 2 相步进电动机的速度高 30% ~50%，可在部分场合取代伺服电动机。

六、驱动器与步进电动机的接线

VCC + 和 GND 端外接直流电源，电压范围为 20 ~40V，切忌超过 40V，以免损坏模块 CP + 和 CP - 步进脉冲输入端（上升沿有效，持续时间大于 10μS），斩波频率大于 35kHz，输入信号与 TTL 兼容。

1. 驱动器细分设置

驱动器的细分数可选 1/2、1/4、1/8、1/16、1/32、1/64，驱动电流可由开关设定。A + 和A - 端为电动机 A 相；B + 和 B - 端为电动机 B 相；CW + 和 CW - 端用于电动机运转方向控制，通过控制该端子电平可改变电动机的运行方向；REST + 和 REST - 端为急停复位无 CP 脉冲电流自动减半，输出相电流为 0.11A、1.28A、1.62A、1.88A、2.28A、2.52A、2.95A、3.5A，可驱动两相或四相混合式步进电动机，光电隔离信号输入信号逻辑输入电流为 10 ~25mA，下降沿脉冲时间大于 5μs。冷却方式为自然冷却或强制风冷，使用环境要求尽量避免粉尘及腐蚀性气体。温度为 0 ~50°C，湿度为 40% ~89% RH。

2. 脉冲输出指令

FX_{2N}系列有 2 条对应脉冲输出的指令，见表 14-4 和表 14-5。

表 14-4 脉冲输出指令

指令名称	指令代码位数	助记符	操作数			程序步
			S1	S2	D	
脉冲输出指令	FNC57（16/32）	PLSY （D）PLSY	K、H、KnY、KnX、KnM、KnS、T、C、D、V、Z		只能指定晶体管型 Y0、Y1	PLSY 7 步 （D）PLSY 13 步

该指令可以用于指定频率、产生定量脉冲输出的场合。

S1 指定频率范围为 2 ~20kHz，执行过程中可以改变。S2 用于指定产生脉冲的数量。16 位指令范围是 1 ~32767（16 位带符号整数的最大值），32 位指令范围是 1 ~2147483647（32 为带符号的整数的最大值）。

D 用于指定输出脉冲的 Y 号，仅可以利用本机的 Y0、Y1。Y0 的输出总数存放于 D8140（下位）和 D8141（上位）。Y1 的输出总数存放于 D8142（下位）和 D8143（上位）。Y0、Y1 的总量存放位于 D8136（下位）和 D81437（上位），可以用指令 D81XX 清零。

为什么只可以使用 Y0、Y1，而不能利用其他输出元件？继电器型输出接口由于使用了机械开关，因此不适合高速脉冲开关输出。晶闸管型输出接口只适用于交流驱动场合。只有晶体管型输出接口有较高的接通断开率，也适合于直流驱动的场合。

脉冲输出指令是 FX_{2N}系列 PLC 的最简单的一条脉冲输出指令。它输出的是图 14-5 所示的脉冲，该脉冲的特点是高、低电平各占 50%。

图 14-5　PLSY 实例

当 X1 接通时，脉冲输出开始。当 X1 断开时，如果 Y0 还没有发送完设定的脉冲量 D0，则脉冲将被强制停止输出。在脉冲停止后，X1 再次接通时，Y0 将重新开始发送脉冲。在脉冲开始输出后，如果 X1 一直保持到脉冲量 D0 发送完毕仍然没有断开，则 Y0 自动停止输出脉冲，同时辅助继电器 M8029 动作。当 D0 为 0 时，Y0 输出连续不断的脉冲。

虽然脉冲输出指令提供了基本的脉冲输出能力，但是只能输出 50% 占空比的恒速脉冲，显然在实际应用中缺乏灵活性。所以，FX_{2N}系列 PLC 还提供了两条脉冲输出增强指令。

3. 脉宽调制指令

脉宽调制指令见表 14-5。

表 14-5　脉宽调制指令

指令名称	指令代码位数	助记符	操作数		程序步
			S1/S2/S3	D	
可调速脉冲输出指令	FNC59（16/32）	PLSR （D）PLSR	K、H、KnY、KnX、KnM、KnS、T、C、D、V、Z	只能指定晶体管型 Y0、Y1	PLSR 9 步 （D）PLSR 17 步

PLSR 指令是带有加减速功能的定尺寸传送脉冲输出指令。其功能是对指定的最高频率进行指定加减速时间的加减调速，并输出所指定的脉冲数。S1 指定最高频率，范围为 10Hz ~ 20kHz。注意，该参数以 10 倍设定。如果指定 1 位数时，则指令运行将停止。在进行加减速调节时，加减速度为最高频率的 1/10，调速 10 次。该指令应用于步进电动机时，一次变速量应设定在步进电动机不失调的范围。S2 用于指定残生脉冲的数量。若设定不足 110 时，脉冲不能正常输出。16 位指令范围是 1 ~ 32767（16 位带符号整数的最大值），32 位指令范围是 1 ~ 2147483647（32 为带符号整数的最大值）。

为什么 S2 设定不足 110 时，脉冲不能正常输出？这是因为，如果按每次调速的最小极限 1Hz 计算，那么在整个过程中至少加速一次或减速一次，假设没有中间过程消耗的脉冲数，那么需要的最小脉冲总数是 $(1+2+3+4+\cdots+10)\times 2=110$。

S3 是加、减速时间（单位为 ms），加速时间与减速时间相等。加、减速时间应设定在 5000ms 以下，应按以下条件设定：

1）加、减速时间需要设定在 PLC 扫描时间最大值（D8012）的 10 倍以上，若设定不足 10 倍，则加、减速不一定计时。

2）加、减速时间最小值设定应满足 $S3 < S2/S1 \times 818$。

若小于上式的最小值，则加、减速时间的误差增大。此外，设定不到 9000/S1 值时，在 9000/S1 值时结束运行。

3）加、减速时间最大值设定应满足 S3 > 9000/S1 × 5。

4）加、减速的变速数按 S1/10，次数固定在 10 次。

PLSR 指令的应用如图 14-6 所示。

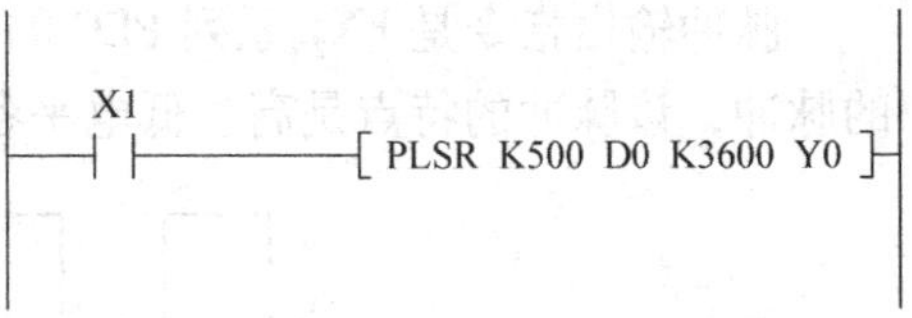

图 14-6　PLSR 指令的应用

七、任务分析

根据工作任务，利用三菱 FX_{2N} 系列 PLC 来控制步进电动机。一定要注意选择晶体管输出类型，而且只有 Y0、Y1 两个输出端子可以发射脉冲。

1. 根据任务要求分配 I/O

I/O 分配表见表 3-2。

表 14-6　I/O 分配表

输入端子		输出端子	
起动按钮	X0	步进电动机脉冲	Y0

2. 梯形图设计

步进电动机驱动程序如图 14-7 所示。

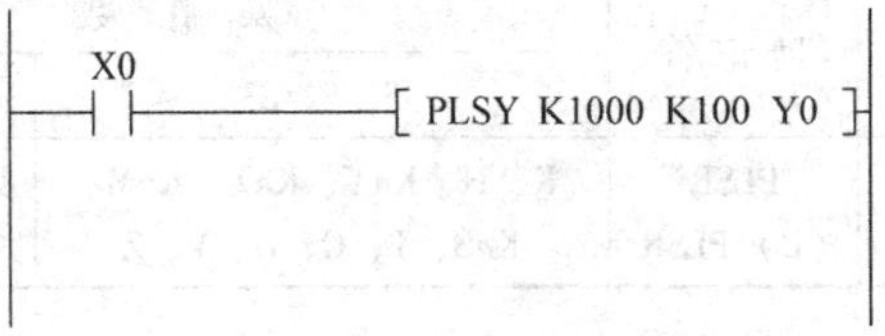

图 14-7　步进电动机驱动程序

学习活动三　制订工作计划

根据工作任务要求及情景描述中的相关资料制订工作前、工作中、工作后计划。

一、人员分工

1. 小组负责人：
2. 小组成员及分工

姓　名	分　工

二、工具及材料清单

序　号	工具或材料名称	单　位	数　量	备　注

三、工序及工期安排

序　号	工作内容	完成时间	备　注

学习活动四　任务实施

1. 工艺要求

1）应能满足机械生产的工艺要求，能按照工艺顺序准确而可靠地工作。

2）电路结构力求简单，尽量选用常用的且经过实际考验的电路。

3）操作调整和检修方便。

4）具有各种必要的保护装置，确保在误操作时不会发生重大事故。

5）工作稳定，安全可靠，符合使用环境条件。

2. 技术规范

1）依据I/O分配表，完成PLC外部的接线。

2）检查插头、插座的簧片有无松动、断裂、掉线等情况。

3）接地极和接地系统施工完毕后，接地电阻测试合格。

4）在控制室内搬运机柜、操作台等设备时，应预先铺胶皮地板，防止水平运输时损坏室内设施。搬运时，设备倾斜角度不得超过允许值。

5）应做好防潮、防火、防震等措施，存放条件应符合产品说明书要求。

3. 安全要求

1）运行中的电气设备，必须按操作规程操作，如分断电源时应先断开负荷开关；后断开隔离开关；接通电源时，应先合隔离开关，后合负荷开关。

2）严格遵守停送电制度，切实做好各项应急的安全措施。

3）对现场电气设备及线路不熟悉者，不得拆卸或安装电气设备和零件。

4）在靠近带电体进行电工操作时，人与带电体应保持一定的安全距离（电压在400V以下时距离保持在0.3m以上，电压为6～10kV时距离保持在0.7m以上）。

5）不可用湿手触摸开关及带电设备，禁止用湿布擦拭运行中的电气设备。

6）任何带电设备，未经验明无电时，一律视为有电，不准用手触及。

7）必须在低压配电设备上操作时，要经老师批准，并有专人监护。

4. 评分标准

以小组为单位，展示本组制订的工作计划，然后在老师点评基础上将工作计划修改完善，并根据以下评分标准进行评分。

◆ 评分表

评价内容	分值	评分			
		自我评价	小组评价	老师评价	平均分
计划制订得是否合理、完善	20				
任务要求是否明确	20				
工具清单是否正确、完善	20				
材料清单是否正确、完整	20				
人员分工是否合理、团结协作	20				
合计					

学习活动五　总结评价

◆ 综合评价表

评价项目	评价内容	评价标准	评价主体		
			自我	同学	老师
职业素养	安全意识 责任意识	A. 作风严谨，自觉遵守纪律，出色地完成任务 B. 能够遵守规章制度，较好地完成工作任务 C. 遵守规章制度，没完成工作任务 D. 不遵守规章制度，没完成工作任务			
	学习态度	A. 积极参与学习活动，全勤 B. 缺勤达到任务总学时的10% C. 缺勤达到任务总学时的20% D. 缺勤达到任务总学时的30%			
	团队合作	A. 与同学协作融洽，团队合作意识强 B. 与同学能沟通，协同工作能力较强 C. 与同学能沟通，协同工作能力一般 D. 与同学沟通困难，协同工作能力较差			

（续）

<table>
<tr><th rowspan="2">评价项目</th><th rowspan="2">评价内容</th><th rowspan="2">评价标准</th><th colspan="3">评价主体</th></tr>
<tr><th>自我</th><th>同学</th><th>老师</th></tr>
<tr><td rowspan="4">专业能力</td><td>明确工作任务</td><td>A. 学习活动评价成绩为 90～100 分
B. 学习活动评价成绩为 75～89 分
C. 学习活动评价成绩为 60～74 分
D. 学习活动评价成绩为 0～59 分</td><td></td><td></td><td></td></tr>
<tr><td>学习相关知识</td><td>A. 学习活动评价成绩为 90～100 分
B. 学习活动评价成绩为 75～89 分
C. 学习活动评价成绩为 60～74 分
D. 学习活动评价成绩为 0～59 分</td><td></td><td></td><td></td></tr>
<tr><td>制订工作计划</td><td>A. 学习活动评价成绩为 90～100 分
B. 学习活动评价成绩为 75～89 分
C. 学习活动评价成绩为 60～74 分
D. 学习活动评价成绩为 0～59 分</td><td></td><td></td><td></td></tr>
<tr><td>任务实施</td><td>A. 学习活动评价成绩为 90～100 分
B. 学习活动评价成绩为 75～89 分
C. 学习活动评价成绩为 60～74 分
D. 学习活动评价成绩为 0～59 分</td><td></td><td></td><td></td></tr>
<tr><td>创新能力</td><td colspan="2">学习过程中提出具有创新性、可行性的建议</td><td colspan="3">加分</td></tr>
<tr><td>班级</td><td></td><td>姓名</td><td></td><td>综合评价等级</td><td></td></tr>
</table>

课后思考

1. 脉冲输出指令的助记符是（　　　　），而可调脉冲输出指令的助记符是（　　　　）。

2. 脉冲输出指令中的 S1 指定的是（　　　　），S2 指定的是（　　　　），D 指的是（　　　　）。

3. 继电器输出驱动（　　　　）负载，晶体管输出驱动（　　　　）负载，晶闸管输出驱动（　　　　）负载。

4. 步进电动机在外部与丝杠连接时需要的中间器件是（　　　　）和丝杠的支座 H（　　　　）。

5. 什么是步进电动机？

6. 根据要求编写梯形图

控制要求：有一条由步进电动机传送的传送带，传送带上有一个感应工件的接近开关。按下起动按钮 SB1 后，步进电动机以每秒 6000 脉冲的速度带动传送带开始匀速运行。这时，如果有工件在传送带上，则接近开关导通，5s 后步进电动机以每秒 8000 脉冲的速度带动传送带运行。

任务十五

电梯内呼程序设计

学习目标：

1. 了解电梯的基本结构。
2. 了解电梯的基本工作原理。
3. 掌握 PLC 与外围设备连接的方法。

情境描述：

随着城市建设的不断发展，高层建筑不断增多，电梯的使用越来越广泛。电梯作为高层建筑中垂直运行的交通工具，已与人们的日常生活密不可分。实际上电梯是根据外部呼叫信号以及自身控制规律等运行的，而呼叫是随机的。电梯实际上是一个人机交互式的控制系统，单纯用顺序控制或逻辑控制是不能满足控制要求的，因此，电梯控制系统采用随机逻辑方式控制。

学习活动一　明确工作任务

采用 PLC 构成四层简易电梯电气控制系统。电梯的上、下行由一台电动机拖动，电动机正转时电梯上升，反转时电梯下降。一层有上升呼叫按钮和指示灯；二层有上升呼叫按钮和指示灯，以及下降呼叫按钮和指示灯；三层有上升呼叫按钮和指示灯，以及下降呼叫按钮和指示灯；四层有下降呼叫按钮和指示灯。一至四层有到位行程控制，电梯开门和关门分别通过电磁铁控制，关门到位由行程开关检测。

学习活动二　学习相关知识

◆ **引导问题：**

1. 按用途电梯可以分为哪几类？
2. 按驱动方式电梯可以分为哪几类？
3. 电梯都由哪些部分组成？

4. 电梯的主要工作原理是什么?
5. 电梯的控制方式有哪几种?
6. 设计一个三层楼的电梯，需要多少个行程开关?

◆ 咨询资料:

一、电梯简介

电梯是一种以电动机为动力，服务于规定楼层的升降设备，用于多层建筑乘人或载运货物。台阶式电梯的踏步板装在履带上连续运行，俗称自动电梯。垂直升降电梯具有一个轿厢，运行在至少两列垂直的或倾斜角小于15°的刚性导轨之间。轿厢尺寸与结构应便于乘客出入或装卸货物。习惯上不论其驱动方式如何，都将电梯作为建筑物内垂直交通运输工具的总称。

二、电梯的分类

1. 按用途分类

（1）乘客电梯　为运送乘客设计的电梯，要求有完善的安全设施以及一定的轿厢内装饰。
（2）载货电梯　主要为运送货物而设计，通常是有人伴随的电梯。
（3）医用电梯　为运送病床、担架、医用车而设计的电梯，轿厢具有长而窄的特点。
（4）杂物电梯　为图书馆、办公楼、饭店运送图书、文件、食品等设计的电梯。
（5）观光电梯　轿厢壁透明，供乘客观光用的电梯。
（6）车辆电梯　用作装运车辆的电梯。
（7）船舶电梯　船舶上使用的电梯。
（8）建筑施工电梯　建筑施工与维修用的电梯。
（9）其他类型的电梯　除上述常用电梯外，还有一些具有特殊用途的电梯，如冷库电梯、防爆电梯、矿井电梯、电站电梯、消防员用电梯等。

2. 按驱动方式分类

（1）交流电梯　用交流异步电动机作为驱动力的电梯。
（2）直流电梯　用直流电动机作为驱动力的电梯。这类电梯的额定速度一般在2.00m/s以上。
（3）液压电梯　一般利用电动泵驱动液体流动，由柱塞使轿厢升降的电梯。
（4）齿轮齿条电梯　将导轨加工成齿条，轿厢装上与齿条啮合的齿轮，电动机带动齿轮旋转使轿厢升降的电梯。

3. 按速度分类

（1）低速梯　常指额定速度低于1.00m/s的电梯。
（2）中速梯　常指额定速度为1.00～2.00m/s的电梯。
（3）高速梯　常指额定速度大于2.00m/s的电梯。
（4）超高速梯　额定速度超过5.00m/s的电梯。

三、电梯的结构

电梯的八大系统如图15-1所示。

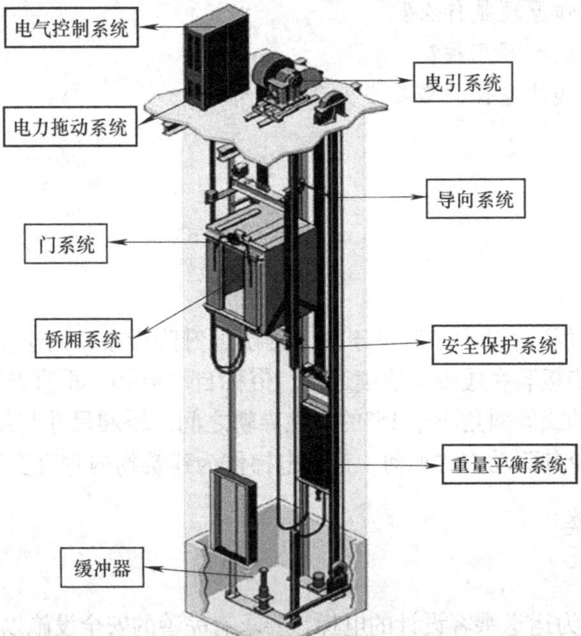

图 15-1 电梯的八大系统

1. 曳引系统

曳引系统的主要功能是输出动力与传递动力，使电梯运行。曳引系统主要由曳引电动机、曳引轮、曳引钢丝绳、导向轮、反绳轮组成。

2. 导向系统

导向系统的主要功能是限制轿厢和对重的活动自由度，使轿厢和对重只能沿着导轨作升降运动。导向系统主要由导轨、导靴和导轨架组成。

3. 轿厢系统

轿厢是运送乘客和货物的电梯组件，是电梯的工作部分。轿厢由轿厢架和轿厢体组成。

4. 门系统

门系统的主要功能是封住层站入口和轿厢入口。门系统由轿厢门、层门、开门机、门锁装置组成。

5. 重量平衡系统

重量平衡系统的主要功能是平衡轿厢重量，在电梯工作时能使轿厢与对重间的重量差保持在限额之内，保证电梯的曳引传动正常。重量平衡系统主要由对重和重量补偿装置组成。

6. 电力拖动系统

电力拖动系统的功能是提供动力，控制电梯速度。电力拖动系统由曳引电动机、供电系统、速度反馈装置、电动机调速装置等组成。

7. 电气控制系统

电气控制系统的主要功能是对电梯的运行进行控制。电气控制系统主要由操纵装置、位置显示装置、控制屏（柜）、平层装置、选层器等组成。

8. 安全保护系统

安全保护系统的功能是保证电梯安全使用，防止一切危及人身安全的事故发生。安全保护系统由电梯限速器、安全钳、夹绳器、缓冲器、安全触板、层门门锁、电梯安全窗、电梯超载限制装置、限位开关装置组成。

四、电梯的工作原理与控制方式

1. 工作原理

曳引钢丝绳两端分别连着轿厢和对重，缠绕在曳引轮和导向轮上，曳引电动机带动曳引轮转动，靠曳引钢丝绳与曳引轮摩擦产生的牵引力，实现轿厢和对重的升降运动，达到运输目的。电梯驱动装置的结构如图 15-2 所示。

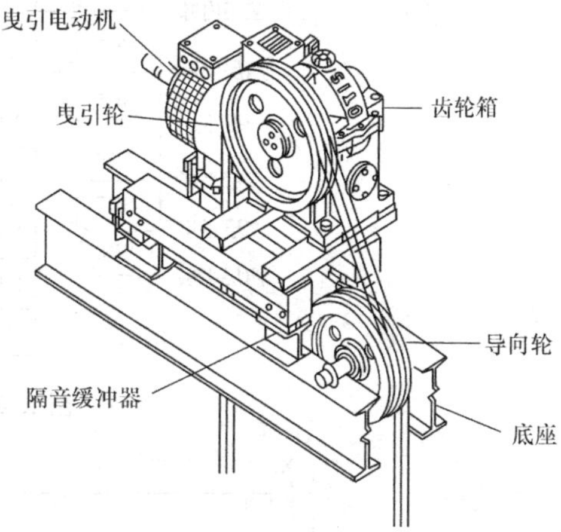

图 15-2　电梯驱动装置的结构

可以简单地将电梯的工作原理理解为：首先电梯将电能通过某种变频装置或直接向驱动装置提供，由驱动装置拖动曳引装置，再通过曳引装置上悬挂的曳引钢丝绳拉动井道内的轿厢上下运动。所有这些动力驱动是由很多的电气装置、机械装置整合工作来实现的。

2. 控制方式

（1）继电器控制　其特点为：需要控制的设备多、故障率高、功能简单。

（2）PLC 控制　其特点为：可靠性高、稳定性好、编程简单、使用方便、故障率低、维护检查方便、扩展容易、使用范围灵活。

（3）VVVF 控制　其特点为：改善舒适感、节约能耗、故障率低。

五、任务分析

电梯内呼 I/O 分配表见表 15-1。电梯内呼 I/O 接线如图 15-3 所示。

表 15-1　电梯内呼 I/O 分配表

序　号	名　　称	输　入　点	序　号	名　　称	输　出　点
0	一层内呼	X0	0	一层内呼指示	Y0
1	二层内呼	X1	1	二层内呼指示	Y1
2	三层内呼	X2	2	三层内呼指示	Y2
3	四层内呼	X3	3	四层内呼指示	Y3
4	一层平层	X14	4		
5	二层平层	X15	5		
6	三层平层	X16	6		
7	四层平层	X17	7		

电梯内呼程序编程思路：以一层内呼为例，按下 SB0 按钮，X0 常开触点闭合，则 Y0 被接通并保持，直到电梯到达一楼时 X14 常闭触点断开，Y0 失电；在按下 SB0 按钮的同时，D1 赋值为 1，从而实现存储功能；当 Y0 失电时，D1 和 M0、M1、M2 被清零。电梯内呼程序如图 15-4 所示。

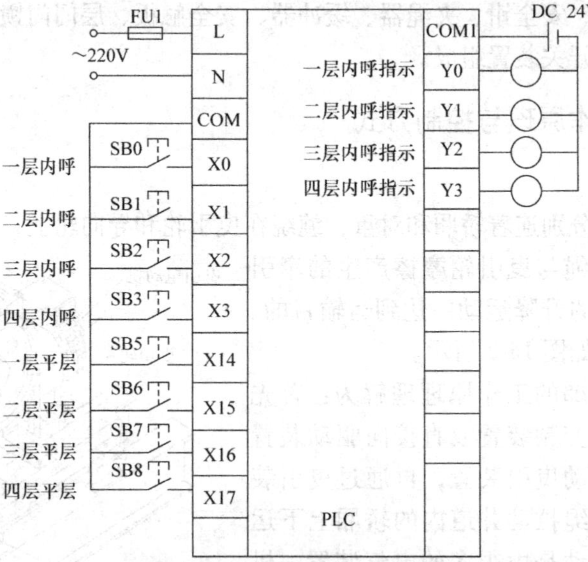

图 15-3　电梯内呼 I/O 接线

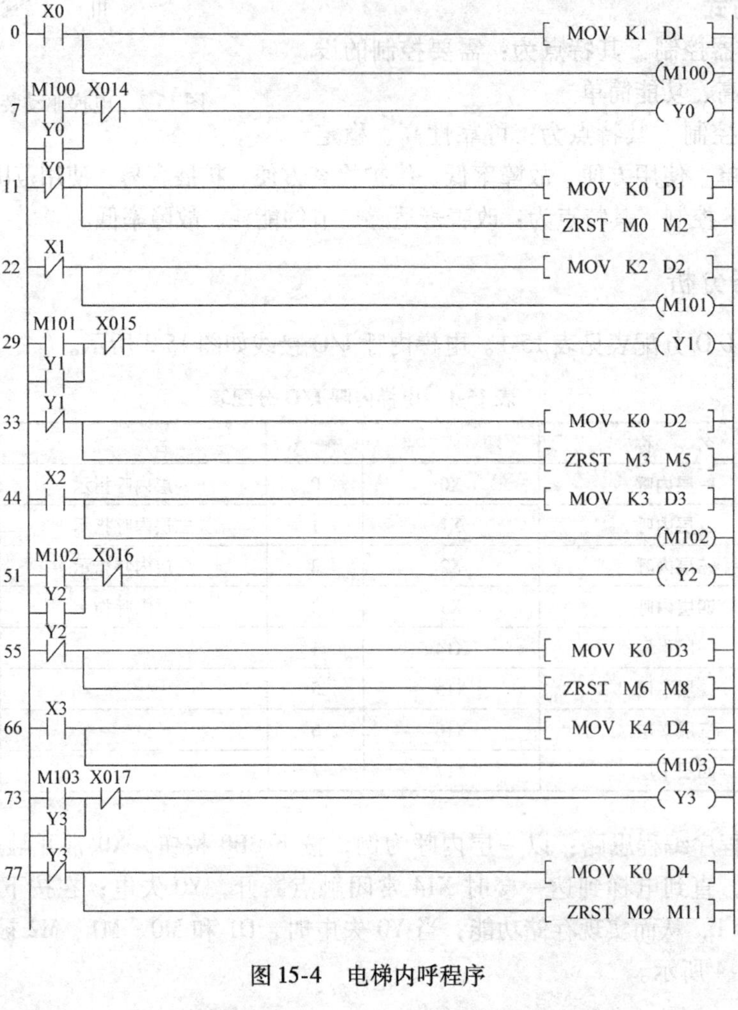

图 15-4　电梯内呼程序

学习活动三　制订工作计划

根据工作任务要求及情景描述中的相关资料制订工作前、工作中、工作后计划。

一、人员分工

1. 小组负责人：
2. 小组成员及分工

姓　　名	分　　工

二、工具及材料清单

序　　号	工具或材料名称	单　　位	数　　量	备　　注

三、工序及工期安排

序　　号	工 作 内 容	完 成 时 间	备　　注

学习活动四　任 务 实 施

1. 工艺要求

1）应能满足机械生产的工艺要求，能按照工艺顺序准确而可靠地工作。

2）电路结构力求简单，尽量选用常用的且经过实际考验的电路。

3）操作调整和检修方便。

4）具有各种必要的保护装置，确保在误操作时不会发生重大事故。

5）工作稳定，安全可靠，符合使用环境条件。

2. 技术规范

1）依据 I/O 分配表，完成 PLC 外部的接线。

2）检查插头、插座的簧片有无松动、断裂、掉线等情况。

3）接地极和接地系统施工完毕后，接地电阻测试合格。

4）在控制室内搬运机柜、操作台等设备时，应预先铺胶皮地板，防止水平运输时损坏室内设施。搬运时，设备倾斜角度不得超过允许值。

5）应做好防潮、防火、防震等措施，存放条件应符合产品说明书要求。

3. 安全要求

1）运行中的电气设备，必须按操作规程操作，如分断电源时应先断开负荷开关；后断开隔离开关；接通电源时，应先合隔离开关，后合负荷开关。

2）严格遵守停送电制度，切实做好各项应急的安全措施。

3）对现场电气设备及线路不熟悉者，不得拆卸或安装电气设备及零件。

4）在靠近带电体进行电工操作时，人与带电体应保持一定的安全距离（电压400V以下时距离保持在0.3m以上，电压为6～10kV时距离保持在0.7m以上）。

5）不可用湿手触摸开关及带电设备，禁止用湿布擦拭运行中的电气设备。

6）任何带电设备，未经验明无电时，一律视为有电，不准用手触及。

7）必须在低压配电设备上操作时，要经老师批准，并有专人监护。

4. 评分标准

以小组为单位，展示本组制订的工作计划，然后在老师点评基础上将工作计划修改完善，并根据以下评分标准进行评分。

◆ 评分表

评价内容	分值	评分			
		自我评价	小组评价	老师评价	平均分
计划制订得是否合理、完善	20				
任务要求是否明确	20				
工具清单是否正确、完善	20				
材料清单是否正确、完整	20				
人员分工是否合理、团结协作	20				
合计					

学习活动五　总结评价

◆ 综合评价表

评价项目	评价内容	评价标准	评价主体		
			自我	同学	老师
职业素养	安全意识 责任意识	A. 作风严谨，自觉遵守纪律，出色地完成任务 B. 能够遵守规章制度，较好地成工作任务 C. 遵守规章制度，没完成工作任务 D. 不遵守规章制度，没完成工作任务			

（续）

评价项目	评价内容	评价标准	评价主体		
			自我	同学	老师
职业素养	学习态度	A. 积极参与学习活动，全勤 B. 缺勤达到任务总学时的 10% C. 缺勤达到任务总学时的 20% D. 缺勤达到任务总学时的 30%			
	团队合作	A. 与同学协作融洽，团队合作意识强 B. 与同学能沟通，协同工作能力较强 C. 与同学能沟通，协同工作能力一般 D. 与同学沟通困难，协同工作能力较差			
专业能力	明确工作任务	A. 学习活动评价成绩为 90 ~ 100 分 B. 学习活动评价成绩为 75 ~ 89 分 C. 学习活动评价成绩为 60 ~ 74 分 D. 学习活动评价成绩为 0 ~ 59 分			
	学习相关知识	A. 学习活动评价成绩为 90 ~ 100 分 B. 学习活动评价成绩为 75 ~ 89 分 C. 学习活动评价成绩为 60 ~ 74 分 D. 学习活动评价成绩为 0 ~ 59 分			
	制订工作计划	A. 学习活动评价成绩为 90 ~ 100 分 B. 学习活动评价成绩为 75 ~ 89 分 C. 学习活动评价成绩为 60 ~ 74 分 D. 学习活动评价成绩为 0 ~ 59 分			
	任务实施	A. 学习活动评价成绩为 90 ~ 100 分 B. 学习活动评价成绩为 75 ~ 89 分 C. 学习活动评价成绩为 60 ~ 74 分 D. 学习活动评价成绩为 0 ~ 59 分			
创新能力	学习过程中提出具有创新性、可行性的建议		加分		
班级		姓名		综合评价等级	

课后思考

采用 PLC 构成四层简易电梯电气控制系统。电梯的上、下行由一台电动机拖动，电动机正转时电梯上升，电动机反转时电梯下降。要求：当电梯从二层向上运行时，三层与四层同时叫梯，电梯按照先运行到三层，再运行到四层的程序进行控制。

任务十六

数控机床操作面板应用程序设计

学习目标：

1. 掌握触摸屏的外部结构。
2. 能应用触摸屏的软件。
3. 能够正确地将触摸屏与外围设备连接。
4. 能够熟练应用 PLC 与触摸屏间的信息传输。
5. 能够正确地操作触摸屏。

情境描述：

触摸屏是“人”与“机”相互交流信息的窗口，使用者只要用手轻轻地触碰屏幕上的图形或文字符号，就能实现对机器的控制和信息显示。触摸屏与 PLC 组成的电气控制系统，具有操作直观、信息量大、控制功能强等特点，目前广泛应用于各类工业设备中。

学习活动一　明确工作任务

某数控机床设备，生产工艺要求机床中的电动机正反转起动。用户触摸屏画面有两个，分别是用户标题画面（画面1）和操作画面（画面2）。开机自动显示画面1，在画面1中标题为“电动机正反转控制”，并动态显示当前日期和时间，按画面切换开关“下一页”，则从画面1切换到画面2。在画面2中，有“正转”“反转”和“停止”3个按钮，用来操作电动机，并以文字形式显示电动机的当前状态或故障，如“电动机正转状态”“电动机反转状态”和“电动机停止状态”，在热继电器过载动作后，则显示过载故障状态。按画面切换开关“上一页”，从画面2返回到画面1。

学习活动二　学习相关知识

◆ 引导问题：

1. 触摸屏是什么？触摸屏在哪些地方比较常用？

2. 触摸屏的分类有哪些?
3. 触摸屏如何与 PLC 进行外部接线?
4. 触摸屏与 PLC 连接时，软件如何进行设置及操作?
5. 在运行软件后要想画出一个完整的开关需要哪些步骤?

◆ 咨询资料：

一、触摸屏

触摸屏又称为触控屏、触控面板，是一种可接收触头等输入信号的感应式液晶显示装置。当接触了屏幕上的图形按钮时，屏幕上的触觉反馈系统可根据预先编写的程序驱动各种连接装置，可用以取代机械式的按钮面板，并借由液晶显示画面制造出生动的影音效果。触摸屏作为一种最新的计算机输入设备，是目前最简单、方便、自然的一种人机交互方式。它赋予多媒体以崭新的面貌，是极富吸引力的全新多媒体交互设备，主要应用于公共信息的查询、工业控制、军事指挥、多媒体教学等。

从技术原理角度来讲，触摸屏是一套透明的绝对定位系统。首先，它必须保证是透明的，因此它必须通过材料技术来解决透明问题，而数字化仪、写字板、电梯开关等都不是触摸屏。其次，它是绝对坐标，手指摸哪就是哪，不需要第二个动作，不像鼠标，是相对定位的一套系统。触摸屏不需要光标，有光标反倒影响用户的注意力，因为光标是给相对定位设备用的，相对定位设备要移动到一个地方首先要知道现在在何处，往哪个方向去，每时每刻还需要不停地给使用者反馈当前的位置，这样才不会出现偏差。这些对采取绝对坐标定位的触摸屏来说都不需要。最后，它能检测手指的触摸动作并判断手指位置。

触摸屏的三个特性如下：

1）透明直接影响触摸屏的视觉效果。透明有透明的程度问题，采用红外线技术的触摸屏和表面声波触摸屏只隔了一层纯玻璃，在透明效果上可算是佼佼者。“透明”，在触摸屏行业里，只是个泛泛的概念。很多触摸屏是多层的复合薄膜，仅用透明一点来概括它的视觉效果是不够的，应该至少包括四个特性，即透明度、色彩失真度、反光性和清晰度，还能再分。

2）触摸屏是绝对坐标系统，要选哪就直接点哪。它与鼠标这类相对定位系统的本质区别是其一次到位的直观性。绝对坐标系的特点是每一次定位坐标与上一次定位坐标没有关系，而触摸屏在物理上是一套独立的坐标定位系统，每次触摸的数据通过校准数据转为屏幕上的坐标。这样，就要求触摸屏这套坐标定位系统不管在什么情况下，同一点的输出数据必须是稳定的，如果不稳定，那么触摸屏就不能保证绝对坐标定位。

3）检测触摸并定位。各种触摸屏都是依靠各自的传感器来工作的，甚至有的触摸屏本身就是一套传感器。触摸屏的定位原理和其所用的传感器决定了其反应速度、可靠性、稳定性和寿命。

在触摸屏与 PLC 进行连接时，使用的是 PLC 的内存。触摸屏与 PLC 通信一般是主与从的关系，即触摸屏从 PLC 中读取数据，判断后再显示。触摸屏与 PLC 通信时一般不需要单独的通信模块，PLC 上一般集成了与触摸屏通信的端口，不过这取决于触摸屏和 PLC 的型号。

二、软件运行

1. EV5000 软件介绍

EV5000 软件编程界面如图 16-1 所示。

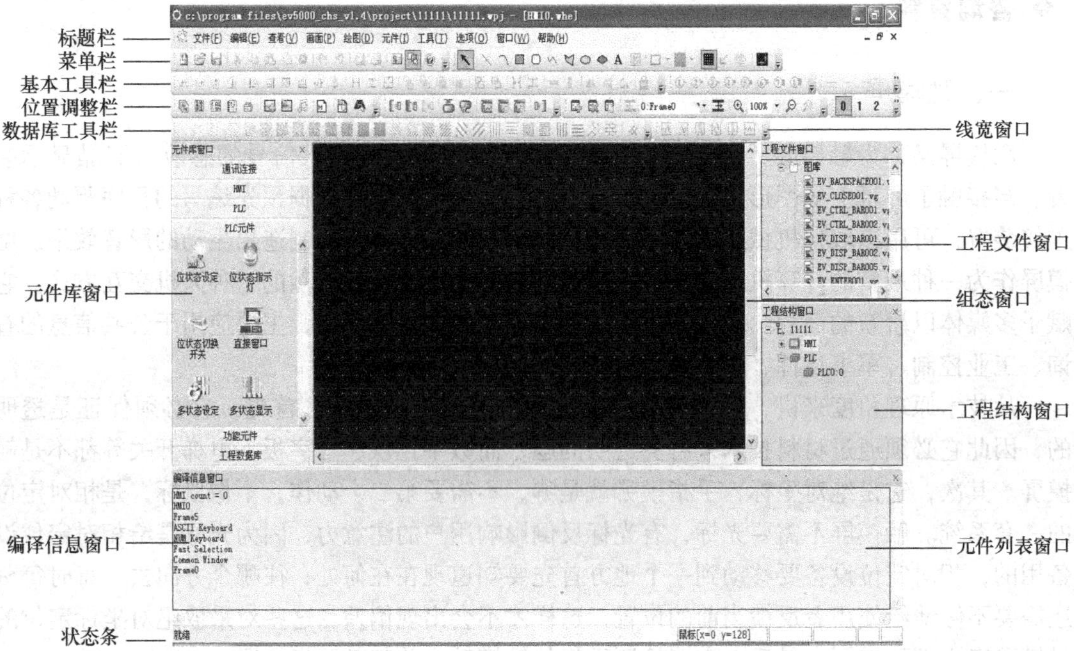

图 16-1　EV5000 软件编程界面

按照以下步骤完成新工程的创建：

1）点击 EV5000 软件图标（见图 16-2），打开软件。

图 16-2　EV5000 软件图标

2）这时将弹出图 16-3 所示的界面。

3）单击“文件”菜单里的“新建工程”选项，这时将弹出图 16-4 所示的对话框，输入新建工程的名称。

4）选择所需的通信连接方式（MT5000 支持串口、以太网连接），单击元件库窗口里的通信连接，选中所需的连接方式，将其拖入工程结构窗口中即可。通信连接选择界面如图 16-5 所示。

5）选择所需的触摸屏型号，将其拖入工程结构窗口，放开鼠标，将弹出图 16-6 所示的对话框，可以选择水平或垂直方式显示，即水平使用触摸屏或垂直使用触摸屏，然后单击“OK”按钮确认。

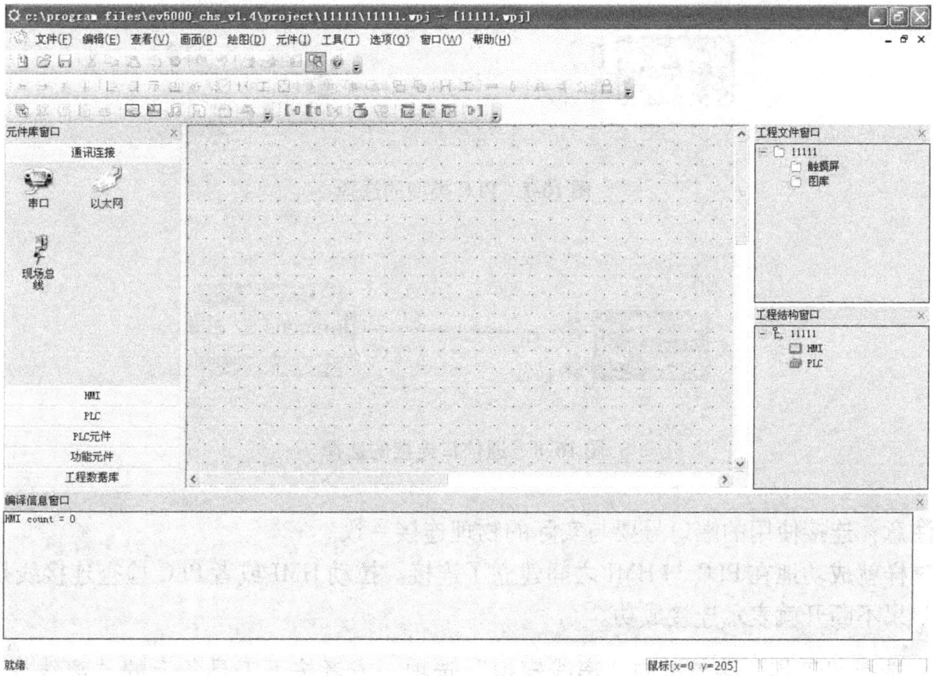

图 16-3　软件打开界面

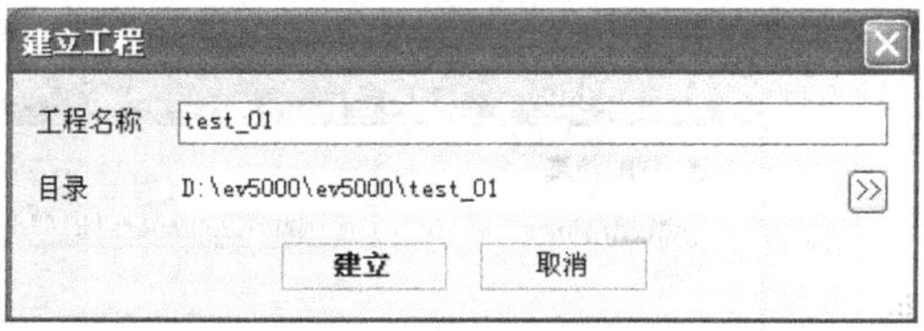

图 16-4　“新建工程”对话框

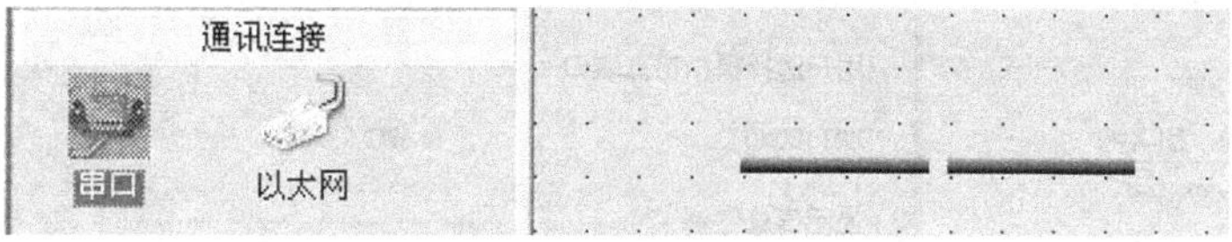

图 16-5　通信连接选择界面

图 16-6　“显示方式”对话框

6）选择需要连线的 PLC 类型，将其拖入工程结构窗口里，如图 16-7 所示。

7）适当移动 HMI 和 PLC 的位置，将连接端口靠近连接线的任意一端，就可以顺利地把它们连接起来。通信口连接的选择如图 16-8 所示。

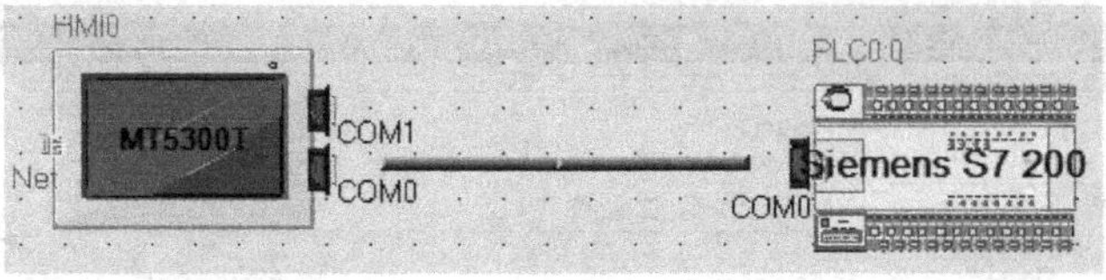

图 16-7　PLC 类型的选择

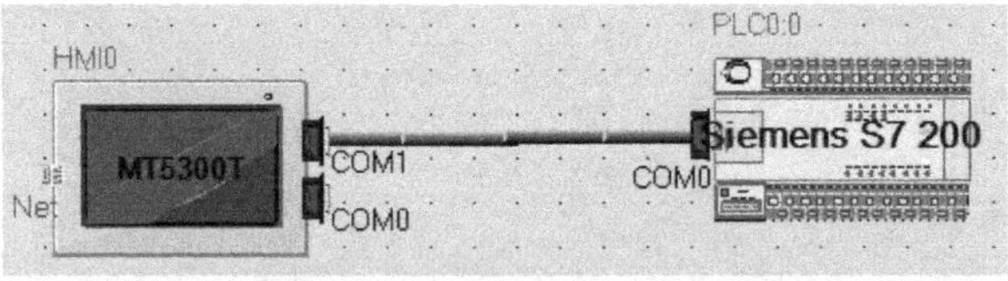

图 16-8　通信口连接的选择

注意：连接使用的端口号要与实际的物理连接一致。

这样就成功地在 PLC 与 HMI 之间建立了连接。拉动 HMI 或者 PLC 检查连接线是否断开，如果不断开就表示连接成功。

8）选择“工具”菜单里的“离线模拟”选项，或者按下工具条上的“离线模拟”图标，如图 16-9 所示。

单击“仿真”按钮（见图 16-10），这时就可以看到刚刚创建的新空白工程的模拟图了，

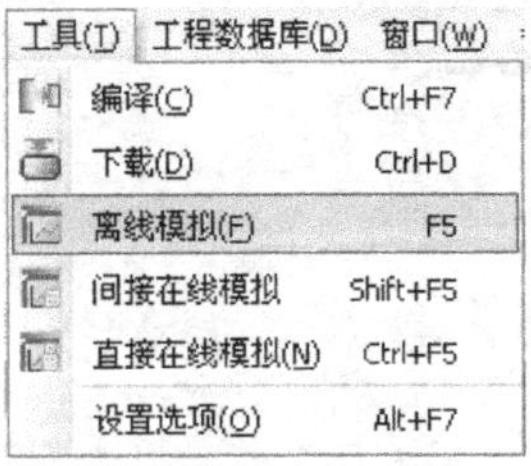

图 16-9　离线模拟

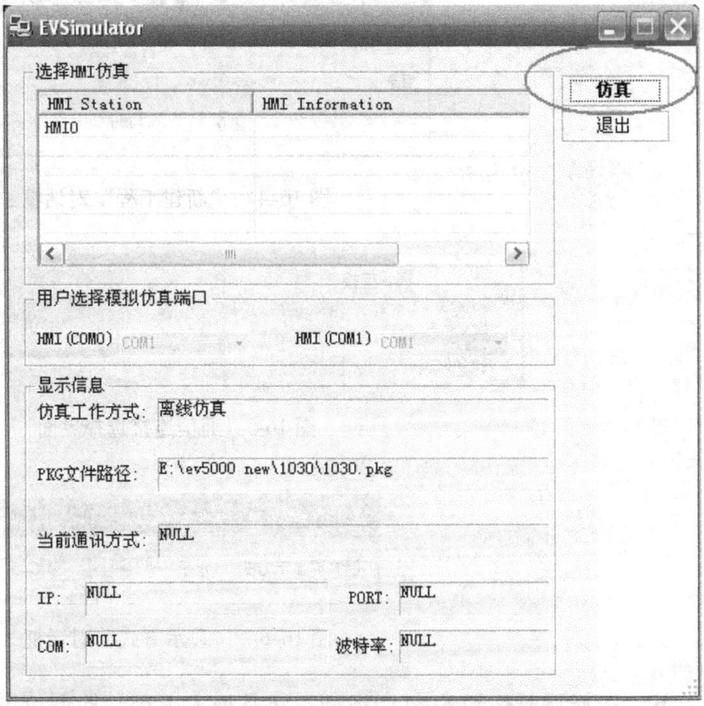

图 16-10　仿真的选择

如图 16-11 所示。

2. 创造一个开关元件

1）首先在工程结构窗口中选中 HMI 图标，单击右键，在弹出的菜单里选择“编辑组态”选项，如图 16-12 所示。

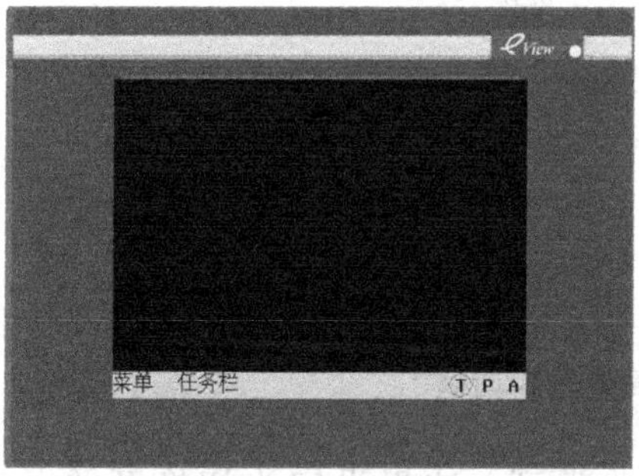

图 16-11　仿真窗口

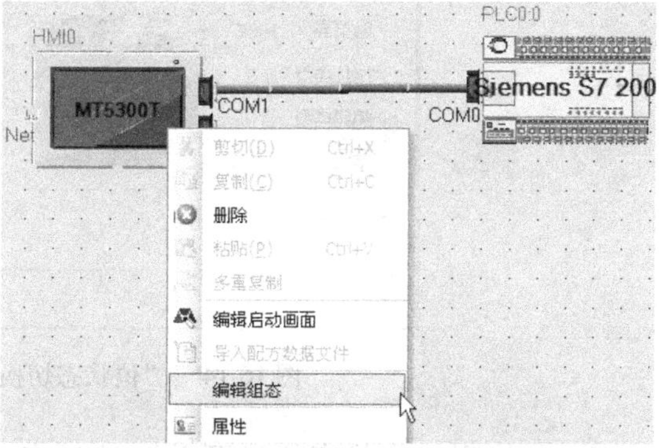

图 16-12　选择“编辑组态”选项

2）进入组态窗口，如图 16-13 所示。

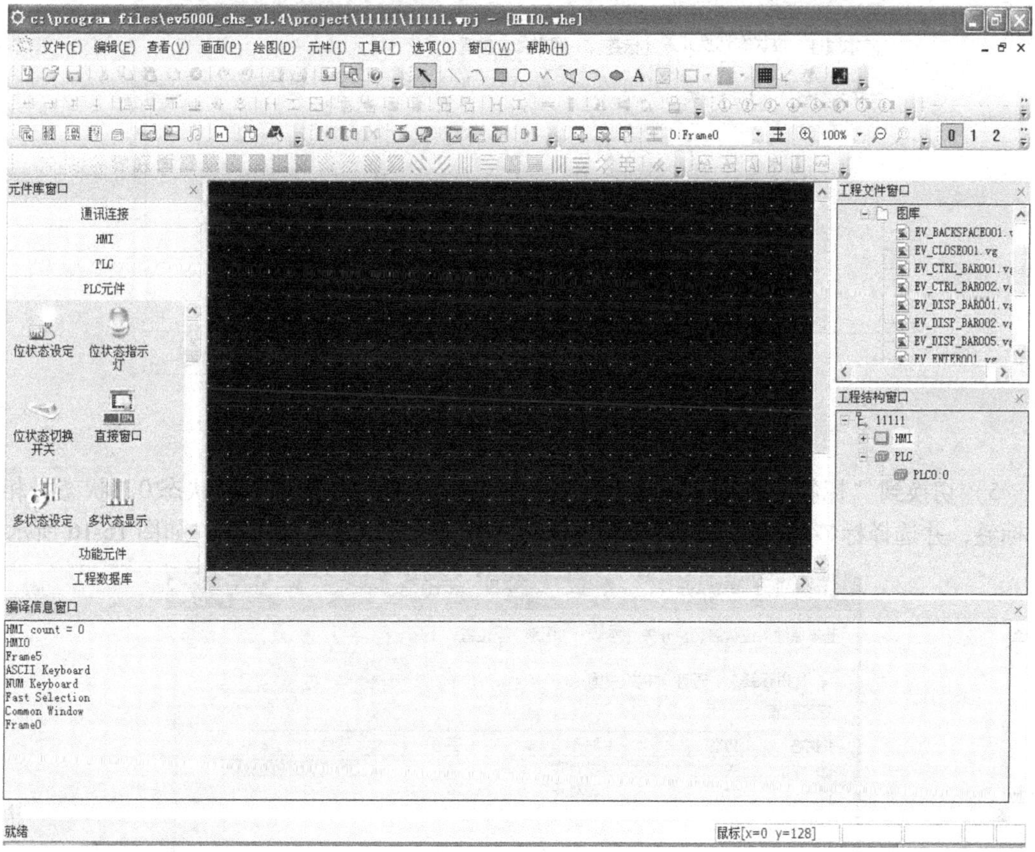

图 16-13　进入组态窗口

3）在左边的 PLC 元件窗口里，轻轻单击图标，将其拖入组态窗口中放置，这时将弹出“位状态切换开关元件属性”对话框，设置位控制元件的 I/O 地址，如图 16-14 所示。

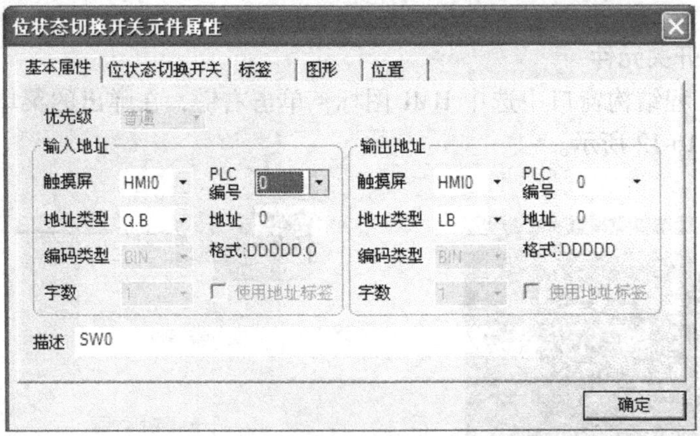

图 16-14 “位状态切换开关元件属性”对话框

4）切换到“位状态切换开关”选项卡，设定开关类型，这里设定为切换开关，如图 16-15所示。

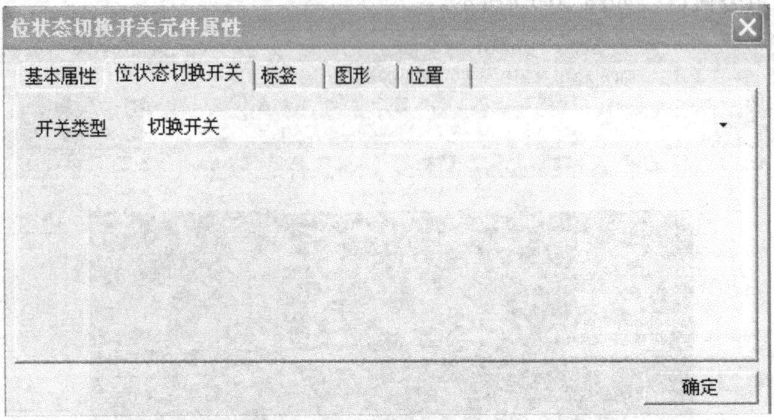

图 16-15 开关类型的设定

5）切换到“标签”选项卡，选中“使用标签”复选框，分别输入状态 0、状态 1 相应的标签，并选择标签的颜色，也可以修改标签的对齐方式、字号、颜色，如图 16-16 所示。

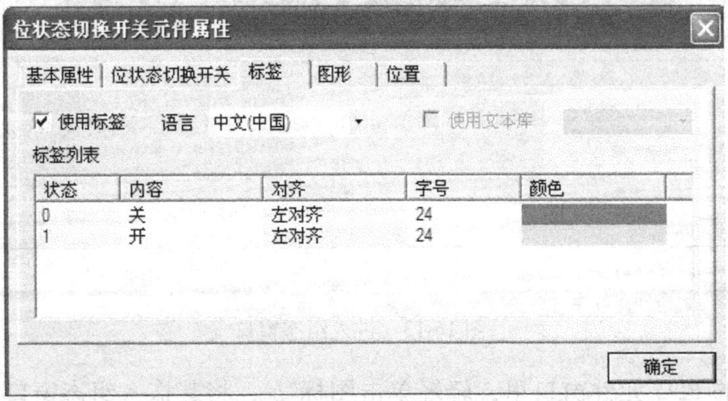

图 16-16 标签列表

6）切换到“图形”选项卡，选中“使用向量图”复选框，选择一个想要的图形，这里选择了图 16-17 所示的开关。

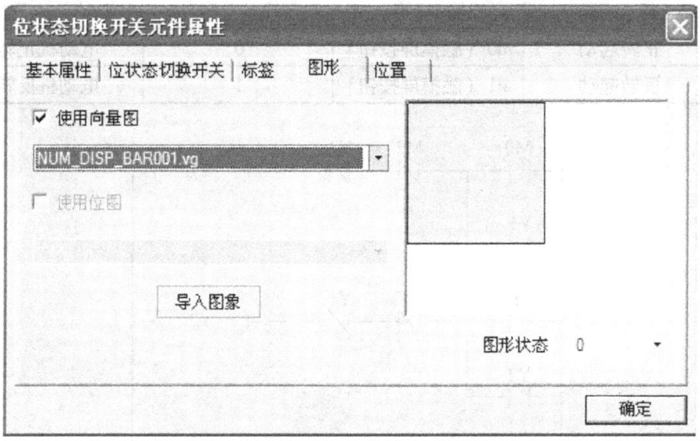

图 16-17　使用向量图

7）最后单击“确定”按钮关闭对话框，放置好的元件如图 16-18 所示。

8）选择工具条上的“保存”，接着选择“工具”菜单中的“编译”选项。如果编译没有错误，那么这个工程完成了。

9）选择“工具”菜单中的“离线模拟”→“仿真”选项，可以看到单击设置的开关时，它可以来回切换状态，和真正的开关一模一样，如图 16-19 所示。

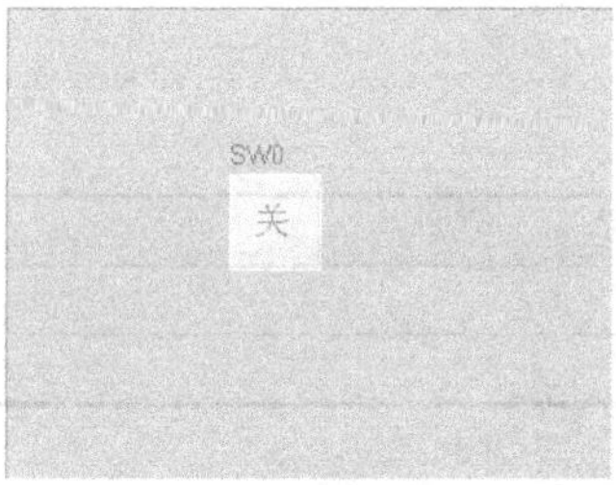

图 16-18　放置好的元件

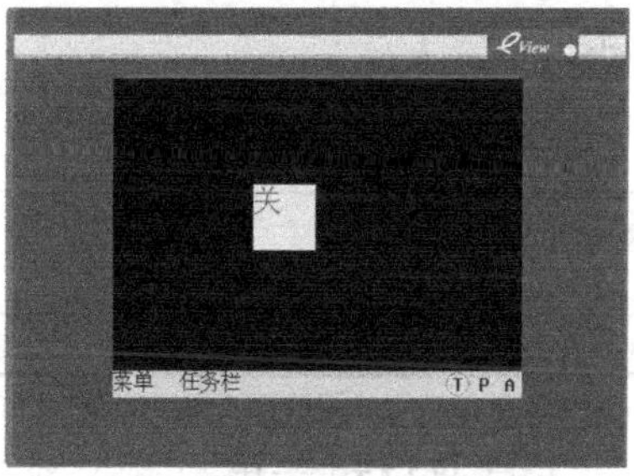

图 16-19　离线模拟下的位状态切换开关

10）如果设置了 IP 地址，则可以使用间接在线模拟。

11）选择“工具”菜单中的“间接在线模拟”选项，这时在计算机屏幕上用鼠标触控该开关，就可以控制 PLC 的对应输出口了。可以让该 PLC 的这个输出口来回切换开关状态。

12）选择“工具”菜单中的“下载”选项。

13）下载完毕，把触摸屏重新复位，这时就可以在触摸屏上通过手指来触控这个开关了。

三、任务分析

用触摸屏控制 PLC 需制作点动开关，如：电动机反转起动按钮，选择输出地址为 M0；电动机正转起动按钮，选择输出地址为 M1；停止按钮，选择输出地址为 M2 。

I/O 分配表见表 16-1。数控机床操作面板应用程序梯形图如图 16-20 所示。

表 16-1 I/O 分配表

输入			输出		
序号	名称	输入点	序号	名称	输入点
0	正转起动	M0（触摸屏按钮）	0	电动机正转	Y1
1	反转起动	M1（触摸屏按钮）	1	电动机反转	Y2

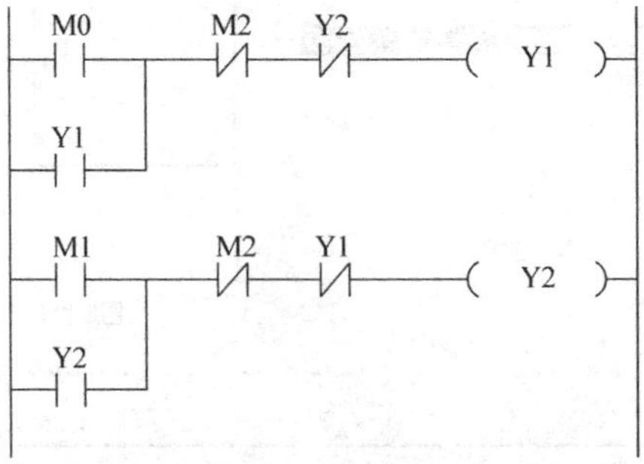

图 16-20 数控机床操作面板应用程序梯形图

学习活动三 制订工作计划

根据工作任务要求及情景描述中的相关资料制订工作前、工作中、工作后计划。

一、人员分工

1. 小组负责人：
2. 小组成员及分工

姓名	分工

二、工具及材料清单

序号	工具或材料名称	单位	数量	备注

三、工序及工期安排

序号	工作内容	完成时间	备注

学习活动四　任务实施

1. 工艺要求

1）应能满足机械生产的工艺要求，能按照工艺顺序准确而可靠地工作。

2）电路结构力求简单，尽量选用常用的且经过实际考验的电路。

3）操作调整和检修方便。

4）具有各种必要的保护装置，确保在误操作时不会发生重大事故。

5）工作稳定，安全可靠，符合使用环境条件。

2. 技术规范

1）依据I/O分配表，完成PLC外部的接线。

2）检查插头、插座的簧片有无松动、断裂、掉线等情况。

3）接地极和接地系统施工完毕后，接地电阻测试合格。

4）在控制室内搬运机柜、操作台等设备时，应预先铺胶皮地板，防止水平运输时损坏室内设施。搬运时，设备倾斜角度不得超过允许值。

5）应做好防潮、防火、防震等措施，存放条件应符合产品说明书要求。

3. 安全要求

1）运行中的电气设备，必须按操作规程操作，如分断电源时应先断开负荷开关；后断开隔离开关；接通电源时，应先合隔离开关，后合负荷开关。

2）严格遵守停送电制度，切实做好各项应急的安全措施。

3）对现场电气设备及线路不熟悉者，不得拆卸或安装电气设备和零件。

4）在靠近带电体进行电工操作时，人与带电体应保持一定的安全距离（电压在400V以下时距离保持在0.3m以上，电压为6～10kV时距离保持在0.7m以上）。

5）不可用湿手触摸开关及带电设备，禁止用湿布擦拭运行中的电气设备。

6）任何带电设备，未经验明无电时，一律视为有电，不准用手触及。

7）必须在低压配电设备上操作时，要经老师批准，并有专人监护。

4. 评分标准

以小组为单位，展示本组制订的工作计划，然后在老师点评基础上将工作计划修改完善，并根据以下评分标准进行评分。

◆ 评分表

评价内容	分　值	评　　分			
		自我评价	小组评价	老师评价	平均分
计划制订得是否合理、完善	20				
任务要求是否明确	20				
工具清单是否正确、完善	20				
材料清单是否正确、完整	20				
人员分工是否合理、团结协作	20				
合计					

学习活动五　总 结 评 价

◆ 综合评价表

评价项目	评价内容	评价标准	评价主体		
			自我	同学	老师
职业素养	安全意识 责任意识	A. 作风严谨，自觉遵守纪律，出色地完成任务 B. 能够遵守规章制度，较好地完成工作任务 C. 遵守规章制度，没完成工作任务 D. 不遵守规章制度，没完成工作任务			
	学习态度	A. 积极参与学习活动，全勤 B. 缺勤达到任务总学时的 10% C. 缺勤达到任务总学时的 20% D. 缺勤达到任务总学时的 30%			
	团队合作	A. 与同学协作融洽，团队合作意识强 B. 与同学能沟通，协同工作能力较强 C. 与同学能沟通，协同工作能力一般 D. 与同学沟通困难，协同工作能力较差			
专业能力	明确工作任务	A. 学习活动评价成绩为 90 ~ 100 分 B. 学习活动评价成绩为 75 ~ 89 分 C. 学习活动评价成绩为 60 ~ 74 分 D. 学习活动评价成绩为 0 ~ 59 分			
	学习相关知识	A. 学习活动评价成绩为 90 ~ 100 分 B. 学习活动评价成绩为 75 ~ 89 分 C. 学习活动评价成绩为 60 ~ 74 分 D. 学习活动评价成绩为 0 ~ 59 分			
	制订工作计划	A. 学习活动评价成绩为 90 ~ 100 分 B. 学习活动评价成绩为 75 ~ 89 分 C. 学习活动评价成绩为 60 ~ 74 分 D. 学习活动评价成绩为 0 ~ 59 分			
	任务实施	A. 学习活动评价成绩为 90 ~ 100 分 B. 学习活动评价成绩为 75 ~ 89 分 C. 学习活动评价成绩为 60 ~ 74 分 D. 学习活动评价成绩为 0 ~ 59 分			
创新能力	学习过程中提出具有创新性、可行性的建议		加分		
班级		姓名		综合评价等级	

课后思考

某生产设备有一台辅助电动机和一台主电动机，生产工艺要求辅助电动机先起动，延时 5 ~ 30s 后主电动机才能起动，延时时间根据生产情况可随时在触摸屏上调整。开机自动显示画面 1（画面 1 是用户标题画面），在画面 1 中动态显示当前日期和时间；画面 2 是操作画面，在画面 2 中，有“起动”和“停止”两个触摸按钮，用来开/关机，并以棒图显示自动延时时间；画面 3 是设定画面，在画面 3 中，可以通过屏幕软键盘设置延时时间。

参考文献

[1] 杨莹. 可编程控制器案例教程 [M]. 北京：机械工业出版社，2008.
[2] 史宜巧. PLC 技术及应用项目教程 [M]. 北京：机械工业出版社，2009.
[3] 王国海. 可编程序控制器及其应用 [M]. 2 版. 北京：中国劳动社会保障出版社，2007.
[4] 廖常初. FX 系列 PLC 编程及应用 [M]. 2 版. 北京：机械工业出版社，2013.
[5] 肖明耀. PLC 原理与应用 [M]. 北京：中国劳动社会保障出版社，2007.
[6] 唐修波. 变频技术及应用 [M]. 2 版. 北京：中国劳动社会保障出版社，2014.
[7] 毛祖格. 液压技术 [M]. 2 版. 北京：中国劳动社会保障出版社，2007.